船舶汚染規制の国際法

富岡 仁

船舶汚染規制の国際法

学術選書
178
国際法

信山社

はしがき

　私が大学院に入学した1970年代初めは，人間環境会議や国連海洋法会議が開催されるなど，地球環境保護の問題が注目を集めた時代であった。私は，主な研究課題として，海洋法を選択し，特に環境保護という現代的な要請が海洋法にどのように反映しており，それが海洋法の基本原則にどのような変更・発展を迫っているかについて関心を持ってきた。本書は，そのような観点から，これまで発表してきた国際航行に従事する船舶による環境汚染の規制についての論文をまとめたものである。

　本書は，第1章においては海洋油濁規制についての国際的対応が開始された戦間期の条約策定の試みについて取り上げ，第2章においては，環境保護の要請により海洋法の基本原則が変更を迫られている主要な側面である管轄権問題を，第3章においては，1982年に成立した国連海洋法条約における船舶による環境汚染規制の基本的枠組みとその後の発展の経緯を，そして，第4章においては，船舶起因環境汚染に対する民事責任と地球温暖化防止の問題を取り上げている。そのような組み立てをしているが，収録した論文は元々は個別論文として発表されたものであり，その間にかなりの期間も経ているので，文章表現や用語の統一さらにその後の事実の補正等について適宜行っている。また，行論の都合上各章において内容的に重複している部分も多く見られるが，何卒ご宥恕をお願いしたい。

　本書をまとめる作業は，私にとっては自らの不勉強を改めて強く思い知らされる機会であったとともに，これまで如何に多くの方々にお世話になったかを，再認識する機会でもあった。特に，松井芳郎先生には，名古屋大学大学院に入学以来，およそ研究者としての能力のない不勉強な私を今まで見捨てることもなく導いて下さり，感謝の言葉もない。また，研究室での先輩であった，松田竹男，佐分晴夫の両先生には公私ともに大変にお世話になった。大過なく今日まで過ごすことができたのも両先輩のおかげと心より感謝申し上げる次第である。さらに，京都の研究会の先生方や同世代の皆様にも大変お世話になった。

はしがき

　高林秀雄先生は私に「海洋汚染をやるなら IMCO からやりたまえ」とアドバイスを下さり，その後も折に触れ龍谷大学の研究室にお邪魔して，ご教示いただいた。また，先生には外務省の領海制度に関する研究会に参加する機会を与えていただいたことも貴重な経験であった。私は，これまでご指導・御教示をいただいた多くの先生方にこのような成果でしかお応えできないことを，お詫びしなくてはならない。

　同じ時期に研究者としての道を歩み始めた，立命館大学薬師寺公夫教授，同志社大学坂元茂樹教授，そして，龍谷大学田中則夫教授には，研究生活を送る上で特に親しくしていただいた。とりわけ，田中教授は，高林先生の指導生でありテーマが同じ海洋法ということもあって，研究上も私生活上も大変ご交誼をいただき，お互いに著書を出版することについても話していた。田中教授が4年前に急逝されたことは誠に残念でならない。生前に約束をかなえることはできなかったが，彼に本書を捧げたい。

　また，私の中央大学以来の友人である，山内惟介中央大学名誉教授には，本書の出版についてご示唆，ご援助をいただき心より感謝申し上げる。山内氏のお力をいただかなければ本書は実現していなかった。

　最後に，今日の出版事情の厳しい中，本書の出版についてご尽力いただいた，信山社，今井守，稲葉文子の両氏に心よりお礼申しあげたい。

　2018年5月
　　緑豊かな犬山の研究室にて

　　　　　　　　　　　　　　　　　　　　　　　　　　　富岡　　仁

〈目　次〉

　　はしがき (v)

◆ **第1章　海洋汚染の国際的規制のあけぼの** ………………… 3
　◆ 海洋汚染の国際的規制のあけぼの
　　　──1926年海洋汚染防止ワシントン会議について ………… 5
　　　1　はじめに ……… (5)
　　　2　会議の開催 ……… (7)
　　　　(1)　開催に至る経緯 (7)
　　　　(2)　会議の開催 (9)
　　　3　会議における議論 ……… (10)
　　　　(1)　事実と原因 (10)
　　　　(2)　規制対象船舶 (14)
　　　　(3)　規制基準 (18)
　　　　(4)　排出禁止海域 (20)
　　　　(5)　規則適用時期 (25)
　　　　(6)　船舶測度 (27)
　　　4　会議の成果 ……… (29)
　　　　(1)　報告書（条約草案）の作成 (29)
　　　　(2)　報告書（条約草案） (30)
　　　5　おわりに ……… (37)

◆ **第2章　海洋汚染の防止と国家の管轄権** ………………… 41
　◆ 第1節　海洋汚染の防止に関する旗国主義の動揺
　　　　　──IMCO1973年会議の議論を中心として ……… 43
　　　1　はじめに ……… (43)
　　　2　旗国主義の下における問題の取扱い ……… (45)

目　　次

　　　　(1)　船舶の通常の航行に伴う汚染の場合 (45)

　　　　(2)　船舶の事故による汚染の場合 (51)

　　　　(3)　条約の実効性について (53)

　　3　旗国主義の動揺(1)──寄港国管轄権について ……… (57)

　　　　(1)　本会議までの議論 (58)

　　　　(2)　本会議での議論 (63)

　　4　旗国主義の動揺(2)──沿岸国管轄権について ……… (66)

　　　　(1)　管轄権の行使範囲の問題 (67)

　　　　　(i)　総会までの議論 (67)

　　　　　(ii)　総会での議論 (68)

　　　　(2)　管轄権の内容の問題 (73)

　　　　　(i)　総会までの議論 (73)

　　　　　(ii)　総会での議論 (78)

　　5　お わ り に ……… (85)

◆第2節　海洋汚染の防止に関する旗国主義の衰退
　　　　　──国連海底平和利用委員会の議論を中心として ……87

　　1　は じ め に ……… (87)

　　2　海底平和利用委員会と新海洋法会議の開催 ……… (89)

　　3　海底平和利用委員会における寄港国管轄権の主張 ……… (93)

　　4　海底平和利用委員会における沿岸国管轄権の主張 ……… (98)

　　　　(1)　管轄権の行使範囲 (98)

　　　　　(i)　200カイリ管轄権に基づく沿岸国主義 (99)

　　　　　(ii)　管理者資格に基づく沿岸国主義 (102)

　　　　　(iii)　限定された沿岸国主義 (103)

　　　　　(iv)　沿岸国主義への抵抗 (105)

　　　　(2)　管轄権内での基準設定権 (108)

　　　　　(i)　国内基準主義 (108)

　　　　　(ii)　国際基準を考慮した国内基準主義 (113)

　　　　　(iii)　国際基準主義 (115)

5　第2作業部会報告書(条約草案)の作成 ……… (120)
　　　6　お わ り に ……… (126)
◆第3節　海洋汚染防止条約と国家の管轄権 …………………… 130
　　　1　は じ め に ……… (130)
　　　2　伝統的海洋法の下における国家の管轄権 ……… (130)
　　　3　1973年海洋汚染国際会議における管轄権の動揺 ……… (134)
　　　　(1)　寄港国管轄権について (134)
　　　　(2)　沿岸国管轄権について (136)
　　　　　(i)　管轄権の行使範囲 (136)
　　　　　(ii)　管轄権の内容 (138)
　　　4　国連海洋法条約における多元的管轄権の確立 ……… (139)
　　　　(1)　寄港国管轄権について (140)
　　　　(2)　沿岸国管轄権について (142)
　　　　　(i)　管轄権の行使範囲 (142)
　　　　　(ii)　管轄権内での基準設定権 (143)
　　　　(3)　国連海洋法条約における多元的管轄権の確立 (144)
　　　　　(i)　基　準 (144)
　　　　　(ii)　執　行 (145)
　　　　　(iii)　保障措置 (146)
　　　5　お わ り に ……… (147)

◆第3章　国連海洋法条約と国際海事機関(IMO)における
　　　　具体化 ……………………………………………………… 149

◆第1節　船舶の通航権と海洋環境の保護
　　　　──国連海洋法条約とその発展 ………………………… 151
　　　1　は じ め に ……… (151)
　　　2　海洋法における通航権と環境 ……… (154)
　　　　(1)　伝統的海洋法における通航権と環境 (154)
　　　　(2)　国連海洋法条約における通航権と環境 (157)

目　次

　　　3　国連海洋法条約の発展(1)
　　　　　――条約による具体化の動向と特徴 ……… (162)
　　　　(1)　具体化条約と時期区分 (162)
　　　　(2)　規制の総合化・厳格化 (167)
　　　　(3)　規制の実効性の確保 (170)
　　　　(4)　履行確保措置の強化 (175)
　　　4　国連海洋法条約の発展(2)
　　　　　――特殊性格船舶の通航権をめぐる問題 ……… (178)
　　　　(1)　新しい航行規制要因の登場 (178)
　　　　(2)　国連海洋法条約における解釈の対立 (178)
　　　　(3)　国家実行の相違 (181)
　　　　(4)　IMO強制船舶通報制度 (186)
　　　5　お わ り に ……… (188)

◆第2節　海洋環境の国際的保護に関する法制度 ……………… 191
　　　1　は じ め に ……… (191)
　　　2　グローバルシステムの成立
　　　　　――国連海洋法条約における環境保全条項 ……… (192)
　　　　(1)　構　　造 (192)
　　　　(2)　特　　徴 (194)
　　　3　国際海事機関条約にみる規制の具体例
　　　　　――船舶起因汚染規制の変遷 ……… (195)
　　　　(1)　規制のシステム (196)
　　　　(2)　規制の特徴 (198)
　　　4　お わ り に ……… (202)

◆第4章　民事責任と地球温暖化の防止 ……………… 205

　◆第1節　油による汚染損害に対する責任および補償に関する
　　　　　国際制度 ……………………………………… 207

1　はじめに………(207)
  2　国際油濁責任および補償制度………(208)
　　(1)　伝統的制度と現行制度成立の背景 (208)
　　　(i)　伝統的制度 (208)
　　　(ii)　現行制度成立の背景 (209)
　　(2)　国際油濁責任制度 (210)
　　　(i)　1969年民事責任条約 (210)
　　　(ii)　1992年民事責任条約 (213)
　　(3)　国際油濁補償制度 (216)
　　　(i)　1971年基金条約 (217)
　　　(ii)　1992年基金条約 (219)
　　　(iii)　追加基金議定書 (220)
　　(4)　民間自主協定 (221)
　　　(i)　TOVALOPとCRISTAL (222)
　　　(ii)　STOPIAとTOPIA (223)
  3　若干の検討………(224)
　　(1)　損害費用負担の原則と方式 (224)
　　(2)　対象となる「汚染損害」について (226)
  4　おわりに………(229)

◆第2節　国際海運からの温室効果ガス(GHG)の排出規制
　　　　──国際海事機関(IMO)と地球温暖化の防止…………231
  1　はじめに………(231)
  2　国際海運からのGHG排出規制に関するIMOの役割と
　　基本原則………(232)
　　(1)　IMOの成立と発展 (232)
　　(2)　IMOの役割と基本原則 (233)
  3　IMOとGHG排出規制レジーム………(235)
　　(1)　レジームの形成過程 (235)
　　(2)　レジームの成立──MARPOL条約付属書の改正 (238)

目　次

　　　　（ⅰ）　技術的措置（239）
　　　　（ⅱ）　操作的措置（240）
　　　　（ⅲ）　両措置の導入に対する評価（242）
　　4　市場的措置（MBM）──未解決の問題 ………（244）
　　　（1）　MEPCにおける検討の経緯（245）
　　　（2）　MBM導入の必要性をめぐる議論（248）
　　　（3）　MBMに関する諸提案（250）
　　　　（ⅰ）　環境課金関係提案（255）
　　　　（ⅱ）　排出量取引制度（ETS）（256）
　　　　（ⅲ）　ハイブリッド型提案（258）
　　5　お わ り に ………（260）

索　引（巻末）

初 出 一 覧

第 1 章　海洋汚染の国際的規制のあけぼの
　　　　「海洋汚染の国際的規制のあけぼの——1926 年海洋汚染防止ワシントン会議について」『法政論集』第 202 号（松井芳郎教授退官記念論文集）(2004 年)

第 2 章　海洋汚染防止と国家の管轄権
　第 1 節　「海洋汚染の防止に関する旗国主義の動揺——IMCO1973 年会議の議論を中心として」『法政論集』第 66 号（1976 年）
　第 2 節　「海洋汚染の防止に関する旗国主義の衰退——国連海底平和利用委員会の議論を中心として」『法政論集』第 89 号（1981 年）
　第 3 節　「海洋汚染防止条約と国家の管轄権」松井芳郎=木棚照一=加藤雅信編『国際取引と法——山田鐐一教授退官記念論文集』（名古屋大学出版会，1988 年）

第 3 章　国連海洋法条約と国際海事機関（IMO）における具体化
　第 1 節　「船舶の通航権と海洋環境の保護——国連海洋法条約とその発展」『名経法学』第 12 号（2002 年）
　第 2 節　「海洋環境の国際的保護に関する法制度」『世界法年報』第 12 号（1992 年）

第 4 章　民事責任と地球温暖化の防止
　第 1 節　「油による汚染損害に対する責任及び補償に関する国際制度」松田竹男=田中則夫=薬師寺公夫=坂元茂樹編集代表『現代国際法の思想と構造 II——松井芳郎先生古希記念論文集』（東信堂，2012 年）
　第 2 節　「国際海運からの温室効果ガス（GHG）の排出規制——国際海事機関（IMO）と地球温暖化の防止」松井芳郎=富岡仁=坂元茂樹=薬師寺公夫=桐山孝信=西村智明編『21 世紀の国際法と海洋法の課題——田中則夫教授追悼論集』（東信堂，2016 年）

条約略称

　本書では，条約について以下の略称を用いる。ただし，読者の便宜のため，正式名称を示したところもある。

- 国連海洋法条約＝海洋法に関する国際連合条約
- 領海条約＝領海及び接続水域に関する条約
- 公海条約＝公海に関する条約
- 大陸棚条約＝大陸棚に関する条約
- 漁業保存条約＝漁業及び公海の生物資源の保存に関する条約
- ワシントン条約草案＝海洋の油濁防止に関するワシントン条約草案
- 1954年条約（海水油濁防止条約）（OILPOL条約）＝1954年の油による海洋の汚染の防止のための国際条約
- 1973年条約（海洋汚染防止条約）（MARPOL条約）＝1973年の船舶による汚染の防止のための国際条約
- 海洋汚染防止73/78議定書（MARPOL73/78議定書）＝1973年の船舶による汚染の防止のための国際条約に関する1978年の議定書
- 海洋汚染防止97議定書（MARPOL97議定書）＝1973年の船舶による汚染の防止のための国際条約に関する1978年の議定書によって修正された同条約を改正する1997年の議定書
- 公海措置条約（公法条約）＝油による汚染を伴う事故の場合における公海上の措置に関する国際条約
- 公海措置条約議定書（1973年議定書）＝1973年の油以外の物質による海洋汚染の場合における公海上の措置に関する議定書
- ロンドン投棄条約（海洋投棄規制条約）＝1972年の廃棄物その他の物の投棄による海洋汚染の防止に関する条約
- ロンドン投棄条約議定書（海洋投棄規制議定書）＝1972年の廃棄物その他の物の投棄による海洋汚染の防止に関する条約の1996年の議定書
- 油汚染準備対応協力条約（OPRC条約）＝1990年の油による汚染に係る準備，対応及び協力に関する国際条約
- 危険有害物質汚染準備対応協力議定書（OPRC-HNS議定書）＝2000年の危険物質及び有害物質による汚染事件に係る準備，対応及び協力に関する議定書
- 船舶有害防汚方法規制条約（AFS条約）＝2001年の船舶の有害な防汚方法の規制に関する国際条約

条約略称

- バラスト水管理条約＝2004年の船舶のバラスト水及び沈殿物の制御及び管理のための国際条約
- 海上人命安全条約（SOLAS条約）＝1929年の海上における人命の安全のための国際条約
- 海上人命安全条約78年議定書（SOLAS74/78議定書）＝1974年の海上における人命の安全のための国際条約に関する1978年の議定書
- 海上人命安全条約88年議定書（SOLAS74/88議定書）＝1974年の海上における人命の安全のための国際条約に関する1988年の議定書
- 国際満載喫水線条約（LL30条約）＝1930年の満載喫水線に関する国際条約
- 国際満載喫水線66年条約（LL66条約）＝1966年の満載喫水線に関する国際条約
- 国際満載喫水線88年議定書（LL66/88議定書）＝1966年の満載喫水線に関する国際条約についての1988年の議定書
- 海上衝突予防規則（COLREG条約）＝1972年の海上における衝突の予防のための国際規則に関する条約
- STCW条約＝1978年の船員の訓練及び資格証明並びに当直の基準に関する国際条約
- STCW-F条約＝1995年の漁船の乗組員の訓練及び資格証明並びに当直の基準に関する国際条約
- 商船最低基準条約＝1976年の商船における最低基準に関する条約
- 商船最低基準条約76／96議定書＝1976年の商船における最低基準に関する条約についての1996年議定書
- 私法条約＝油汚染損害に対する民事責任に関する国際条約
- 船主責任制限条約＝海上航行船舶の所有者の責任の制限に関する国際条約
- 1969年民事責任条約＝1969年の油による汚染損害についての民事責任に関する国際条約
- 1992年民事責任条約＝1992年の油による汚染損害についての民事責任に関する国際条約
- 1971年基金条約＝1971年の油による汚染損害の補償のための国際基金の設立に関する国際条約
- 1992年基金条約＝1992年の油による汚染損害の補償のための国際基金の設立に関する国際条約
- 追加基金議定書＝1992年の油による汚染損害の補償のための国際基金の設立に関する国際条約の2003年の議定書
- TOVALOP＝油濁責任に関するタンカー船主間自主協定
- CRISTAL＝タンカーの油濁責任に対する臨時追加補償制度に関する契約
- STOPIA＝小型タンカー油濁補償協定
- TOPIA＝タンカー油濁補償協定
- 京都議定書＝気候変動に関する国際連合枠組条約の京都議定書

船舶汚染規制の国際法

第 1 章

海洋汚染の国際的規制のあけぼの

◆ **海洋汚染の国際的規制のあけぼの**
　　——1926年海洋汚染防止ワシントン会議について

1　はじめに

　今日，環境の観点は，航行や資源そして安全保障などとともに，海洋法を形成する基本的要因であるといえよう。そのことは，たとえば国連海洋法条約において，環境保護が条約の実現すべき海洋の法秩序の基本的構成要素の一つであるとされていること[1]，そして，「海洋環境の保護及び保全」と題する独立の第12部を設け，海洋環境保護の法制度の基本的枠組みを制定していることに現れているといえようし，さらに，海洋環境保護を目的とする国際的合意が，事項的にも地域的にもさらに規制のレベルにおいても，多様に制定され，また，その数においても極めて多いことにも現れているといえよう[2]。
　しかし，海洋法において環境保護が問題とされたのは，そう古いことではない。それは，20世紀の初め，世界のエネルギー需要の石炭から石油への転換に伴って生じた。すなわち，船舶の燃料として，あるいは陸上の民生・産業部門における需要のため，海上において使用・運搬される油の量が増大し，それ

---

(1) 国連海洋法条約は，その前文において，「国際交通の促進」，「海洋の平和的利用」，「海洋資源の衡平かつ効果的な利用」，「海洋生物資源の保存」，とともに，「海洋環境の研究，保護及び保全」を促進するような海洋の法的秩序を確立することがこの条約の目的であるとしている。
(2) 海洋環境には，単に海洋汚染のみでなく，生物資源保護や海洋生態系保護などの広範な事項がその中に含まれる。また，海洋汚染に限ってみても，汚染源としては，船舶のみでなく，陸上，海底開発，投棄，大気など様々な汚染源があり，汚染物質にも，油，化学物質，放射性物質など多様であり，それぞれについて国際的規制がなされている。また，グローバルな条約のみでなく，バルト海や地中海諸国などの地域的諸国におけるリージョナルな条約による規制もなされ，さらに，法的拘束力を持つ条約によるのではなく，宣言や原則そしてガイドラインといった，いわゆるソフトロー的規制方式も導入されている。このように，今や環境保護の問題は，人間環境の保護全般にわたって，極めて広範囲かつ多様なものとなっている。

◆ 第1章 ◆　海洋汚染の国際的規制のあけぼの

に伴い生じる船舶からの油の排出が海洋汚染の問題を生じさせ，国際的規制の必要性を諸国家に自覚させることになった。

　こうした海洋汚染の国際的規制の必要性を最初に唱えたのは，第1次大戦後，世界の工場の地位をイギリスから受け継いだアメリカである。1920年代のアメリカは世界の石油市場供給量の60パーセントを占めたといわれるが[3]，その主要な産地であるメキシコ湾地域を中心に，沿岸海域における汚染の被害に悩まされた。アメリカは，1924年には，連邦油濁法[4]を制定し，自国船舶に対し領海内での油の排出を禁止するが，さらに，それでは不十分として，外国船舶に対する公海上での規制を求めた。そして，アメリカは，1926年に，当時の先進海洋国である13カ国をワシントンに招請し，海洋油濁に対処するための初めての国際会議である，「可航水域の油濁に関する予備的会議」（以下，「ワシントン会議」あるいは「会議」という。）を開催した。そして，会議は，最終日に報告書を採択し，そこで海洋環境保護に関する初めての条約である，「海洋の油濁防止に関するワシントン条約草案」（以下，「条約草案」という。）を成立させた。

　本章は，以上の，ワシントン会議および条約草案について検討することを課題とする。後で見るように，この条約草案は結局採択されることはなかった。しかし，ワシントン会議における議論およびその成果である条約草案は，その後の海水油濁防止条約の制定に多大の影響を及ぼしているように思われる。したがってそこには，今日の関連する国際条約の持つ意義と特徴および問題点が現れていると思われるから，その制定に至る議論とその成果について見ることもまた，意味あることであろう。

　以下，会議の開催に至る経緯，会議における議論，そして会議の成果の順に見てゆくことにしよう。

---

(3) Sonia Zaide Pritchard, *Oil Pollution Control*, Croom Helm 1987, p.6.
(4) Oil Pollution Act of 1924, Public, No. 238, 68th Cong., Oil Pollution of Navigable Waters, Report to the Secretary of State by the Interdepartmental Committee, March 13, 1926, Washington Government Printing Office 1926,（以下，Interdepartmental Committee Report と引用），p.32.

2 会議の開催

(1) 開催に至る経緯

（i）1922年の第67回アメリカ合衆国議会は，大統領に対して，可航水域における船舶からの油による汚染を防止するための国際会議の開催を求める，次のような両院合同の決議(5)を採択した。

> 油焚き船（oil-burning steamer）および油輸送船（oil-carrying steamer）による，可航水域への廃棄油，重油，油スラッジ，油泥，タール残滓，水バラストの投棄による汚染を防止するための有効な方法の採択を目的とする，海洋国間の会議を招集することを合衆国大統領に要請する合同決議
>
> 油焚き船および油輸送船からの海洋への油廃棄物の不注意な投棄は，合衆国および他の諸国の海洋および漁業産業に対して深刻な脅威となっていることにかんがみ，
>
> 埠頭および護岸から港内の水域に排出された集積浮遊油によりもたらされる火災災害は，増大する恐怖の源となっていることにかんがみ，
>
> 最も深刻であるのは，我々の多様な国民的食料供給の本質的な部分である，食用となる魚，牡蠣，貝，かに，エビの絶滅への危険となる，多くの汽船において石炭に代わる燃料として使用されている油の廃棄物の領海への恒常的投棄によりもたらされる，海洋漁業の破壊であることにかんがみ，
>
> 油廃棄物の投棄は，夏季において多くの人々を海岸のリゾートに誘う，諸国の領海に存在する海水浴海岸の破壊となるのみでなく，何百万ドルもの海岸の財産的価値の減少となることが最も危惧されていることにかんがみ，
>
> この汚染は，領海内においてのみでなく公海においても発生していることにかんがみ，

---

(5) Public Resolution No.65, 67th Cong., *ibid.*, p.31.

◆ 第1章 ◆　海洋汚染の国際的規制のあけぼの

ここに，アメリカ合衆国議会の上院と下院は合同して，可航水域における汚染の防止のための有効な方法の採択を目的とする，海洋国間の会議の招集を大統領に対して要請することを決議する。

(ii) この決議は，1922年6月1日，大統領により国務長官に付託された。国務長官は，この件につき商務長官に対して意見を求めたところ，商務長官はこの問題の総合的議論のための関連諸省庁の予備的な会議が招集されるべきと回答した。

それに基づき，同年6月14日，国務長官は，財務省，陸軍省，海軍省，内務省，農務省，商務省そして海運局に対して，その予備会議に参加することを要請する書簡を送った。そして，同年8月7日，各政府機関代表による第1回会合が開かれ，そこで「1922年6月1日付で可決された議会両院合同決議において計画された国際会議の招集に向けての準備を行うという観点からの可航水域の油濁の問題を検討する」ための省際委員会（interdepartmental committee）を開催することが合意された[6]。

そのようにして設置された省際委員会は，1922年8月7日の第1回会合以降，上記問題を検討する会合を重ね，1926年3月13日に，国務省に対して，以下の勧告を含む報告書[7]を提出した。

「委員会は，油濁の問題に関してなされた研究および調査にかんがみて，合衆国政府は，いまや関係国政府の代表からなる専門家による予備的会議を開催する正当な理由があると信じる。それゆえ，委員会は，技術的問題に関する意見の交換を促進し，そして，国際的合意を通じて可航水域の油濁の問題を取り扱うための提案の作成を検討することを目的とする予備的会議が，早期に開催されることを勧告する。」

---

(6) 　*ibid.*, pp.1-3.
(7) 　*ibid.*, pp.23-27.

◇海洋汚染の国際的規制のあけぼの

(2) 会議の開催
 (ⅰ) 以上の経緯を経て，1926年4月アメリカ合衆国政府は，当時の主要な海運国に対して，「可航水域の油濁に関する予備的会議」への参加を求める招請状を送付した。この会議の目的は，専門家により油濁に関する技術的事項についての意見交換を行い，そして，国際的合意を通じた可航水域の油濁の問題を扱う提案の作成を検討すること，であった。この呼びかけに応じて，ベルギー，イギリス，カナダ，デンマーク，フランス，ドイツ，イタリア，日本，オランダ，ノルウェー，ポルトガル，スペイン，スウェーデン，の13カ国が参加し，会議は1926年の6月8日から16日まで，ワシントンにおいて開催された[8][9]。
 (ⅱ) さて，会議の冒頭，以下のアジェンダがアメリカ代表により付託され，合意された（pp.14-15）。それは，
  (a) 政府は，油あるいは油性混合物の排出に関して船舶の運航者が遵守すべき要件事項を決定すべきか。
  (b) 政府は，公海における合意された最低量を超える油あるいは油性混合物の排出が，原則的に禁止されることに合意すべきか。そうだとすれば，完全な禁止を即時に達成する措置をとる困難性を考慮したうえで，どのような暫定的な措置（たとえば，海域の決定）がなされるべきか。

---

[8] この会議の議事を逐語的に記録したものとして，次の文献がある。Preliminary Conference on Oil Pollution of Navigable Waters, Washington, June 8-16, 1926, Washington Government Printing Office 1926. （以下，Proceedings of the Conference と引用）。以下，特に断りのない限り，本文中かっこ内での頁の引用は，同文献からのものである。なお，招請状については，同文献のⅣ頁を参照。

[9] 会議参加者は代表，アドバイザー等を含み全体で46名であり，うちアメリカが16名，イギリス，カナダが5名，日本が4名，フランス，ドイツ，イタリアが2名，その他各1名であった。技術的問題に関する専門家による会議の性格から，政府関係者のみでなく多くの船舶や石油産業といった民間からの参加が見られるが，特に注目されるのは海軍関係者の参加が全体で13名と多くを数えることである。これは海軍艦艇の取扱が一つの論点となることが予想されたためである。なお，日本は参加者4名のうち2名が駐米海軍武官であり，うち1名は山本五十六であった。

(c) 各政府が，船舶の油水分離装置の設置の促進を目的として，①そのような装置が船舶において占めるスペースに関して，船舶のトン数の財政目的での決定に関連して適切な例外を設けること，②その他何らかの方法を採用すること，は現実的であるか，あるいは望ましいことであるか。

(d) 採択される要件事項は，いかなる種類の船舶に対して適用されるべきか。

(e) そのような要件事項は，どのようにして執行されるべきであるか。

(f) 生命あるいは財産に危険となる不可避的な事故あるいは緊急事態に関して，どのような例外が設けられるべきか。

というものである。

(iii) 会議におけるそれらをめぐる実質的議論は，それぞれの事項を審議するための委員会において行われ，そうした委員会としては，「事実および原因に関する委員会」，「クラシフィケーションに関する委員会」，「海域と適用時期に関する委員会」，「海域と執行に関する委員会」，「船舶測度（admeasurement）に関する委員会」そして，「技術委員会」の六つが設置された[10]。そして，最終日には審議経過および結果についての報告書が作成され，報告書には条約草案が添付された。

以下に，問題となった事項に分けて，議論の特徴的な点について見てみることにしよう。

3　会議における議論

(1) 事実と原因

(i) 会議は，「事実および原因に関する委員会」において，海洋汚染の各国における事実とその程度そしてその原因について各国の認識を確認することから始められた。委員長ヒップウッド（Hipwood）（イギリス）は，

---

[10] それぞれ，"Committee on Facts and Causes; Committee on Zones and Date of Application; Committee on Zones and Enforcement; Committee on Admeasurement; Technical Committee." である。

◇海洋汚染の国際的規制のあけぼの

事実および原因について，アメリカの報告書[11]を基礎として，各国代表にその報告書に同意しうるか，また，その内容が適切であり正確であるか意見を求めたが（p.24），それらについての代表の意見は，必ずしも一致していなかった。

まず，油濁に対する事実の認識について，イギリス（p.32），カナダ（p.32），ノルウェー（p.30），スペイン（pp.52-53），日本（p.38），イタリア（p.62）は，報告書の指摘する深刻な汚染の事実の存在とその改善が不十分であることに，若干のニュアンスの差はあれ基本的に同意していた。それに対して，オランダは，かつては海洋において汚染が存在したが，それは現在ではほとんど存在しないこと，港内においてはいまでも汚染は存在するがそれは国内法による現行規制で十分対処できること，特に公海においては汚染はいかなる深刻な結果ももたらしておらず，特別な国際的規制の必要がないとの評価を述べ（pp.38-44），ドイツ（pp.34-35）およびデンマーク（p.34）も，現在は汚染はそれほど深刻でないとして，オランダと同様の立場をとった。

---

(11) アメリカの報告書は，油汚染の主要な原因について陸上起源と海洋起源に分けてそれぞれ以下のものをあげている。すなわち，前者については，1 油田採掘活動，2 油積み出し港および荷揚げ地点，3 精油所，4 ガスプラント，5 産業プラント，6 船舶修理施設，7 油を利用するあるいは輸送する鉄道，8 下水設備（たとえば，下水に排出される自動車用廃油）を，後者については，1 領海において，(a) 海洋航行の油焚き船および油槽船，(b) 石炭焚き船，タグボート，油運搬はしけ，浮遊乾デッキ，内水用油焚き船および油槽船，2 領海外において，(a) 海洋航行油焚き船および油槽船による，(aa) 油濁バラスト，ビルジ等の排水，(bb) 海上でのタンクの洗浄，(cc) 座礁，難破，沈没を含む事故，(b) その他の海洋航行小型船舶，をあげる。そして，海洋航行油焚き船および油槽船は，領海外における油汚染の唯一の重要な直接的汚染原因であると考えられていること，また，領海における大部分の汚染の原因もそれらの船舶によるものであることが指摘されている。また，アメリカにおいては，大西洋，太平洋およびメキシコ湾沿岸においてかなりの程度の汚染が存在し，それは世界の主要海洋国の沿岸においても存在すること，そしてそれによる被害は，海水浴等の海岸の財産の価値，公共の水やレクリエーション，火災，海洋生物などに対する危害を及ぼすものであることが指摘されている。それぞれ，この時期における油濁原因について，極めて詳細かつ網羅的である。(Interdepartmental Committee Report, pp.23-25.)

◆第1章◆　海洋汚染の国際的規制のあけぼの

　　もしも，海洋とりわけ公海において汚染が深刻でなく，特別な国際的措置が必要でないとすれば，この会議の開催は必要がないことになる。ヒップウッドはそのような事態に至ることに危機感を持ち，この問題がもっぱら国内的に対処されるものでなく，国際的基礎の下に扱われるべき問題であることを強調して，次のように述べている。

　　「委員会メンバーのあるものは，油濁の問題はそれぞれの沿岸および港において存在しないかあるいは深刻なものでないこと，これは主として西半球の問題であることを述べて，自国あるいは自国船舶には関係がないという。では，なぜ彼らはこの問題を扱うための国際的措置に参加しなくてはならないのか，なぜ，この問題を，被害が最も深刻である国あるいは国々の地域的手段にゆだねてはならないのか。

　　私は，思慮深い人は誰でも，そうした対処はこのような問題を扱うには極めて望ましくない方法であることを理解すると思う。それは，もし極端な場合を仮定すれば，この問題に対処する必要を強く感じる国が，自国の港に頻繁に入港するすべての国籍の船舶に関して，ドラスティックな行動に出ることを余儀なくされることを意味するであろう。であるから，このような措置が，1国や2国の側での単独の行動よりも，共通の合意あるいは国際的行動によってとられることが，あらゆる点においてまさっているのである。」(pp.68-70)

　　この委員長の説得は，結局委員会における支持を得て，この問題の国際的取扱いが合意された。

(ⅱ)　次に，原因について，アメリカの報告書は，陸上起源汚染と海洋起源汚染について指摘し，領海外の汚染については，油焚き船（oil-burning vessel）と油槽船（oil-cargo vessel）が唯一の重要な直接汚染源であることを指摘していた[12]。報告書のこの部分については，ドイツが汚染源として船舶の煙突から出るすすなどの油以外の廃棄物について指摘し[13]，またカナダ（p.32）およびフランス（p.34）がビルジ水の問題の

---

(12)　前掲注(11)を参照。

重要性について指摘したほかは，基本的に異論は出されることなく，会議における議論の基礎として合意された。
(iii) そして，以上の議論をふまえて，以下の委員会報告書草案が作成された（pp.58-60）。

●事実および原因に関する委員会報告書草案

6月8日の会期で指名された「油濁の事実および原因に関する委員会」は，以下の報告書を付託する。

委員会は，最も有益な手続きは，本委員会に出席する代表が，各国の油濁に関する現在の事実およびそうした油濁の原因に関してのその国の見解について，広範かつ一般的な用語で述べることであろうということに合意した。省際委員会による合衆国国務省長官に対する報告書（18-23頁および104-119頁）が，議論の基礎として使用されるべきことが合意された。

出席する各国の代表は，事実および原因に関する各自の見解について，広範かつ一般的な用語で述べた。そして，ごくわずかの例外を別として，出席する代表の見解は，事実および原因の双方について，合衆国報告書において取りあげられたそれに，ほとんど一致していたように思われる。

油濁が困難な問題であったいくつかの場所において，その状況が改善しつつあることについては一般的合意が存在したが，代表の見解と合衆国報告書の見解との間の相違に注意を喚起せざるをえなかった唯一の実質的な点は，以下の部分である。

(a) カナダの代表は，ビルジ水は油汚染をもたらす重要な要因であり，そして，油濁の防止に向けての何らかの措置においては，この可能性を考慮すべきであると判断した。
(b) オランダの代表は，オランダにおける油の害は無視できる程度に

---

(13) ドイツは油のみでなくそれ以外の廃棄物にも注意が向けられるべきであるとし，その例として，船舶の煙突から回収されるすすをあげており，それはドイツからニューヨークへの航海で2トンから3トンになり，それが海中に投棄されればその容易に分解されにくい性質から汚染の原因となりうるが，ドイツ船においてはそれは自国の規則に従って回収されているという（Proceedings of the Conference, p.38）。

◆第1章◆　海洋汚染の国際的規制のあけぼの

　　　減少してきており，すでに問題とはなっていないことを述べた。また，存在する限りでは，被害は油槽船からよりむしろ油焚き船からより発生すると判断した。

　　　以上の二つを例外として，委員会の一般的意見は，合衆国報告書にある事実についての言及および油濁の原因についての報告書にある判断は，会議の今後の作業の基礎として十分取りあげることのできるものであるということであった。

　(iv) このようにして委員会は，海洋汚染の事実の存在とこの問題の国際的な取扱いの合意という第1の関門を通過した。そして，海洋汚染の原因について，報告書は陸起源の重要性を指摘していたのであるが，それは国内管轄権の下で発生するものであるから，国内的対処がなされるのに適当な事項であるとして除外した。また，領海内で発生する油濁についても，各国における国内法で対処されるべき問題であるとした。そして，この会議は，国際的合意が求められる油濁原因として，公海上を航行する油焚き船および油槽船からのそれに特定した。これ以降，「1973年の船舶からの汚染の防止のための国際条約」において，船舶からのすべての汚染物質が規制対象とされるまで，国際社会の汚染規制の努力は，船舶起源の油濁にもっぱら向けられることになるのである[14]。

(2) 規制対象船舶

　(i) 会議における実質的な議論でまず最初に問題とされたのは，採択されるであろう規則がいかなる船舶に対して適用されるかの問題であった。これは「クラシフィケーションに関する委員会」で検討されたが，この問題に関する各国の主張について見てみよう。

　　　イギリス (pp.78-82) は，主要な規制対象船種として，タンカーと油焚き船をあげ，そこにディーゼルエンジンの船舶も含める。以上に該当する限り，海洋航行船舶 (seagoing vessel)，および沿岸航行船舶 (coas-

---

[14]　さらに，すべての汚染源を対象とした総合的汚染規制のシステムは，1982年の国連海洋法条約の成立により実現することになる。

◇海洋汚染の国際的規制のあけぼの

tal vessel)ともその対象となるが,ただし,後者のうちの港内船舶 (harbor vessel)については,各国の国内法で規制されるべき対象であるとして除外する。また,タンカーのうち,軽質油や精製油を運ぶ船舶 (spirit-carrying vessel)は,原油や重油あるいはディーゼル油のように汚染の影響はないとして除外している (p.88)。カナダ (p.102) も英国と同様に,海洋航行能力のある,タンカー,油焚き船そして内燃機関船舶(internal-combusion-engine ship:ディーゼルエンジン船)を対象としている。

オランダ (pp.82-86) は,タンカー (tank-steamer) を対象船舶に含めず,油焚き船のみをその対象とする。タンカーを除外するのは,公海においてタンカーより排出されるバラスト水はすぐに油分が分解されるから汚染の原因とはならないという理由からである。油焚き船については,燃料タンクをバラストタンクとしても利用する古いタイプの船舶が,それが特に沿岸の近くに存在する場合には油汚染の原因となりうるので,規制対象とすべきとする。また,ディーゼルエンジンの船舶は油を燃料とする汽船 (steamer) ではないから,ここに含められるべきではないとして除外する。

日本 (p.86) は,規制対象船舶としては,国際航行に従事する貨物として油を輸送する船舶 (oil-carrying vessel) のみをあげる。日本が受けている被害はおもにタンカーからの油性廃棄物による漁業に対する被害であり,日本にはまだ多くの油を燃料とする汽船はないので,それからの害はタンカーと同じ程度には存在しないという理由である。

(ii) 軍艦を規制対象とするか否かについても,意見が分かれた。

軍艦について適用対象に含めることを主張したのは,オランダとドイツである。オランダ (p.92) は,軍艦についても,それが油を燃料とし燃料タンクあるいはバラストタンクにおいて油を運ぶ船舶である限りその他の船舶と区別するべきでないことを述べており,ドイツ (pp.93-94) も,油の過失による排出を問題にする限りすべての船舶を対象とするべきで,もしも軍人による排出を認めるならば,汚染は決して止むことはないと述べて,同様の立場をとる。

15

◆第1章◆　海洋汚染の国際的規制のあけぼの

　　それに対して，フランス（p.92）は，軍艦は特殊なクラスの船舶として，規制の対象から除外すべきことを述べるが，その理由としては，軍艦については商船と異なりその規則は疑いなく適用されることをあげている。日本（p.92）も，軍艦については，行動の自由を維持することを希望し，規則の適用の例外とされるべきことを述べている。

(iii)　このように，規制対象船舶については，各国の意見は異なるものであった。そこで，イギリス（p.106, p.110）は，委員会において，適用対象となる船舶は，「軍艦を除き，積荷として，あるいはボイラーあるいはエンジンにおいて燃焼する燃料として（したがってディーゼルエンジンも含まれる）とを問わず，油を運ぶすべての海洋航行船舶であるが，小型の船舶を除外するために，燃料タンクの容量の下限を定める」という動議を提出し，その決議が委員会において表決に付され，全員一致で採択された（p.112）。

　　ところで，軍艦については以上のように除外することとされたが，委員会においてオランダやドイツの代表により，何らかの措置がとられるべきであるとの異議が提出されたことにかんがみて，委員長より，各国政府に対して海軍規則その他の形での規則の適用を求める動議が提出された（p.112）。そして，その動議を取り込んで，以下の付帯条項を持つ決議1が合意された。

●決議1
　　貨物の積荷としてあるいはボイラーやエンジンの燃料として，原油，重油およびディーゼル油を運ぶ，軍艦を除くすべての海洋航行船舶が，この会議が各政府に対して勧告することを決定する措置の対象とされるべきであるが，しかし，補助トロール船のような小型船舶を例外とするために，燃料タンクの容量の下限が定められなければならない。

　　（日本の代表は，これは自らへの指示を越える問題であるが，その受容が委員会の一般的な合意であるので，自らの政府に対してそれを勧告する意志があることを述べた。）(15)

---

(15)　日本の代表は油焚き船を対象とすることは自らへの指示を越える問題であるとして，

◇海洋汚染の国際的規制のあけぼの

（採択されるであろう措置の一般的な精神から，そうした措置が，適切であると思われる海軍規則のような形式で自国海軍に対して各政府により適用されるであろうことが，委員会の認識である。）

(iv) このように，規制対象となる船舶については，軽質油を運ぶ船舶を除く，タンカー，油焚き船そしてディーゼル船を含むとするイギリスおよびカナダと，それを狭く限定して，タンカーのみとする日本および油焚き船のみとするオランダの主張があり，それぞれは，油濁の原因となる船舶に対する理解の相違に基づいていた。適用対象の例外となる船舶は，イギリスの提案では，港内船舶としてその使用目的・地域による限定を付していたが，結局燃料タンクの容量という一般的な基準が導入されることになった。「1954年の油による海洋の汚染の防止のための国際条約」（以下，「1954年条約」という。）において導入されたような，船舶の総トン数による区別基準はまだ取り入れられていない。さらに，軍艦について，それをそもそもの例外とすること，すなわち規制を商船のみに限定すること，についてはむしろ異論が多く，その結果として，例外としつつも各国政府においてその実質的な規則の適用を別項において求める方式が取り入れられることとなった(16)。これは，その後の条約にお

委員会での採択後，特記することを求めた。(p.112)
(16) 軍艦の取扱いについては，その後の全体委員会においても議論となった。委員長フレリングヒューセン（Frelinghusen）（アメリカ）は，次のように述べ，軍艦を何らかの規制の対象とするよう求めている。(Proceedings of the Conference, pp.138-139)。
　「軍艦を規制の例外とすることはアメリカ代表の考えに全く一致していない。軍艦を別のクラスとすることは必要であるかもしれない。しかし，油を使用し，そして消費した油を通常廃棄せざるを得ない多数の政府軍艦が，何らかの規制の下に置かれるべきであることは確実である。
　われわれは被害を除去しようとしている。そして，公海を航行する商船に適用される規則を定立する一方で，多数の船舶に対して自由に汚染物質を廃棄し続けることを許すことは，われわれの努力を無意味にするものであろう。
　このことは，いずれかの政府に対して他の政府の軍艦に対する遵守の義務を課すものではない。それは単に，政府がこうした規制を受諾した場合に，それを自国の商船に適用するのみでなく，自国の軍艦にもまた適用されるべきことを認めること，そして，自

◆第1章◆　海洋汚染の国際的規制のあけぼの

いて踏襲されている方式である(17)。

(3) 規 制 基 準

　(ⅰ)「クラシフィケーションに関する委員会」の検討すべき第2の問題は，有害とみなされる汚染の程度すなわち，公海において排出が許容される油の量の確定である。この問題に関しては，イギリスおよびアメリカが多くの研究データを保有しているとして，初めに彼らに発言が求められた。

　　イギリス（pp.114-116）は，通常の場合バラストタンクには約1パーセントの油が含まれており，これはきわめて多量であるので，海岸から数マイル内に排出されれば，ほとんど確実に沿岸に到達する量である。

　国の商船に課される規制と同様な軍艦に適用される規則を制定することを認めること，を意味するのみである。
　それゆえ，もしわれわれが被害をくい止めようというのであれば，商船に課されると同様の義務を海軍にも課すということへの何らかの合意がなくてはならない。そして，それゆえ，軍艦を除外することは，私の意見によれば，これらの規制の効果を弱めている。あなたがたは，軍艦がこうした規則を遵守することをあなた方の政府に求めたとしても，異常なことをしているわけではない。
　……軍艦は例外とされるべきではなくその対象に含められるべきことは，合理性があると思われる。」
　これに対してイギリスは，委員長の見解に賛意を表明し，商船に対して適用される規制と同等な措置を軍艦に対してとるべきことを政府に勧告することについて障害がないと述べており，日本も，軍艦を例外とすることに賛成するけれども，自国の軍艦が，合意された精神にのっとり規則の遵守に最善を尽くすことを述べており，また，フランスも，軍艦の除外はそれが汚染物質の投棄する権利を得られたことを意味しないと述べている。このように，規制のレベルについては異なるものの，軍艦に実質的な規制の効果を及ぼすという意味では，合意があるといえよう。(Proceedings of the Conference, p. 140（イギリス），p.140（日本），pp.140-141（フランス））

(17)　たとえば，「1954年の油による海水の汚染の防止のための国際条約」では，第2条(1)(d)で「海軍艦艇および海軍の補助船として使用されている船舶」を適用対象外としており，(2)で，「各締約政府は，この条約に定める規制と同等の規制が，合理的かつ実行可能な限り，(1)(d)にいう船舶に適用されることを確保する適当な措置を執ることを約束する。」としている。

◇海洋汚染の国際的規制のあけぼの

これを避ける方法の一つは油水分離装置を使用することであるが，われわれの実験により，排出される油の量を1パーセントの100分の1まで減少することが可能である。その程度の排出が領海外でなされるなら，その影響は極めて小さい。油水分離装置は，安価であり船のスペースをとらないものであるので，その導入は可能でありまた十分に有効である，と述べる。

　つぎに，アメリカの基準局（Bureau of Standards）の代表（pp.116-118）は，脅威となる油の含有率およびその継続性について，その実験の結果に基づく意見を求められた。彼は，1パーセントの100分の1の油の排水については数日間で消滅するが，それ以上のたとえば未処理のバラスト水であると，海水に長く留まり，沿岸に到達する。また，もう一つの重要な点として，そのレベルの排出をどのようにして認定するかという点について，もし1パーセントの100分の1のレベルの排出であれば晴天の日において油膜を視認できないが，それ以上であれば油膜を視認でき，それが判定の基準となりうる。1パーセントの100分の5は油膜が消滅し視認できる限界であろうとの意見を述べた。

(ii) 以上の意見を聴取し，それに対する若干の質疑応答のあと[18]，委員長は，1パーセントの100分の5の油性混合物は永続的脅威とならないとし，問題はそれ以下の小さなパーセンテージの設定が可能であるか，あるいは，目視基準による判定方式を導入することが現実的であるかにあるとして，以上のアメリカ基準局のデータに基づく決議を提案し了承され（p.122），それは，以下の委員会決議2（p.134）として採択された。

● 決議2

　領海の限界を越えて規制なく排出することのできる油と水の混合物における油の量は，日中の晴天時に海面における油膜の形を裸眼で視認す

---

[18] フランスは，英仏海峡のような狭い海峡において潮流の関係からより厳しい基準が適用されることを求めたが，委員長は厳しい基準が望ましいとしながら，その執行の可能性の困難さと科学的に無害とするアメリカの報告書データをあげてそれを退けている。（p.124）

ることのできない油と水の混合物中にある油の量である。この油の割合は，1パーセントの100分の5を超えない割合の油であり，それは，委員会の多数の判断では，有害とはならないものである。

(iii) 国際的規制に不可欠である排出許容基準の設定は二つのことにより可能となった。一つは，どれだけの排出が有害となるかの科学的データが得られたことである。これは，主としてアメリカの基準局による実験データにより得られた。もう一つは，その限度における排出を可能とする設備（油水分離装置）が開発されたこと，そしてその船舶への設置が経済的観点からも可能となったことである。1954年条約においてはこれより厳格な排出許容基準が設定され，それはその後の改正においてより厳格にされてゆくことになるが，それはこの二つの点，すなわち科学的データの取得と油排出設備に関する，コスト面を含めた技術の進歩により可能とされた。委員長は，英仏海峡における油濁の防止のためには，より厳しい基準が必要であるとのフランスによる主張 (p.124) に対して，より厳しい基準が望ましいのは明らかであるがそれは現実的に適用可能でなくてはならないと述べている (p.124) が，そこには，規制は技術的経済的限界内における実現可能性の制約を常に持ちそれとのバランスの上に設定されるという，その後の規制の方式の先例となる考えが現れているといえよう[19]。

(4) 排出禁止海域

(i) 排出禁止海域に関しては，「海域と適用時期に関する委員会」および，「海域と執行に関する委員会」で検討された。そこでは以下の三つが問題となった。第1の問題は，そもそもそうした海域の必要性あるいは有効性である。第2の問題は，その性格，すなわちそれが恒久的なものか暫定的なものか，言い換えれば海域外の公海における規制の可能性である。第3の問題は，その幅はどのように設定されるかである。

まず，第1の問題について見てみよう。領海外で排出された油が沿岸

---

[19] Pritchard, *supra*, note (3), pp.17-18.

◇海洋汚染の国際的規制のあけぼの

を汚染する可能性については一般的合意があったが，それに対応するための排出禁止海域の設定が有効かつ必要な方法であるかについては，各国の間に意見の相違があった。カナダ (p.192) は，この会議の獲得目標は20年から30年前の油のなかったような状況を回復することであり，この会議が油水分離装置等の装置による油汚染の防止に同意するならば，海域の設定の必要はないとする[20]。これに対して委員長ヤング（アメリカ）は（p.192），一般的な規制が船舶に適用されるまでの間に，沿岸国の特定の距離内で排出が禁止されるとの合意ができれば状況の改善に明らかに資するものであるとし，イギリス (p.164) も，排出の禁止が強制的となれば暫定期間を設ける必要があること，また，油水分離装置の設置の代替として，沿岸から一定の範囲内で排出をしないとする主張もありうるとの二つの理由をあげ，その必要性をいう。また，オランダ (p.190) も，汚染被害が深刻な国について，そうした国が自国沿岸から一定の範囲内については油の排出を禁止することを国際合意に基づき認められることは必要であるとした。

このように，油濁の防止における海域の設定の必要性・有効性については支持する国が多く，またカナダも後に賛成に転じたため (p.194)，その設定を認める以下の案が合意された (p.198)。

「会議は，政府が，有害となる油あるいは油性混合物が，その最も近い沿岸から特定された距離内において船舶より排出されてはならないことを確保するために適切と考える措置を，ただちにとることを勧告する。」

(ii) 海域の設定の有効性・必要性については以上のように合意されたとしても，実は各国の間には，設定される海域の性格については理解が異なっていた。第2の問題は，それが全面的な禁止規則が設定され発効するまでの暫定的な性格のものか，あるいは恒久的な制度であるかである。

---

[20] カナダは，海域の設定が有効でないとする理由として，その確定が困難であること，さらに，そこにおける執行が現実には不可能であることをあげる。(p.192)

21

◆第1章◆　海洋汚染の国際的規制のあけぼの

　この問題は，その後の公海における規制を導入する必要があるか否かの問題となる。これについて，イギリス（p.252）は，海域のシステムだけでは被害を最終的に除去するにはまったく不十分かつ不可能であるので，あくまでその後の恒久的制度の採用への第1段階としてあるべきであるとしその暫定的性格を強調しており，また，委員長ヤング（p.158）も，それは，油濁をもたらす油性混合物のすべての可航水域での排出の禁止という最終的理想に向けての予備的なものであるとし，その性格はあくまで暫定的なものであると述べ，カナダ（p.200）も，排出を禁止する規則が発効したら海域の問題は無効になるとして，同様な立場を表明している。

　それに対しドイツ（pp.254-260）は，この海域の合意は恒久的なものであり，公海において汚染は存在していないのであるから，公海における規制は必要ではなく，公海を汚染規制の対象から除外すべきであるとする。またオランダ（pp.262-264）も，公海は禁止の対象から除外されるべきであり，設定された海域は恒久的性格を持つべきであるとして，ドイツの立場を支持している。このドイツ，オランダの意見には，デンマーク（p.264）も支持を表明した。

　この対立は，会議においてコンセンサスではなく票決に付された。委員長は，「委員会は，海域の限界を越える公海における汚染物質の排出の禁止を勧告するべきであるか。」について代表の意志を確認したところ，賛成は，イギリス，カナダ，アメリカ，反対は，デンマーク，ドイツ，イタリア，日本，オランダ，スペイン，スウェーデン，そして，保留がフランスと分かれた。そこで，委員長の判断により非公式協議が行われ，その結果，決議2に以下の追加をすることが合意された（pp.266-270）。問題を将来の決定にゆだねる，折衷的な解決である。

　「それぞれの政府は，上記の海域のシステムについての実際的経験の合理的期間の経過後に，そうした区域の限界を越える公海における有害となる油あるいは油性混合物の排出が禁止されるべきかについて，問題を提起する権利を留保することを了解した。」

(iii) 第3の問題は，設定される海域の幅はどのように考えられていたかである。それについて，委員長は冒頭に，アメリカ沿岸の状況の改善に必要な範囲として，100カイリを提示し各国の意見を求めた。これに対しては，各国の海域の置かれている状況を前提に，特殊な海域に対する留保や例外があるべきとの主張がなされる。イタリア（p.160）は，アドリア海を念頭に置いて，100カイリは広すぎることを主張し，また，デンマーク（p.160）およびドイツ（p.162）も，バルト海を念頭において，より狭い幅であるべきことを求めた。なお，イギリス（p.198）は100カイリの立場をとっている。

このように，委員長提案の100カイリに対しては広すぎるという異論が相次いだため，日本は委員長と相談のうえ，以下の50カイリとする案を提出した（p.202）。

「委員会は，政府は，有害となる油あるいは油性混合物が沿岸の特定の海域内において船舶より排出されてはならないことを確保するために適切と考える措置をとるべきことを勧告する。各政府は，隣接の政府と協議の後，そのような海域について決定することができる。ただし，その海域は50カイリを超えてはならないことが勧告される。」

ところが，それに対しては，フランス（pp.202-204）より，英仏海峡における汚染防止に有効に対処できないとして，海峡や沿岸などの限定された水域にそれ以上の海域を設定しうるとの主張がなされた。また，カナダは，海域の設定には反対の立場であるが，妥協として認める用意があること，しかしその際には，沿岸の形状など50カイリが不適当な場合にはそれ以上の海域の設定が沿岸国により可能とされるべきことを主張した。そうして，50カイリを原則とするが上限を150カイリとする例外を認める，カナダによる以下を添付する修正案（p.304）が提出され合意された。

「言及された50カイリの海域が，海岸の特殊な形状あるいはその他の特殊な事情により不十分であることが明らかである場合には，それぞれ

◆第1章◆　海洋汚染の国際的規制のあけぼの

の政府は，他の政府に対してその拡大に対する適切な通知がなされることを条件に，150カイリを超えない範囲でその範囲を拡大することができることが了解された。」

(ⅳ) なお，海域における執行の問題について，それが領海外における外国船舶に対して沿岸国によりなされる場合には海洋の自由の侵害となるのではないかとの危惧が日本より表明された（p.190）が，それに対しては，執行はあくまで締約国である旗国への通報により旗国によりなされるのであり，公海においては締約国が自国船に対してそれぞれの規制を行うという現行の国際法の原則が維持されていることに変更はないことが，オランダ（p.190），委員長（p.190），イギリス（p.214），等において主張され，委員会において異論なく確認されている。

(ⅴ) 排出禁止海域をめぐる問題はこの会議において最も議論が対立したところである。その対立の中心は，その幅の問題もさることながら，海域の設定が油濁の完全な禁止を目標とする際の暫定的な（interim）制度であるか，それとも，海域の設定がそれ自体として完全な（perfect）制度であるかという点にあった。アメリカやイギリスそしてカナダが主張する前者の主張には，公海における油濁の存在とその将来的規制の必要性，また，現実の油水分離装置の開発によりそれが技術的にまた財政的に可能であること，そして，さらに禁止海域における執行（enforcement）の困難であることという理由があった。したがって，彼らからすれば，油濁の完全な禁止（total prohibition）のためには，禁止海域の設定は最終的解決にはならないのである。それに対して後者を強く主張する，オランダ，ドイツそしてスウェーデンは，そもそも公海において汚染は存在せず従って規制の必要のないこと，油水分離装置の設置は船舶に対して大きな財政的負担をもたらすものであること，そして，禁止海域における執行の困難性は国家の意思により（自国船に対する海域内における誠実な執行を通じて）可能であることを根拠とする。このように，両者の主張は真っ向から対立し，そして結局ここにおいては後者が多数をしめることになる。少なくともこの時点においては，油濁に対する脅威がア

メリカやイギリスそしてカナダを除き現実的ではなかったので，会議に参加する多くの専門家にとっては，船舶に対する規制の強化を危惧することが主な関心であったといえよう。そして，こうした考えは，1954年条約においても維持され，前者の主張する完全な禁止は，その後，同条約の1969年の改正により，ロード・オン・トップ方式という新しい排出規制技術が導入されて初めて実現することになるのである。

(5) 規則適用時期
 (ⅰ)「海域と適用時期に関する委員会」には，会議で合意される規則がいつから適用されるか，言い換えればいつから合意された義務が強制的となるかについての検討もまたゆだねられた。この問題については，二つの考えが対立した。一つは，特定の適用日を決定することであり，もう一つは，国際的な合意の発効から一定期間経過後とすることである。

　前者はイギリス（p.p.148-150）の主張であって，イギリスは1928年か29年初めを提案しているのであるが，その理由を，海運会社や石油会社などにとり確定的な作業日時が得られること，また，こうすることにより政府の合意に向けての促進要因となることをあげている。カナダ（p.154）も，期日の設定が関係諸国における必要な立法の制定と国際条約の早期発効を促進するとして，これを支持している。

　後者の立場は委員長ヤングにより主張され（p.150），それは，条約の当事国に対して必要な措置をとることが義務づけられる特定の期限を示すことは必要であるが，国際的合意が発効するまでそれは現実のものとはならないので，期日が特定できないという理由からである。この委員長案は，日本（p.152），オランダ（p.152），イタリア（p.152），ドイツ（pp.152-154）により支持された。

　会議では結局，後者の案が全員一致で合意され，以下の決議1が採択された（p.188）。

● 決議1
「委員会は，国際的な合意が発効して2年後にそれらの規定が適用さ

れるべきであることに，原則として合意した。」

(ii) さて，同じ委員会では，沿岸から50カイリ内において船舶が油または油性混合物を排出できないとする海域をただちに（forthwith）設定することができるとする以下の決議2（p.220）を成立させた。

● 決議2

「委員会は，政府は，有害となる油あるいは油性混合物が沿岸から一定の距離にある水域において船舶から排出されないことを確保するために適切であると考える措置をただちにとらねばならないことを勧告する。

各政府は，必要であるならば隣接国政府との協議の後，その海域の設定をすることができるが，公海に隣接している沿岸の場合には，そうした海域は沿岸から50カイリを超えないことが勧告される。」

これに対して，アメリカ（p.222-224）およびイギリス（p.224）は，決議1では規則の適用に関する2年の猶予を言い，決議2では自国沿岸保護のために国家が適当と考える措置をただちにとることができるとすることには明確な矛盾があることを指摘し，したがって両者を整合的に理解するためには，決議2は，条約が発効し2年間が経過するまでの期間に適用されるものと理解されるべきことが主張され，明確化のためにそれが2年の仮の措置であることとする提案も提出された（p.230）。

それに対しては，決議2は決議1で言及された国際合意の一部であるから，決議2はこの国際的合意が発効する限りにおいて執行されるべきであり，2年間後ということにはならないとのドイツ（p.232）の異論も提出された。

このように決議1と2をめぐっては意見の対立が解消せず，結局，委員長より決議1の削除が提案され，合意された（p.270）。

(iii) さて，残った決議2の適用の時期について，すなわち各国政府においてただちに海域を設定することができるという点に関して，日本は，①海域の設定には国際的合意が不可欠であること，②ただちに措置をとりうることを認めることは，勧告を行う専門家会議としてのこの会議の権

限を越えること，を主張して，「ただちに」の語を削除すべきことを提案した。そしてこの削除の提案は採択され，委員会提案となった（p.302）。
(iv) このようにして，規則適用になんらかの期限を設定しようとする提案はいずれも否決され，その結果，国による海域の設定はこの条約の発効後になされるという，いわば常識的な結論になった。この規則適用時期をめぐる問題は二つの側面を持っている。一つは，油濁規制を民間船舶に適用するについて，一定の時期を条約上確定しておくことにより，条約の実施を促進し容易ならしめることであり，もう一つは，規則が発効するまでの緊急かつ暫定的措置として禁止海域を設定しうるという防止対策の一つの方策である。前者については，発効時期が確定しない限り当事者がそうした措置をとるインセンティブが働かないとして，また後者についてはそもそも緊急かつ暫定的措置としての海域の設定が否定されたことにより，実現せず，こうしたアイデアはその後の条約の作成に際して議論の対象となることはなかった。

(6) 船舶測度
 (i) アメリカの報告書あるいはこれまでの議論により，船舶から排出される油の規制基準を達成するためには，油水分離装置を船舶に設置することが有効かつ不可欠の手段であることが指摘された。「船舶測度に関する委員会」で検討されたのは，このような装置の設置の促進に関する問題である。
 (ii) 初めに委員長ヒップウッドは発言して（p.330），本委員会で検討されるべき問題を二つに分ける。一つは，船舶は，分離装置の設置のみの理由によって，いかなる種類のトン数上の不利益（tonnage penalty）をも課されるべきでないということであり，もう一つは，分離装置を設置する船舶は，トン税の支払いにおいてなんらかの特典を得るべきことである。そして，前者は，不利益を受けないこと，後者は利益を受けることという対照的なことであるので，それぞれ別個に検討することを提案し了承された。

◆第1章◆　海洋汚染の国際的規制のあけぼの

　　第1の問題について，彼は，二つの事例について説明する。一つは，現在バラストスペースやコッファーダムスペース[21]などのトン数あるいは課税において例外扱いにされているものがあるが，船舶所有者がそこに分離装置を設置したときこの例外扱いが撤回される事例，もう一つは，現在総トン数から控除されている機関室に分離装置を設置する場合，機関室控除が受けられなくなる事例であり，こうしたことは分離装置の設置促進の要因とならない。従って彼は，トン数計測においてもあるいはトン税の支払いにおいても，分離装置の設置という理由のみにより，いかなる不利益も課されるべきでないということを委員会に提起した (pp.330-332)。

　　この第1の問題については，委員会において異論なく合意された (p.334)。

　　次に第2の問題についても，彼は二つの事例を取りあげる (pp.334-336)。一つは，たとえばコッファーダムなどのすでに例外とされている場所に分離装置を設置する場合に，設置者が特にそれ以上の利益を受けないことであり，もう一つは，すでにトン数に含まれている貨物スペースに分離装置を設置する場合，設置者は，そこが貨物スペースとして使用できなくなるのであるから，課税上のトン数からの除外を求めることである。

　　第2の問題について，後者の事例については，課税上のトン数から除外されるべきことが合意されたが，後者の事例については，現在においても不利益を課されているわけではないとして含まないことが合意されて，以下の委員会案 (p.348) が作成された。

　　　委員会は，以下の事項を確保ために必要な措置がとられることを勧告する。
　　　(1) 油を水から分離する何らかの設備あるいは装置の設置のみを理由として，トン数の計測あるいは課税措置に関するいかなる種類の付加金あるいは不利益も，船舶に対して課せられないこと。

---

(21)　隔壁などの損傷によって水や油が相互に混入しないように，貨物倉，燃料タンク，清水タンクまたはバラストタンクなどの間に設けられる液密の狭い空間のこと。

(2) いかなるトン数に基づく課税も，油を水から分離する何らかの装置あるいは設備の設置により貨物のために利用不可能となる空間に関して課されてはならないこと。
　　(3) 「油を水から分離する装置あるいは設備」には，その装置あるいは設備から回収される廃油の貯蔵にもっぱら利用される合理的大きさのいかなるタンクも含められること。

(iii) 船舶の油濁規制が国際的になされなければならない大きな理由の一つは，規制に伴う経済競争上の問題を解決することであるから，この問題は油濁の実効的規制にとって，最も中心的問題となりうることであった。排出禁止海域の設定による問題への対処は，いわば問題の短期的解決であって，公海を含む全海域における規制の実現のためには，油水分離装置等の設置が不可欠であるから，この設置促進措置に関する問題は，公海を含めた全面的な規制を求めるアメリカ，イギリス，カナダにとっては，もっとも基本的かつ重要とされる要求であった。そして，そのことはもちろん，船舶に対する過度の規制を恐れて公海における規制を拒否した国にとっても，否定すべきことではない。そうであるから，この問題が，会議において双方の立場からの総意として決議されたのも自然なことであった。しかし，このように報告書で確認されまた条約草案に規定されたにもかかわらず，この問題はその後の条約からは除外されることになる。

4　会議の成果

(1) 報告書(条約草案)の作成

報告書はデービス(アメリカ)を起草委員会の委員長として作成された (p.374)。初めにも述べたように，この会議は外交代表による会議ではなく，それに先立つ専門家による会議として理解されており，したがってその成果を条約草案の形でまとめることを当初の課題としていなかった。しかし，最終日前日の起草委員会で，アメリカ代表のヤングは，合意を最終条項に付属する文書として

条約文の形で添付することについて提案した。彼は，その理由として，そうすることが国際的合意に向けてのいっそうの進歩を達成することになるであろうことを述べた。彼は，さらに，これはあまりにも楽観的な予測だと言いながら，この条約があるいはごくわずかの一定の修正のみで採択され，再度の会議が必ずしも必要でなくなるかもしれないとの期待を述べている（pp.386-390）。

そして，この報告書に正式な条約文の形での草案を添付する提案については，すべての代表において全く異論なく，それは最終日16日の全体委員会において全会一致で合意された（p.416）。

(2) 報告書（条約草案）

以下，報告書および添付の条約草案を訳出する。

● **可航水域の油濁に関する予備会議の最終条項**

アメリカ合衆国政府の招請で，油による可航水域の汚染に関する問題を検討するための専門家による予備会議が，1926年6月8日にワシントンにおいて開催された。会議の目的は，技術的問題に関する意見の交換を促進し，そして，可航水域の油濁の問題を国際的な合意により取り扱うための提案の作成を検討することである。

会議に参加した政府および代表は以下のとおりである。

〈政府および代表名省略〉

会議は，事前に，1926年3月13日付のアメリカ省際委員会により作成され合衆国国務省に提出された，可航水域の油濁に関する報告書を有し，そして，その報告書に示された油濁に関する事実および原因についての判断は，全体として，会議に出席した代表の見解と一致することが合意された。

オランダの代表は，オランダにおける油の害は無視できる程度に減少してきており，すでに問題とはなっていないことを述べた。また，存在する限りでは，被害は油槽船からよりむしろ油焚き船からより発生すると判断した。

カナダの代表は，ビルジ水は油濁をもたらす重要な要因であるとの判断を述べ，そして，油濁防止に向けての何らかの措置においては，その要因を考慮す

べきことを勧告した。

　以上の限定を付して，合衆国報告書にある油濁の事実についての記述および原因についての判断は，会議の作業にとり信頼できる基礎となるものとみなされた。以上の言及がなされている報告書の部分はかっこ内のとおりである（諸国における状況に関する事実については，18から23頁および104から119頁，原因については，23から24頁）。

　最初にこの問題が喚起されて以降，政府の行動および関係者の任意の協力により油濁の著しい減少があったこと，しかし，その被害はある水域においては依然として深刻であり，そしてそれは国際的行動においてのみ十分に対処しうるものであることが合意された。

　油濁の主要な原因は，船舶，陸上施設および荷揚げ港である。陸上における汚染源の影響はほとんど領海に限定されており，そして関係政府によりこれまで対処されまた関係政府によってのみ対処しうるものであるから，この分野の問題は会議では検討されず，注意はもう一つの主要な原因である船舶にもっぱら注がれた。

　この会議の目的上油濁の潜在的源として考慮される必要がある唯一の船舶は，貨物の積荷としてあるいはボイラーやエンジンの燃料として，原油，重油あるいはディーゼル油を運ぶ海洋航行船舶であり，そして，これらの種類の船舶が採択されるであろう何らかの規制の対象となるべきことが合意された。

　二つの種類の船舶，すなわち軍艦および小型船舶は，特に言及される必要がある。軍艦は，通常異なる種類として取り扱われており，そして，各国の海軍当局は，これらの軍艦に属するとされた船舶が，油濁を防止するためのあらゆる可能な事前予防措置をとることを確保することは当然のことである。小型船舶は，制定されるであろう規則を完全に遵守することは困難であると思われるので，それに対応するための特別の規定が作成されるべきであると思われるが，しかし，それら船舶は，油濁を回避するのに合理的かつ現実的なすべての措置をとることを要請されるべきであり，そして，一定容量以下の燃料タンクを持つ船舶に対しては，特に何らかの特別な規定が適用されるべきである。

　有害である油性混合物と実際には無害であるそれとの境界を分かつ明確かつ容易な基準は存在せず，どこに厳密な境界線が引かれるべきかについては，異

◆第1章◆　海洋汚染の国際的規制のあけぼの

なる意見がありうる。しかし，会議は，専門家の意見を聴取した後，1パーセントの100分の5以上の原油，重油あるいはディーゼル油を含む混合物は，有害とみなされるべきこと，そして，あらゆる実際的観点から，この比率あるいはそれ以下の混合物は，いずれにせよ領海を越える海域においては，有害とみなされる必要はないとの結論に至った。有害とみなされる油性混合物は，一般的には，海面に，晴天時の日中において裸眼で視認することのできる油膜の存在により，認識することができる。

　会議は，現時点においては，沿岸から50カイリ以上の離れた公海上に存在する油性混合物により引き起こされる汚染の程度および影響については合意していない。一方の意見は，そうした汚染はすでに存在しており，そのため海洋漁業は危険にさらされていること，また，公海上の油廃棄物は長期にわたりその性質を維持する傾向にあり，そして，風や潮流により沿岸海域まで運ばれ沿岸の汚染の原因となりうるとする。そうした理由で，いくつかの政府の代表は，特定の周知期間の後，有害となる油性混合物の排出は全海域において禁止されるべきであり，そして，それまでの間は，そうしたいかなる排出も認められない海域の制度が制定されるべきであると判断した。もう一方の意見は，実例に照らしてそのような全海域における禁止は不必要であり，そして，実効的な海域の制度の設立は，問題とされる被害に対する完全あるいはそれに近い回復策を提供するであろうというものである。

　双方の当事者とも，最初の措置は海域の制度の設立であることに合意しており，そして，そうした制度は，もしそれが適切に設立され機能するならば，被害の回復に向けてのかなりの程度重要な方策となるであろうことに合意する。

　会議は，それゆえ，海域の制度が海洋国の沿岸に設立されるべきこと，そして，合意された漁業上の理由に基づいて，その海域内においては，有害となるいかなる油または油性混合物の排出も許容されないこと，について勧告することに合意した。

　各国は，当該海域の有する風，潮流および漁業上の理由などの特別な事情および条件に照らして，自国沿岸外の海域の幅について，そして，隣接国との協議の後に，それが必要とされる場所について，決定することができる。公海に接している沿岸の場合における一般的規則は，その海域の幅は50カイリを超

えないとするものであるが，しかし，沿岸の特殊な形状あるいはその他の特殊な事情が必要とするという例外的事情の下においては，その幅は150カイリまで拡張することができる。

記載された地図あるいはその他の形式でのすべての海域の範囲に関する完全な情報が，すべての関係政府に回覧されるべきであり，そして，もしも政府がその問題についての情報を受理し協力しそして回覧する義務を履行するならば，それは，国際的合意の下での海域の制度の設立と機能に大きく貢献するであろう。

すでに船舶の油性混合物から油を分離する装置を備えた若干の船舶が存在しており，そして，そうした船舶の数は大きく増加するであろうことが予想されている。そうした装置の設置に対する一つの障害は，ある国の法の下ではそれを設置した船舶は，トン数に基づく税の支払いに関して何らかの不利益を課されるか，あるいは，貨物区域の結果的な減少から何の恩恵も受けることがないという関係者の懸念にある。そうした不利益の除去を目的とする測度法の必要な変更が関係政府によりなされることが勧告される。

会議は，各政府に対して，国際的合意による採択を目的とした以下の勧告を行うことについて合意に達した。

(1) 関係政府は，その内側において勧告(4)に言及される種類の船舶が，勧告(5)に述べられるよりも大きな油分を持つ原油，重油あるいはディーゼル油もしくはその油性混合物を排出してはならない，領海を越える自国沿岸外の水域における規制水域の制度を（必要であるなら，隣接国との協議の後に）用意する。

(2) 公海に接する沿岸においては，その海域は沿岸から50カイリ以上に拡大してはならない。ただし，海岸線の特殊な形状あるいはその他の特別な事情により，その範囲が例外的に不十分であると認められる場合には，関係政府は，必要ならば隣接国政府との協議の後に，その海域を150カイリを超えない範囲で拡大することができる。

(3) 海域の設定についての適正な通知が，記載された海図あるいはその他の形式で，関係政府になされなければならない。

(4) 規制水域に関して採択される規則は，小型船舶の特別な必要に対して適

◆第1章◆　海洋汚染の国際的規制のあけぼの

　　正な考慮がなされたうえで，軍艦を除く，積荷あるいはボイラーやエンジンの燃料として，船倉において原油，重油あるいはディーゼル油を運ぶ全ての海上航行船舶に適用されねばならない。各国の海軍当局は，軍艦として区別された船舶に対して，油濁を防止するために必要なあらゆる予防措置をとることは当然のことである。

(5) 油分が1パーセントの100分の5を超える油あるいは油性混合物の排出は，その海域内において禁止される。それは，晴天時の日中において裸眼で海面に視認しうる程度の油膜である。

(6) 各政府は，自国船舶が，そうした全ての海域を尊重するために必要とされる，あらゆる合理的方法を利用することに合意する。

(7) トン数測定あるいは税の支払いの問題におけるいかなる種類の賦課金あるいは不利益も，油を水から分離する設備あるいは装置の設置のみの理由により，船舶に対して課せられてはならない。

(8) トン数に基づく税は，油を水から分離するための何らかの設備あるいは装置の設置により，貨物室としては利用不可能となる区域に関して課せられてはならない。

(9) 勧告(7)および勧告(8)において使用される「油を水から分離する装置あるいは設備」には，装置あるいは設備から回収される廃油の貯蔵にもっぱら使用される合理的大きさの一つあるいは複数のタンク，および，その運転に必要なパイプおよび付属品も含まれねばならない。

(10) 各政府は，自国沿岸の外側にある海域制度の運用と効果を注意深く観察し，また，それについて他の関係する政府と情報の交換をするものとする。その結果，合理的な期間の経過後に，もしもいずれかの政府がそうした海域が十分にその沿岸を保護しておらず，あるいは，そうした海域を越える汚染が脅威となりあるいはその危険があると判断するときには，その政府は，他の政府とともに，そうした海域の限界を越える有害である油または油性混合物の排出が禁止されるべきであるか否かの問題を提起する立場にある。

(11) 海域の制度，前述の勧告に従ってとられた措置，そして，その制度の経験，および有益であると思われるその他のデータに関係する情報を，関

連政府において収受し，調整しそして閲覧するための中央機関が，可能な限りすみやかに設立される。

　国際的合意の締結を促進することを目的として，付属の条約草案が各政府の検討のために付託される。

　1926年6月16日にワシントン市で作成した。

●条約草案

　政府は，

　船舶から排出される油あるいは油性混合物による可航水域の汚染を防止するための行動を共通の合意によりとることを希望し，この目的のために条約を締結することを決意し，全権委員を指名した。

　われわれは，お互いに全権委任状を示してそれが良好妥当であると認め，以下のとおり協定した。

I

　各政府は，以下の原則に従って，その内側において，第3条に特定された船舶からの，第2条で定められた油あるいは油性混合物の排出が禁止される，自国沿岸に接続する海域を設定することができる。

(a) 公海に接する沿岸の場合には，そうした海域は沿岸から50カイリを超えて拡大することはできない。ただし，海岸線の特殊な形状その他の特別な事情によりその幅が不十分であるとみなされる例外的な場合には，その幅は150カイリを超えない範囲で拡大することができる。

(b) いかなる国の政府も，他の国の沿岸から150カイリ以内にあるいずれかの海域にそれを設定することを希望する場合には，同政府は，その海域が設定される以前に，当該の他国に通知しなければならない。

(c) 海域あるいは海域等の設定および変更についての適正な通告が，第Ⅶ条で言及される中央機関により，海図あるいはその他の形式で，海洋国の政府になされなければならない。

Ⅱ

　第Ⅰ条に従って設定される海域において禁止される排出物は，(a)原油，重油あるいはディーゼル油，もしくは，(b)そうした油を1パーセントの100分

の5以上含む混合物，あるいは，晴天時の日中において裸眼で視認できる油膜が水面に形成されるのに十分な油分を含むものである。

Ⅲ

第Ⅰ条の規定対象となる船舶は，貨物としてあるいはボイラーやエンジンの燃料として船倉において原油，重油あるいはディーゼル油を運ぶ，軍艦以外のあらゆる海洋航行船舶である。一定限度以下の船倉容量を持つ小型船舶の場合には，特別な規定が採択されるが，そうした船舶も，油濁を防止するためのあらゆる合理的予防措置をとることを求められる。

Ⅳ

各政府は，軍艦として種類分けされた船舶が，油濁を防止するためのあらゆる可能な措置をとることを確保するために必要とされる措置をとることに合意する。

Ⅴ

各政府は，自国の旗を掲げる，第Ⅲ条に規定される種類の船舶が，第Ⅰ条に従って設定されたいずれかの海域内にあるときには，その船舶に対して，第Ⅱ条で規定された油あるいは油性混合物の排出を抑制するように求める。

Ⅵ

各政府は以下につき合意する。
(a) 油を水から分離する設備あるいは装置の設置のみを理由として，トン数測度あるいは税の支払いに関するあらゆる問題について，いかなる種類の賦課金あるいは不利益も船舶に対して課されてはならない。
(b) トン数に基づく税は，油から水を分離する設備あるいは装置の設置により貨物の使用に適さなくなったスペースに対して賦課されてはならない。
(c) 本条の(a)および(b)に使用される「水から油を分離するための設備あるいは装置」の語は，設備あるいは装置から回収される廃油を貯蔵するためにもっぱら利用される合理的容量のタンク，および，その運転に必要な配管および付属装置も含むものとする。

Ⅶ

政府は，この条約に従って設定された海域の制度，その制度の経験および可航水域の油濁の問題およびそれを取り扱う手段に関するその他のデータに関す

◇海洋汚染の国際的規制のあけぼの

る情報を，海洋国政府において収受し，協力しそして閲覧することを目的とする中央機関を設立するために招請される。

　この招請が受理される場合には，他の締約政府は，本条の第Ⅰ条の(c)項に規定されたデータおよび本条の目的にとり適切であるとみなすその他全ての情報を，中央機関に事前に送付する義務を負う。

Ⅷ

　合衆国政府は，署名国以外の海洋国政府がこの条約に加盟することを要請する。そうした加盟は，合衆国政府および文書により本条約のその他の全ての署名政府に対して，通告されねばならない。

Ⅸ

　この条約は，1926年6月のワシントン会議に参加した5カ国の政府による批准が合衆国政府に通告された時点で，効力を生ずる。条約は，いずれかの政府による合衆国政府に対する通告により廃棄することができるが，廃棄は，通告がなされた日から1年後に効力を生ずる。

5　おわりに

　ワシントン会議は，1926年の6月8日(火)から16日(水)まで，途中に休日を含むから，実質的には1週間ほどの短い会期で終了した。しかも，実質的な議論が行われた各委員会は，それに参加する各国の委員が重複していたため並行して開催されなかったから，その時間はさらに限られたものであった。アメリカの国務長官ケロッグは，会議の最終日に演説し，この会議は，沿岸の油濁という解決が困難である現代的問題を取扱いながら，最も短期間に大きな成果を収めた会議であると述べている。(p.422)

　すでに述べたように，この会議は，外交代表による会議ではなく専門家による会議であり，各国政府に対して油濁防止措置について勧告することを目的としていたので，後のこうした問題を扱う会議でしばしば見られるような，国家の政治的利害の対立を背景とする議論が必要とされたわけではない。したがって，もちろんすでに紹介したように代表間においてそれぞれ意見の相違はあったけれども，それはあるときは両論併記することにより，またあるときは論点

◆第1章◆　海洋汚染の国際的規制のあけぼの

を必ずしも詰めることなく表決により，一定の結論に達している。さらに，この会議は，海洋油濁問題に危機感を持ち，早期から準備したアメリカやイギリスの強いイニシアチブの下になされたものであり，各代表のこの問題に取り組む熱意には違いがあったように思われる。

しかし，会議は疑いなく意義深いものであった。それは，海洋環境の国際的保護を目的とするはじめてのグローバルな試みであったし，ここでの議論はその後成立した条約に大きな影響を与えるものであった。この条約草案に示されたアイデア，すなわち，規制対象船舶，規制基準，排出禁止海域などは，その後の条約に基本的枠組みを与えている。また，そこに言及された中央機関は，第2次大戦後の1948年になり政府間海事協議機関（IMCO）として成立し，海洋環境の保護を取り扱う中心的役割を果たしている。さらに，ここにおいて，領海を越える排出禁止海域の考えが導入されたことは，もちろんそれは規制の管轄権における旗国主義の変更まで意図していたものではなかったけれども，その後の機能的な管轄権の拡大傾向を，環境保護の分野において先取りしたものともいえるのであって，そこにはすでに海洋法の発展の新しい傾向が見られるのである。

そればかりではない。この会議が専門家によるものであったことは，そこで，問題の解決に向けてのより本質的な議論がなされることを可能にした。それは，この問題の解決には，船舶の運航者にとっての経済的諸条件の確保が重要であることを指摘したことである。それは，課税上の特典措置の採用による油水分離装置の導入についての拡大措置に関する議論に見ることができる。すでに見たように，排出禁止海域の設定は，完全な排出禁止に向けて妥協的措置としての側面を持つものであり，さらに，その実効性においても疑問とする余地のあるものであった。それに対して，この装置の設置による規制は，完全な禁止に向けての方策であり，この会議が，早くからこの問題の重要性を自覚し，それを勧告したことは，先駆的意義を持つことといえよう。船舶規制という環境問題は，実は経済問題であり，その点の解決なければ実現しないということが，すでにこの時点で自覚的に議論されていたのであり，それはまさに今日の議論にも通じるものなのである

さて，ワシントン条約は，その後アメリカやイギリスによる批准へ向けての

取り組みがなされ，それは1928年の段階においては明るい見通しを持ったものであったといわれている(22)。しかし，1929年の大恐慌の発生とその後に続く経済的政治的混乱は，この条約の将来にとり決定的であった。国家も，船舶業界，産業界もすでに，環境保護のための新しい負担を負う意志も能力も持たなかった(23)。そして，国際社会が，海洋環境保護に関する条約を現実のものとするのは，第2次大戦後の1954年になってからのことである。

---

(22) Pritchard, *supra* note (3), p.36.
(23) Pritchard, *ibid.*, pp.39-40.

第 2 章
海洋汚染の防止と国家の管轄権

◇第1節◇　海洋汚染の防止に関する旗国主義の動揺

◆第1節◆　海洋汚染の防止に関する旗国主義の動揺
　──IMCO1973年会議の議論を中心として

1　はじめに

　近年の産業の無秩序な発展に伴う海洋汚染の深刻化は，我々にとり極めて重大な問題となっている。我々は生存の大きな部分を海洋に依存している。その海洋の汚染が，我々に直接あるいは間接に及ぼしてきた被害の事例は枚挙にいとまがない。今や我々は，この問題を国際的に規制する必要を強く迫られている。

　海洋の汚染は近時に特有の現象ではない。それは今世紀の初めにさかのぼることができる。すなわち，船舶の燃料が石炭から石油へと転換し，産業用にも多量の石油が必要とされるにつれて，海洋の大規模な汚染の問題が生じてきた[1]。そして，海洋汚染の国際的規制の試みも，それと時をほぼ同じくするものである。

　1926年には，アメリカ政府の招請によりワシントンに13カ国の代表が集まって，海洋の油による汚染の防止のための国際会議が行われている。1930年には，ハーグの法典編纂会議で，1935年には，国際連盟総会で，油による汚染の国際的規制のための試みがなされた。

　しかし，現実に国際条約が採択されるのは，イギリス政府の招請によりロンドンで開催された「1954年の油による海洋の汚染に関する国際会議」（International Conference on Pollution of the Sea by Oil, 1954）（以下，「1954年会議」という。）においてである。ここで「1954年の油による海洋の汚染の防止のための国際条約」（International Convention for the Prevention of Pollution of the Sea by Oil, 1954）（以下，「1954年条約」または「海水油濁防止条約」という。）が採択された。その後，1958年に国連の専門機関として政府間海事協議機関（In-

---

　(1)　Anonymous, "Oil Pollution of the Sea", *Harvard International Law Journal*, vol. 10, pp. 316-317.

ter-Governmental Maritime Consultative Organization：IMCO) が設立され，そこにおいて，前述の1954年条約は，1962年，1969年，1971年と順次改正される。さらにIMCOは，1973年に「1973年の海洋汚染に関する国際会議」(International Conference on Marine Pollution, 1973) (以下，「1973年会議」という。) を開催し，ここで規制対象に油以下の物質をも含めた「1973年の船舶からの汚染の防止のための国際条約」(International Convention for the Prevention of Pollution from Ships, 1973) (以下，「1973年条約」または「海洋汚染防止条約」という。) が採択される。

以上は船舶の通常の航行に伴って排出される汚染物質の規制に関するものであるが，その他船舶の事故によりもたらされる汚染を取扱うものとして，1969年には同じくIMCOの主催により，ベルギーのブリュッセルで「1969年の海洋油濁損害に関する国際法律会議」(International Legal Conference on Marine Pollution Damage, 1969) (以下，「1969年ブリュッセル会議」という。) が開かれ，そこで「油による汚染を伴う事故の場合における公海上の措置に関する国際条約」(International Convention Relating to Intervention on the High Seas in Cases of Oil Pollution Casualties) (以下，「公法条約」または「公海措置条約」という。) と，「1969年の油による汚染損害についての民事責任に関する国際条約」(International Convention on Civil Liability for Oil Pollution Damage, 1969) (以下，「1969年民事責任条約」という。) が採択される。さらに前述の1973年会議では，同時に，公法条約の規定対象を油以外の物質にも拡大する「1973年の油以外の物質による海洋汚染の場合における公海上の措置に関する議定書」(Protocol Relating to Intervention on the High Seas in Cases of Marine Pollution by Substances Other than Oil, 1973) (以下，「1973年議定書」または「公海措置条約議定書」という。) が採択されている。

ところで右の諸条約は果して実効性のあるものとして機能しえているのであろうか。その問題は，後述2(3)において検討されるのであるが，それは決して実効的でありえていないということができよう。それは多くの人々の指摘するところであり，また経験的にも明らかであろう。その主たる原因を筆者は条約の実施のシステムにあると考える。すなわち，条約では，公海上での船舶の違反に対する処罰は旗国が行うとする旗国主義がとられているのであるが，こ

◇第1節◇ 海洋汚染の防止に関する旗国主義の動揺

の旗国主義が有効な実施に対する桎梏となっていると思うのである。

　この旗国主義の原則は，海洋を領海と公海に分類するいわゆる二分法制度の帰結であり，それは，グロチウス以来数百年の長きにわたり少数の海洋を利用しうる能力を持った国により形成されてきた伝統的海洋法の構造そのものに支えられた原則である。それゆえ，この原則は，国際社会の構造変化に伴う近代国際法から現代国際法への発展の過程において再検討されねばならないものであった。そして1973年に開始された第3次海洋法会議は，まさにその再検討の場であると考えることができよう。

　本節はその海洋法会議の作業を検討する前提としての位置を占めるものである。第3次海洋法会議における議論が，いかなる歴史的経過を持つものかを知ることは，そこでの作業を正しく分析する際にぜひとも必要であると思われる。また前に見たように，現在有効である唯一の海洋汚染防止条約がIMCOにより作成されたものである以上，海洋法会議での作業も，良きにつけ悪しきにつけこの条約を出発点とせざるをえないであろう。したがってIMCOの作業を前提として見ておくこともまた欠かせないことであろうと思われる。

　以上のような考えから，本節は，IMCOの海洋汚染防止条約の実施措置に関して旗国主義がいかに取扱われてきたかを，条約の改正経過を追うことにより見てゆきながら，IMCOとその条約の持つ特徴および問題点を明らかにしたいと考える。

2　旗国主義の下における問題の取扱い

(1) 船舶の通常の航行に伴う汚染の場合

　前述したように1926年6月アメリカ合衆国のワシントンにおいて各国専門家を集めて行われた国際会議は，船舶からの油による海洋汚染の防止を目的とした最初のものであった。これはアメリカの発議により，当時の13の先進国[2]が参加して行われたものであったが，ここで一つの条約草案が作成され

---

(2) アメリカ，ベルギー，イギリス，カナダ，デンマーク，フランス，ドイツ，イタリア，日本，オランダ，ノルウェー，スペイン，スウェーデンの各国である（Preliminary Conference on Oil Pollution of Navigable Waters, Washington, June 8~16, 1926, *Foreign*

◆第2章◆　海洋汚染の防止と国家の管轄権

ている。それは以下の概要を持つものである(3)。

(1)軍艦以外の，積荷としてあるいはボイラーやエンジンの燃料として，原油，燃料油，ディーゼル油を運ぶすべての海上航行船舶が（第3条），(2)各締約国がその沿岸に設定することができる，原則として50カイリを超えない海域において（第1条），(3)(a)原油，燃料油，ディーゼル油，あるいは，(b)そうした油を0・05パーセント以上含んでいる混合物，または，そうした油を晴天の下で肉眼で海面に見える程度に含んでいる混合物を投棄することを禁止する（第2条）。

この条約草案は，その実施のための何らの規定も備えていない極めて不十分なものであったが，採択されるには至らなかった(4)。

海洋汚染防止に関して採択された最初の条約が，1954年会議で成立したことは前に述べた。

1954年条約においては(5)，条約の適用対象となる船舶は，海軍補助船，500総トン以下の船舶，捕鯨業に従事する船舶，北米5大湖およびそれらに接続する一定の水域を航行する船舶を除いた，締約国領域で登録された海上を航行するものであり（第2条），該当船舶は，付属書Aで規定する原則として陸地から50カイリ以内の排出禁止区域において，タンカーの場合には油および油性混合物（濃度100PPM以上）の排出が禁止される（第3条1項）。タンカーでない船舶の場合には，この条約が発効して3年後からは1項の禁止が適用されるが，3年の期間が経過する以前でも，油バラスト水またはタンク洗浄水の排出は，可能な限り陸地から離れて行わなければならない（第3条2項）。また，第2条該当の船舶は，その登録国が条約の当事国となった後12カ月以内に，ビルジに燃料油または重油が流入することを防止する装置を設けなければならず（第7条），締約国は自国領域に関して条約が発効してから3年以内に，自国領域内の主な港に，タンカー以外の船舶からの油性残留物を受け入れるための施設を設けなければならない（第8条）。

Relations, 1926, Vol. 1, pp. 239-240)。
(3)　条約草案については *ibid.*, pp. 245-247 を参照した。
(4)　審議経過については本書第1章を参照。
(5)　条約文については *British Shipping Laws*, vol. 8, pp. 1158-1170 を参照した。

◇第1節◇ 海洋汚染の防止に関する旗国主義の動揺

　また，条約が適用される船舶は，付属書Bに示された形で，油記録簿を備えなければならないし（第9条1項），締約国の権限ある当局は，条約適用船舶が自国領域内の港にある場合は，その油記録簿を検査することができる（第9条2項）。そして本条約の違反は，船舶が登録されている領域の法令に従い処罰されるのであるが（第3条3項，第6条），いかなる締約国も，その違反がどこで生じたかに関係なく，他の締約国に登録された船舶が条約規定に違反した場合には，その証拠の書類を当該船舶の旗国に提供することができる（第10条1項）。こうした通報を受けた政府は，通報国に犯された違反についてのより詳細な文書を要求することができ，もし当該政府が，自国の法に照らして，違反船舶の所有者または船長に対し司法的手続を可能にする十分な証拠があるとするなら，すみやかに手続がとられなければならず，そして，その手続の結果を，通報国とIMCO事務局に通知しなければならない（第10条2項）。

　1954年条約は，1958年7月26日に発効した。同条約は，IMCO成立まで事務局としての任務をイギリス政府が行い，その後IMCOが事務局としての任務を引継ぐことを規定しているが（第21条），IMCO条約が，1958年3月17日に効力を生じたので，IMCOは，1959年1月ロンドンで開かれた第1回総会で，それまでイギリス政府が代行してきた事務局の任務を引継ぐことを決定した(6)。そして以上の1954年条約は，1962年3月26日から4月13日までロンドンで開催された，1954年条約改正のための国際会議で改正された(7)。

　1962年改正の主要な点は，以下のとおりである(8)。(1)条約適用対象となる船舶が，1954年条約では500総トン以上とされていたが，1962年改正条約では，タンカーについては150総トン以上，タンカー以外の船舶については500総トン以上となった（第2条a項）。また，海軍艦艇については，明文で適用が除外された（第2条d項）。(2)油および油性混合物の排出禁止区域が，原則として締約国沿岸から50カイリ以内であることは1954年条約と同様であるが，例外となる排出禁止区域が増加した（付属書A）。(3)また，この条約が適用さ

---

(6) 外務省『1954年の油による海水の汚濁のための国際条約および1962年の同条約改正の成立経緯等について』6頁。
(7) IMCO, International Conference on Prevention of Pollution of the Sea by Oil 1962, p. 2.
(8) 条約文については *ibid.*, pp. 18-55 を参照した。

47

◆第2章◆ 海洋汚染の防止と国家の管轄権

れる船舶で，この条約が効力を有する日以後に造船契約がなされる2万総トン以上の船舶からの，油または油性混合物の排出が禁止された（第3条c項）。(4)さらに，廃油処理施設の設置義務は，1954年条約では，タンカー以外の船舶からの油性残留物を受け入れるための施設に限定されていたが，1962年改正条約では，タンカーにも拡大された。また，1954年条約では，自国領域内の主たる港に廃油処理施設の設置を義務づけたが，1962年改正条約では，その他に，石油積込ターミナルおよび船舶修理港にも設置を義務づけた（第8条）。

IMCO総会は，1969年10月の第6回通常会期中に，1954年条約をさらに改正する決議A175(Ⅵ)を採択した[9]。この改正は以下の主な内容を持つものである[10]。(1)1962年改正条約までは，油および油性混合物の排出は，一定の排出禁止区域内において禁止されていたが，1969年改正条約では，この排出禁止区域が全海域に拡大された。したがって，すべての海域にわたって，油および油性混合物の排出は，以下の条件を満たさない限り禁止される。(a)タンカー以外の船舶の場合には，(i)船舶は航行中であること，(ii)油分の瞬間排出率[11]は，1カイリについて60リットル以下であること，(iii)排出する油分は，混合物の100万分の100（100PPM）未満であること，(iv)排出は陸地から可能な限り離れて行われること，(b)タンカーの場合には，(i)航行中であること，(ii)油分の瞬間排出率は，1カイリについて60リットル以下であること，(iii)1バラスト航海で排出される油の総量は，総貨物輸送能力の1万5000分の1以下であること，(iv)最も近い陸地から50カイリ以上離れていること。(2)付属書に定める油記録簿の記載様式がより詳細になっている。

1969年改正条約は，1971年のIMCO第7回総会で採択された決議A246(Ⅶ)によってさらに改正された。これはタンクアレンジメントとタンクサイズの制限に関するものである[12]。

---

(9) *Year Book of the United Nations*, 1967, p. 918.
(10) 条約文についてはIMCO, *supra* note (7), pp. 48-57を参照した。
(11) 「油分の瞬間排出率」という概念は，この条約ではじめて採用された。それは，ある瞬間における油の排出率（ℓ／時）を，その瞬間における船舶の速度（ノット）で除したものである（第1条）。

◇ 第1節 ◇ 海洋汚染の防止に関する旗国主義の動揺

　ここで，以上の条約の実施措置（enforcement measure）について見てみよう。以上に見たように，条約違反の監視のために，締約国の条約適用対象となる船舶は，油記録簿の船内備えつけを義務づけられており（第9条1項），締約国は，自国の港にある船舶の油記録簿を検査することができるのであるが（1954年条約第9条2項，1962年改正以降第9条5項），そうして発見される場合だけでなく，その他一般的に条約違反が確認された場合には，発見した締約国は，その違反を当該船舶の旗国に通報することができる（第10条1項）。そして，禁止義務違反については，船舶が登録されている領域の法令に基づいて処罰されることになっている（1954年条約第3条3項，1962年改正以降第6条1項）。すなわち，公海上の船舶に対する管轄権は登録国（旗国）のみが持つとする伝統的な旗国主義の考え方がここでとられている。この実施措置における伝統的な旗国管轄権の考え方は，1954年条約の成立から1971年の改正に至るまで当然の一般的原則として扱われ，疑問とされることはなかった。たとえば，1954年会議の全体委員会で議長フォークナー（P. Faulkner）は，合意されるであろう何らかの規制の公海での実施は，船舶の旗国である個々の政府によってなされねばならないということを提起しており[13]，それに続いてイギリス代表は次のように述べている[14]。「実施に関して一般的合意がなければならないいくつかの点があるように思う。第1の点は，議長によって提起されたように，公海における管轄権は，当該船舶の旗国にあらねばならないということであり，第2の点は，領海内では，管轄権は，その時に船舶が存在する海域を領海とする国にあらねばならないということである。これらは受け入れられた原則である。」

---

[12] 1954年条約およびその改正条約についてより詳細には以下の文献を参照。芹田健太郎「油による海洋汚染の防止と国際法」『神戸商船大学紀要第1類・文科論集』第21号（1973年）。水上千之「政府間海事協議機関（IMCO）と海洋汚染」『国際法外交雑誌』第72巻6号（1974年）。桑原輝路「海洋汚染と国際法」『国際問題』第165号（1973年）。ジャン＝ピエール・ケヌデック（桑原輝路訳）「海洋汚染と国際法」『法政理論』第5巻第3号（1973年）。

[13] International Conference on Pollution of the Sea by Oil, General Committee, Minutes of Sixth Meeting, p. 1.

[14] *Ibid.*, p. 2.

◆第 2 章◆　海洋汚染の防止と国家の管轄権

こうした考え方に対し異議を唱えた代表は 1 人としていなかった。

　後で見るように，1973 年に作成された海洋汚染防止条約の審議過程では，この旗国主義の考え方は強い修正の要求に出合うのであるが，それ以前の段階では，何故これは問題とされなかったのであろうか。実施措置に関して旗国主義修正の考え方は，産業の急速な成長に伴う汚染の深刻化を原因として，沿岸国により出されてくるのであるが，この段階では，まだ海洋の汚染が多くの国にとり深刻なものとして受けとられていないということを，一つの理由としてあげることができるであろう。しかし，その最大の理由は会議の構成国に見ることができる。1954 年会議の参加国[15]は，そのほとんどが，船舶を多数保有する海運先進国[16]（以下，「海運国」という。）である。1962 年会議になると，発展途上国といわれるアジア・アフリカ諸国の参加も見られるようになるが[17]，しかし，IMCO の主要機関である理事会，海上安全委員会の構成国[18]

---

[15]　1954 年会議の参加国は以下の 32 カ国である。オーストラリア，ベルギー，ブラジル，カナダ，セイロン，チリ，デンマーク，フィンランド，フランス，西ドイツ，ギリシャ，インド，アイルランド，イスラエル，イタリア，日本，リベリア，メキシコ，オランダ，ニュージーランド，ニカラグア，ノルウエー，パナマ，ポーランド，ポルトガル，スペイン，スウェーデン，ソビエト連邦，イギリス，アメリカ合衆国，ベネズエラ，ユーゴスラビア。その他，国際連合，食料農業機構（FAO）がオブザーバーとして出席している（*British Shipping Laws*, vol. 8, pp. 1158-1159）。

[16]　本書において海運国とは，船舶を多く保有し海運からの直接的利益を享受している国のことをいい（たとえば，アメリカ，ソビエト連邦，日本，リベリアなど），沿岸国とは，船舶を多く保有せず海運からの直接的利益を享受していない国のことをいう（たとえば，インドネシア，ブラジル，タンザニア，カナダなど）。一般的にいって，海運国には先進国が多く，沿岸国には発展途上国が多い。船舶からの海洋汚染の問題についていえば，海運国は海洋を汚染する加害者的立場にある国であり，沿岸国は被害者的立場にある国である。See Robert H. Neuman, *Oil on Troubled Waters: The International Control of Marine Pollution*, p. 349, note (1).

[17]　1962 年会議の参加国は，右の 1954 年会議の参加国からセイロン，チリ，イスラエル，メキシコ，ニュージーランド，ニカラグア，ベネズエラを除き，新たに，ブルガリア，中華民国，コロンビア，アイスランド，象牙海岸，クウェート，レバノン，マダガスカル，モナコ，ペルー，ルーマニア，サウジアラビア，ウクライナ，アラブ連合を加えた 41 カ国である。以下の国および組織がオブザーバーとして参加した。アルゼンチン，ビルマ，エクアドル，バチカン市国，インドネシア，イラク，イスラエル，マラヤ

◇第1節◇ 海洋汚染の防止に関する旗国主義の動揺

をみると，規約上の問題もあり（これについては後述する），ほとんどすべてが海運国である。海洋を公海，領海と分類するいわゆる二分法制度の下での旗国主義の考え方は，公海上にある船舶は旗国以外の国家のコントロールに服しないことを内容とする。そしてこの考え方は，現代においては，海洋での船舶の自由な航行を妨げないものであるがゆえに，海運国によって支持されているのである。海運国が主要な機関の構成メンバーとなっている IMCO で，そして海運国が主要な構成メンバーである国際会議で，この旗国主義が積極的に保持されたのは当然であるといえるであろう。

(2) 船舶の事故による汚染の場合

1967年3月，リベリア船籍のタンカー，トリー・キャニオン号がイギリスのシリー群島附近において座礁し，同船から流出した原油によりイギリス，フランス両国に多大の被害を及ぼしたいわゆる「トリー・キャニオン号事件」は，伝統的な公海自由の原則，そしてそれに基づく旗国主義の問題点をいっそう明らかにした。イギリスは，油による被害を最小限に止めるため，公海上にある同船を破壊する措置をとったが，公海上では旗国のみが船舶に対し管轄権を行使しうるとする従来の旗国主義の下では，この行動は正当化されえないものであった。このイギリスの行動に対し，伝統的国際法の立場からは，「自衛」「緊急避難」および「接続水域における沿岸国の権利」という概念を用いて正当化の主張がなされたが，いずれも十分な根拠となりえていない[19]。このことは，

連邦，ニュージーランド，南アフリカ，スーダン，スイス，タイ，トルコ，食料農業機構，国連教育科学文化機関，ヨーロッパ理事会，経済協力開発機構（IMCO, *supra* note (7), p. 4）。
(18) 1962年の理事会の構成は次のとおりである。アルゼンチン，オーストラリア，ベルギー，カナダ，フランス，西ドイツ，ギリシャ，インド，イタリア，日本，オランダ，ノルウエー，スウェーデン，ソビエト連邦，イギリス，アメリカ。1962年の海上安全委員会の構成は次のとおりである。アルゼンチン，カナダ，フランス，西ドイツ，ギリシャ，イタリア，日本，リベリア，オランダ，ノルウエー，パキスタン，ソビエト連邦，イギリス，アメリカ（*Year Book of the United Nations*, 1962, p. 640）。
(19) 芹田・前掲注(12) 33-37頁参照。また see E. D. Brown, *The Legal Regime of Hydrospace*, 1971, pp. 141-146.

◆第2章◆　海洋汚染の防止と国家の管轄権

海運国であるイギリス自身がIMCO理事会に提出した「トリー・キャニオン号事件から得られる教訓」と題する覚書[20]の中で，こうした事態に対処するための「必要とされる国際法の修正」を主張していることによく現われているといえよう。こうした事実を背景として，船舶の事故による油濁損害に対処するための新しい条約を作成することを目的として，IMCO内にただちに，法律委員会が設置され，そこで準備された条約案[21]を基礎として，前述した1969年のブリュッセル会議で公法条約が採択されたのである。以下，公法条約の概要を述べよう[22]。私法条約は，油による汚染によってもたらされた損害に対する民事責任に関する条約であり，本節と直接の関係はないのでここでは取り上げない。

公法条約は，海水と沿岸の油による汚染をもたらす海難の重大な結果から自国民の利益を保護する必要を認識して（前文1項）作成され，締約国は，大規模かつ有害な結果をもたらすと合理的に予測されうる海難またはそれに関係した行為により，海水の油による汚染又は汚染の脅威がある場合において生ずる，自国沿岸あるいは関連利益への重大かつ急迫した危険を防止し，軽減し，除去するために，必要な措置を公海上においてとることができる（第1条1項）としている。条約適用対象船舶から，軍艦あるいはその他国家により所有もしくは運航され当分の間政府により非商業的役務にのみ使用される船舶は除外される（第1条2項）。沿岸国は，第1条に従って何らかの措置をとる前に，海難により影響を受ける他の国家，特に旗国と協議を開始しなければならない（第3条(a)）。そして，とろうとする措置を，判明している関係個人又は法人に通知することを要する（第3条(b)）。また，沿岸国は，何らかの措置をとる前に，独立の専門家との協議を開始することができる（第3条(c)）。この独立の専門家の名簿は，IMCOの監督の下に作成され，維持される（第4条）。しかし，

(20)　谷川久「『油濁事故の際の公海上における介入権に関する国際条約』について(1)」『成蹊法学』第2号（1970年）129-134頁。トリー・キャニオン号事件の概要についてはこの中で述べられている。
(21)　公法条約案確定の経過については，谷川・前掲注(20)参照。
(22)　条約文については IMCO, International Legal Conference on Marine Pollution Damage, 1969 を参照した。

52

◇第1節◇ 海洋汚染の防止に関する旗国主義の動揺

極度に緊急性のある場合には,以上の第3条に基づく義務は免除される(第3条(d))。第1条に従って沿岸国によりとられた措置は,遅滞なく,関係国,関係個人,関係法人およびIMCOの事務局長に通知されなければならない(第3条(f))。また,第1条に従って沿岸国によりとられた措置は,実際に受けた損害または受けるおそれがある損害と均衡がとれていなければならず(第5条1項),当該措置は,その目的が達成された場合にはただちに中止されなければならない(第5条2項)。本条約の規定に違反して他に損害を与える措置をとった場合には,本条約上の目的を達成するのに合理的に必要とされる程度を越える措置によりひきおこされた損害について補償をしなければならない(第6条[23])。

公法条約はその前文で「この条約に従ってとられる措置は,公海自由の原則に影響を及ぼすものではない」と規定している。しかし,ディンシュタイン(Y. Dinstein)が「ブリュッセル条約は沿岸国の特殊利益のみを認め,旗国および第3国の利益を無視している。……公海に沿岸国の権限を拡大することが必ずしも危険を減少させる最良の方策ではない[24]」と述べているように,伝統的な公海自由の原則は,沿岸国の介入権の行使によって大きな侵害を受けることは明らかである。この条約は,船舶の事故により油濁が発生する場合という特殊な状況で適用されるものであるが,沿岸国の利益保護のために旗国主義に変更を加えざるをえなかった事例として考えることができるであろう。

(3) 条約の実効性について

伝統的な旗国主義の体制を保持したIMCO条約の下で,海洋汚染防止の実際の効果はどうであったかをここで見てみよう。条約は,海洋を公海と領海に二分し,領海内違反については当該沿岸国による処罰を予定し,公海上の違反については船舶の旗国による処罰を予定している。ここでは旗国主義との関連で,後者の公海上での外国船舶による違反についてのみ取扱う。なぜならば,

---

[23] 公法条約についてより詳細には,芹田・前掲注(12),桑原・前掲注(12),ケヌデック・前掲注(12)各論文を参照。

[24] Dr. Yoram Dinstein, "Oil Pollution by Ships and Freedom of the High Seas", *Journal of Maritime Law and Commerce,* vol. 3, No. 2, p. 372.

◆第2章◆　海洋汚染の防止と国家の管轄権

条約が主として規制の対象としているのはこの場合であるからである。

　公海上で外国船舶によって犯される違反については，締約国が違反を確認し，調書を作成し，当該船舶の旗国に通報する，そして通報を受けた締約国自身によって司法的手続がとられる，というシステムをとっていることについては前に述べた。このシステムに基づいて実際に訴えが起された事例として，1969年1月に英仏海峡で故意に汚染を行ったイギリス船に対する同年7月のイギリス政府による公訴の提起[25]，をあげることができる。この訴えは，同船がブルターニュ海岸沖で船艙から油を排出しているのを発見したフランス軍用機のパイロットの報告を受けて提起されたものである。ところがこの事例は，1954年条約に従ってイギリスで制定された，1955年の「可航水域における油法」(Oil in Navigable Waters Act) に基づいて，同国船舶に対し訴えが起された最初のものであった。さらにより最近には，ノルウェー当局が，フランス海軍航空隊機の機長による汚染の確認の後に，ノルウェー船の船長に300クローネの罰金を課している[26][27]。

　我が国の船舶に関するこうした事例を筆者は発見しえていない。しかし，昭和50年7月に行政管理庁が，海洋汚染防止法に基づく油の排出規制や監視体制は欠陥が多く汚染防止の効果はあがっていないことを指摘している[28]こと

---

[25] *Revue Générale de Droit International Public*, t. 74, 1970, p. 482.

[26] ケヌデック・前掲注(12)24頁。この罰金の額は，港での油処理に要する費用に比して，極めて低いものである。IMCO1962年改正条約第6条2項の「罰則は，このような違法な排出を思いとどまらせるために十分に厳しいものでなければならない」との規定にもかかわらず，こうした傾向は締約諸国に一般的であるため（ケヌデック・前掲注(12)20-22頁），IMCO総会は第4特別会期の決議153（ES.Ⅳ）において，締約国に対し次のような勧告をしているのである。「加盟国それぞれの領域の法令が領海外において禁止される油の排出に対して科している刑罰を，条約第6条の規定に従って違反者をして思いとどまらせるに足るほどの厳しさを備えたものにするために，できるだけすみやかに改正すること。」

[27] 筆者はこうした事例を見出すため，以下の文献の該当する年度をすべて参照したが，本文の例を除くほか，発見しえなかった。*American International Law Cases. British Digest of International Law. Whiteman, Digest of International Law. The American Journal of International Law. Annuaire Français de Droit International. Revue Générale de Droit International Public.*

◇ 第1節 ◇ 海洋汚染の防止に関する旗国主義の動揺

から，右の条約のシステムは十分機能していないように思われる。

　以上見てきたことからも，海水油濁防止条約の実施のシステムは，その実効性が極めて乏しいものであったといえるであろう。そうであるからこそIMCO総会は，1968年の第4特別会期において，条約に対する違反の探知とその実施に関して協力するよう，締約国政府に対し次のような決議を行っているのである(29)。

「総会は，
　1954年海水油濁防止条約の第10条を想起し，
　違反の探知と条約の実施を促進するために，
　航空機や船舶を報告のために使用するようにうながし，そしてもし可能ならば，海に油を排出している船舶の写真をとることによって，違反の探知と条約規定の実施に協力するよう政府に要請する。
　船舶が海に油を排出したか，あるいはその他条約に違反したという報告を他国政府から受けた場合には，その船舶が自国の港に入る時にそれを調査し，そしてなされた調査の報告を，最初に違反を報告した政府と，条約の第10条に基づいて適切な行動がとられるように，その船舶に対し責任を有する政府に送ること……を政府に重ねて要請する。……」

　こうした決議にもかかわらず，1954年条約の実効性は不十分なものであったが，その不十分性は，多数の便宜置籍船の存在によってさらに倍加される。便宜置籍とは，単純な登録または単純な登録証明書の交付といった簡単な行政手続で他国の船主に自国の国旗の使用を許可することをいう(30)。こうした便宜置籍を認めている国は(31)，内外人を問わず，厳重でない要件でもって，船舶の登録を認めており，登録した後も比較的軽い義務や負担しか課していな

---

(28) 『朝日新聞』昭和50年7月13日朝刊。
(29) IMCO, Resolutions and Other Decisions, Fourth Extraordinary Session, 26 November - 28 November 1968, Resolution A, 151 (ES. IV), p. 5.
(30) C. John Colombos, *The International Law of the Sea*, Longmans 1962, p. 355.
(31) 便宜置籍は，パナマ，ホンジュラス，リベリア，コスタリカ（いわゆるPanhonlibcoと呼ばれる国）で多く行われている（*Ibid.*, p. 355）。

◆ 第 2 章 ◆　海洋汚染の防止と国家の管轄権

い(32)。したがって船舶所有者は，非便宜置籍船に対する経済競争において，あらゆる面で優位に立つことができる。1958 年の海洋法会議で採択された「公海に関する条約」第 5 条は，「各国は，船舶に対する国籍の許与，自国の領域内における船舶の登録及び自国の旗を掲げる権利に関する条件を定める」ことができるとしているのであるが，同時に，次のようにその国家の権利に一定の条件を付すことによって，便宜置籍を禁止しているのである。「その国と当該船舶との間には，真正な関係が存在しなければならず，特に，その国は，自国の旗を掲げる船舶に対し，行政上，技術上及び社会上の事項について有効に管轄権を行使し，及び有効に規制を行わなければならない。」

右のような「公海に関する条約」の禁止にもかかわらず，便宜置籍船はその存在を止めていない。世界一の船舶保有国であるリベリアに登録された船舶のほとんどが便宜置籍船であるという事実は，このことをよく示しているといえよう(33)。これらの便宜置籍船は，旗国（船籍国）との真正の関連を持たないのであるから，旗国による管轄権の行使にも現実には服していない。したがって，これらの便宜置籍船に対する旗国による有効な規制は期待することはできない。

ケヌデック（J. P. Queneudec）が「外国船舶によって公海において行われる違反に対する制裁のメカニズムは，しばしば実行が困難な政府間の協力およびその船舶が属している国家の当局の善意に依存している(34)」と述べているように，伝統的な旗国主義の原則を保持した IMCO の海水油濁防止条約は，実効性が極めて乏しいものであったと結論づけることができよう(35)。自国から

---

(32) 嘉納孔「便宜船籍と『ジェヌイン・リンク』」『神戸法学雑誌』第 14 巻第 4 号（1966 年）652 頁。

(33) IMCO の 1973 年会議準備会議第 3 次草案付属書の資料（MPXIV/3(c)/I, Annex）によれば，1971 年現在でリベリアは，商船の保有高 38,552,000 トンで世界の 15 パーセント，油タンカー保有高 25,827,000 トンで世界の 24・5 パーセントであり，いずれも世界一である。なお，2015 年末の数値によれば，世界の商船の保有高（登録高）の第 1 位はパナマであり，216,806,000 トンで世界の 17.9 パーセント，第 2 位はリベリアの 131,044,000 トンで 10.8 パーセント，第 3 位はマーシャル諸島の 120,883,000 トンで 10.0 パーセントであり，この 3 カ国で世界全体の 38.7 パーセントを占めている（日本海事広報協会『日本の海運 Shipping Now 2016-2017』21 頁）。

(34) ケヌデック・前掲注(12)24-25 頁。

◇第1節◇ 海洋汚染の防止に関する旗国主義の動揺

はるかに離れた海上で汚染をする船舶の旗国は，その行為を取締る利益は持たない。それに対し，実際に被害を受ける沿岸国は，自国領海内でない限り，その行為を直接取締る権限を国際法上持たない。こうしたいわば利害が相反する問題が，国家の善意で解決されることはありえないことであろう。それゆえ，1973年条約の作成においては，汚染防止を実効性あるものとするために，旗国主義の原則それ自身が，沿岸国グループによる修正，変更の要求に出合うのである。

3　旗国主義の動揺(1)──寄港国管轄権について

1969年のIMCO第6回総会は，国連総会決議2467 B（XXIII），2414（XXIII），2398（XXII-Ⅱ），理事会決議C・42（XXI）を受けて，1973年に海洋汚染国際会議を開催することを決議した[36]。この会議の主な目的は，油および他の有害な汚染物質による，故意でなされる海岸の汚染を完全になくすことと，事故によりもたらされる汚染を最小限に止めることである[37]。さらにIMCOは，1971年の第7総会決議A・241（Ⅶ）において，IMCO海上安全委員会がその最優先業務として，他の関連諸機関と協力して条約の起草にあたるよう要請した。それに基づいて，海上安全委員会の下で5回にわたる起草準備会議が開かれ，そこで，「1973年の船舶からの汚染防止のための国際条約草案」が作成された。第1次から第4次草案作成に至るまでは，条約本文よりも付属書に関する技術的事項についての審議が中心であったようである。ところが，1973年2月12日から3月2日まで行われた第5次草案（準備会議最終草案）作成過程においては，第4次までの草案作成過程と異なり，条約本文について，たとえば管轄権問題が主要な論点となって現われてくる。この会議は，ロンドンの

---

[35]　こうした問題点は小田教授，水上助教授も指摘されている。小田滋「海洋汚染と国際法」『国際法外交雑誌』第72巻6号（1974年）14頁以下。水上千之「海洋汚染の国際的規制と沿岸国の権利（上）」『法律のひろば』第72巻3号（1974年）64頁。また see Neuman, *supra* note (16), p. 352.

[36]　IMCO, Resolution A. 176 (vi).

[37]　IMCO and its Activities, p. 17.

◆第2章◆　海洋汚染の防止と国家の管轄権

IMCO本部において海洋汚染小委員会と船舶設計設備小委員会のメンバー25カ国とオブザーバー3カ国が参加して開かれ[38]、ここで準備会議最終草案[39]が作成されている。

この最終草案を基にして、1973年10月8日から同年11月2日まで、ロンドンにおいて、71カ国およびオブザーバー8カ国の参加により1973年会議が開催され[40]、ここで本文20カ条と五つの付属書からなる1973年条約と、1973年議定書が採択された。

さて、1973年会議では、それまでの条約で一貫して保持されてきた公海上の船舶に対する旗国のみによる管轄権の行使の制度を修正、変更するものとして、寄港国管轄権及び沿岸国管轄権の考え方がでてきた。以下、順次寄港国管轄権、沿岸国管轄権について焦点をあて検討する。

(1) 本会議までの議論

寄港国管轄権は、条約の実施に関して旗国のみによる処罰を前提としていた従来の制度は、実効性に疑問があるとして主張されたものであって、これは、条約に違反した船舶に対する訴追をも含む司法的手続をとる権限を、当該船舶が寄港した国に与えることにより、違反に対する処罰の実効性を確保しようという考え方である。この考え方は、準備会議最終草案作成過程での、カナダ提案[41]およびアメリカ提案[42]に現われている。まず始めにカナダ提案から見て

---

(38) 参加国は次のとおりである。オーストラリア、ベルギー、ブラジル、ブルガリア、カナダ、チリ、デンマーク、エジプト、フィンランド、フランス、西ドイツ、ギリシャ、アイスランド、インド、イタリア、日本、リベリア、オランダ、ノルウェー、ポーランド、スペイン、スウェーデン、ソビエト連邦、イギリス、アメリカ、オブザーバーとしては、ニュージーランド、ポルトガル、ベネズエラ。

(39) Preparatory Meeting for the International conference on Marine Pollution (PCMP) /8/3. これが海上安全委員会の同意を得て、PCMP/CONF/4. として本会議に提出された。

(40) 1973年会議には、1962年会議の2倍に近い71カ国と、オブザーバー8カ国が参加している。また国連および五つの専門機関より代表が派遣され、二つの政府間機構および12の非政府間機構がオブザーバーを派遣している（IMCO International Conference on Marine Pollution, 1973, pp. 4-5)。

(41) PCMP/4/30.

◇ 第1節 ◇ 海洋汚染の防止に関する旗国主義の動揺

みよう。カナダ提案は前文で提案理由を次のように述べる。

「1954年の海水油濁防止条約とその改正の基本的な欠点の一つは、実施に関する規定が不適切なことである。他の締約国の管轄権下にない水域で起こる違反に関しては、（旗国の）行政府[43]のみが司法的手続をとることができる。その結果、わずか数カイリ離れたところで条約に明白に違反した船舶が締約国の港に入ることはしばしばあるのであるが、その船長は、決していかなる処罰も受けないであろうということを確信することができる。……

領海外でなされた違反について、油濁条約の下で司法的手続はほとんどとられてきていないことは経験的に明らかである。1973年の船舶からの汚染の防止のための国際条約の第4次草案は、この欠点を除去する何の規定も含んでいない。この問題を取扱うためには、カナダ政府は適当な条約規定という方法によって以下の点に合意することが海洋国にとり望ましいと考える。それは、締約国の船舶は他国の管轄権外の水域でなされた違反に対し、他の締約国の裁判所での司法的手続に服しうるということである。」

そしてカナダは第4条本文で、条約規則に違反する船舶からの排出は、当該船舶の行政府の法令および排出が他の締約国の管轄権下にある水域でなされた場合は当該締約国の法令により処罰されるとしたうえで（第1項(a)(b)）、さらに「船舶が締約国の港あるいは沖合の停泊施設に入っており、排出が他の締約国の管轄権下にない水域でなされた場合は、当該締約国の法令」により処罰されるとしている（第1項(c)）。また、船舶が規則上必要とされる証書を船内に有していない場合は、当該船舶の行政府の法令と（第3項(a)）、「違反が他の締約国の港あるいは沖合の停泊施設で発見される場合は、当該締約国の法令」

---

(42) PCMP/WP. 25.
(43) 行政府について、1973年条約第2条5項は次のように定義している。「行政府とは、その権限の下で船舶が運航している国家の政府をいう。いずれかの国の国旗を掲げている船舶に関していえば、行政府とはその国の政府である。沿岸国が天然資源の探査および開発のために、それに対し主権を行使している自国の沿岸に接続する海底およびその地下の探査と開発に使用される、固定したあるいは浮揚性の海洋施設に関しては、行政府とは当該沿岸国政府である。」

により処罰されるとしており（第3項(b)），最後に，こうした手続は，締約国により二重にとられてはならない旨規定している（第5項）。

　こうした内容を持つカナダ提案に対して，アメリカ提案は，同様に寄港国管轄権を主張しながら，その内容は以下の点において異なっている。(1)カナダ提案は，違法な排出，証書不保持の場合に寄港国が処罰できるとしたが，この提案では，処罰できる範囲が「あらゆる違反」に拡大されている（第3項）。(2)違反に対する司法的手続は，違反がなされた時点から遅くとも〔3〕[44]年以内に開始されることとされている（第3項）。(3)一の締約国がこの条約に従い司法的手続を開始した場合には，同一の違反につき，他のいかなる締約国によっても司法的手続はとられないとするのはカナダ提案と同様であるが，この提案では，(a)当該船舶の行政府による場合，(b)違反が締約国領海内あるいは接続水域内でなされた時の当該沿岸国による場合には，例外的に二重に司法的手続をとることができるとしている（第3項）。(4)さらに，この提案では，締約国は，船舶が条約上必要とされる証書を保持していない場合，あるいは，その構造，設備等が条約上の要請を満たすものでない場合には，当該船舶の行政府と協議の上，自国の港あるいは沖合の停泊施設を通過することを原則として拒否しなければならないとしている（第5項）。

　準備会議において，これらの提案がいかなる議論にさらされたかを知る資料を筆者は持っていない。しかし，準備会議の構成国が海運国主体であること[45]，そして，寄港国管轄権に関する意見は，準備会議草案では第4条の脚注に記されるに留まっていることから見ると，多数の賛成を得られなかったと思われる。

　準備会議草案の第4条は，第1案（罰則），第2案（違反）が並記されたが，内容的にはどちらも従来の油濁防止条約の下での規定と異なるものではない。そして，寄港国管轄権に関する諸提案は，複数の代表の意見として第4条の脚注に付記された。

　そこにおいて付記された一つの意見は，寄港国に管轄権の行使を認めるので

---

(44)　この括弧は期間については考慮の余地があるという意味である。他の提案でも出てくるがすべて同じ趣旨である。
(45)　前掲注(38)参照。

◇ 第1節 ◇ 海洋汚染の防止に関する旗国主義の動揺

あるが，司法的手続は違反がなされてから〔3〕年以内に開始されることとしており，また，二重にそうした手続をとることは，当該船舶の行政府，あるいは違反が締約国領海内でなされた時の当該沿岸国による場合を除いて禁じている。また，付記されたもう一つの意見は，右の意見は以下の制限の一つ以上を付したうえで受け入れられるとしている。それは，(a)違反が締約国の陸地から〔50〕カイリ以内でなされたものであること，(b)当該船舶の行政府は司法的手続を引き継ぐ権利を持つこと，(c)司法的手続は当該船舶の行政府の同意を得てのみとりうることである。

1973年3月2日の準備会議終了後，IMCO事務局は各締約国政府に対して4月12日付の文書[46]で，準備会議草案についてのコメントを求めた。これに応じて各締約国により提出された文書は，MP/CQNF/8シリーズとして，事務局により各締約国に順次回覧された[47]。次に，この中に見られる寄港国管轄権に対する各国のコメントと提案を，それを肯定するものと否定するものとに分けて見てみよう。

寄港国管轄権を肯定する提案としては，カナダ提案[48]，アメリカ提案[49]，オランダ提案[50]，が見られる。カナダ提案は，その準備会議提案に比べ，寄港国の管轄権が行使される場合を制限している。すなわち，寄港国が司法的手続をとりうる場合でも，その手続は当該違反がなされてから3年以内に開始されること，との限定があり（第4条(3)），また，違反が他国領海内でなされた時は，被害国が明示に要請しない限り司法的手続はとることができず（第4条(4)），さらに，準備会議草案では，二重に司法的手続をとることは例外なく禁止されていたが，この提案では，船舶の行政府による場合を除外している（第4条(5)）。次に，アメリカ提案は，この条約に対する「あらゆる違反」に寄港国の司法的手続が及ぶとしたこと（第4条(2)），手続開始の有効期限を3年以内としたこと（第4条(2)），二重に司法的手続をとりうる例外として，当該船

---

(46) AI/0/1.02（NV. 1）.
(47) IMCO, Circular Letter No. 110.
(48) MP/CONF/8.
(49) MP/CONF/8/9.
(50) MP/CONF/8/6.

61

◆第2章◆　海洋汚染の防止と国家の管轄権

舶の行政府による場合と，違反が締約国領海内あるいは接続水域内でなされた時の当該沿岸国による場合，を規定したこと（第4条(2)）など，内容的には準備会議での提案とほとんど変わりはない。

　以上の二つの提案と少し異なる内容をオランダ提案は持っている。オランダ提案は，寄港国の管轄権が行使されるのは，第4条(2)に規定するこの条約に違反して有害物質を排出した場合に限られるとしており（第4条 bis (1)），その行使は，当該船舶の行政府となる国家でない締約国によりなされる場合には，(a)違反がなされてから〔3〕年以内に開始されねばならず，(b)寄港国と当該船舶の行政府が別段に合意しない限り罰金以外の罰則は課すことができない（第4条 bis (2)）としている。さらにオランダ提案は，各締約国間で司法的手続が競合する場合の司法的手続優先権（prosecutional priority）について規定している。優先権を持つ締約国が手続を開始する時は，他の締約国により提起された手続は停止される（第4条 bis (3)）。司法的手続優先権の順位は(a)から順に以下のとおりである（第4条 bis (4)）。(a)沿岸の陸地から一定の距離内で守られるべき特別な規則が存在し，かつ違反がその範囲内でなされた場合の当該沿岸国，(b)違反が最も近い陸地から〔100〕カイリ以内でなされた場合の当該沿岸国，(c)当該船舶の行政府となる国と協議した後の他のすべての締約国。また同提案は，司法的手続を開始した締約国が，当該船舶の行政府に対して，その手続を移行させることができると規定している（第4条 bis (5)）。

　オランダはこの提案に対する説明として，条約の実施は違反の監視と同様旗国のみにまかされるべきではなく，複数の国による実施のシステム（a system of joint enforcement）が，国際的規則の有効性を促進するためにはとられねばならない。しかしそれは個々の締約国にそれぞれ実施をまかせるのではなく，右に規定したような「優先順位のリスト」（priority-list）を確定したうえでなされるのが望ましいと述べている[51]。

　オランダの提案は，伝統的な旗国管轄権をある程度尊重しつつも（第4条 bis (4) (c) (d)），寄港国管轄権の考え方を採用し（第4条 bis (1) (2)），さらに沿岸国の管轄権に関しても考慮を払っており（第4条 bis (4) (a) (b)），旗国管轄権

---

[51] MP/CONF/8/6, p. 4.

◇第1節◇ 海洋汚染の防止に関する旗国主義の動揺

の修正を意図する一つの海運国のアプローチの仕方として興味深いものである。
　さて次に寄港国管轄権を否定する提案を見てみよう。この段階では，明言で否定する提案として，フィンランド提案[52]，ギリシャ提案[53]，イギリス提案[54]が見られる。フィンランドは，準備会議草案の第2案を支持し，脚注9の削除を提案している。ギリシャは，準備会議草案の第1案，第2案については言及せず，締約国の権限を過度に拡大するのは不合理であるとして脚注9の削除のみを提案している。またイギリスは，準備会議草案の第1案を支持し，脚注9で提案された内容についてこの条約に含めることに反対している。その理由として「1973年会議は，条約草案を作成するに際して，1974年の海洋法会議で解決されるのにより適していると思われる事項に判断を加えるべきでない」ことをあげている。以上は明確に脚注9について言及している提案であるが，その他，脚注9については言及していないが，準備会議草案第4条第1案あるいは第2案のどちらかを支持することによって，結果として寄港国管轄権に関する脚注9を否定しているものとして，ソビエト連邦提案[55]，ポーランド提案[56]をあげることができる。

(2) 本会議での議論
　1974年10月8日から開催された本会議では，条約本文についての審議は第1委員会に委託された。ここにカナダは，新4条bisとして，これまでの提案での寄港国の管轄権をさらに制限する提案[57]を提出した。それによると，司法的手続は違反の事実が申し立てられてから〔6カ月〕以内に開始されなければならず（新4条bis(a)・(1)），違反に対しては金銭的罰則のみ課すことができ（新4条bis(a)・(2)），船舶は，保釈金あるいはその他の財産的保障などの合理的手続の下でただちに釈放されねばならない（新4条bis(a)・(3)）とされ，

---

[52] MP/CONF/8/7.
[53] MP/CONF/8/10（Add. 1）.
[54] MP/CONF/8/16/Add. 1.
[55] MP/CONF/8/8.
[56] MP/CONF/8/19.
[57] MP/CONF/C. 1/WP. 25.

◆第2章◆　海洋汚染の防止と国家の管轄権

締約国は，当該違反に関して船舶の行政府が〔60〕日以内に司法的手続を開始する時は，自らの手続を終了させなければならない（新4条bis(a)・(4)）とされている。

さらにオーストラリア，カナダ，ニュージーランドは，第1委員会において，各国の意見を考慮して作成したとする共同提案(58)を提出し，第1委員会はこれを討議の基礎として審議を行った(59)。それは以下の概要を持つものである。(1)寄港国が司法的手続をとることができるのは，有害物質あるいはそれらの物質を含む廃水の排出に関する違反に限られる。しかも以下(a)～(e)の条件に従うことが必要とされる。(a)他の締約国の領海内での違法な排出に関しては，その締約国の明示の要請があること。(b)司法的手続は，違反が申し立てられてから6カ月以内に開始されること。(c)罰金もしくはその他の金銭的罰則のみ課すことができる。(d)当該船舶は，保釈金もしくはその他の財産の保障の提供などの合理的手続によってすみやかに釈放されること。(e)締約国は，司法的手続を開始しようとする時は，そのことを当該船舶の行政府に通知すること。上記の(d)に関する場合を除き，そうした手続は，当該船舶の行政府が通知を受けてから3カ月以内に自ら手続をとるなら，他の締約国により開始されることはできない。(2)当該船舶の行政府のほか二重に司法的手続がとられてはならない。(3)とられた手続についてのあらゆる報告が，当該船舶の行政府および情報あるいは証拠を提供したすべての締約国に送付されること。

以上の共同提案について，寄港国管轄権を支持する各国は，これは条約の実効性を高めるためのものであり，海洋法会議と関係づけて考えるべきではない旨主張したが，多くの国により反対された(60)。

そこでカナダは，右の3国共同提案に対する各国提案およびコメントを考慮して，(1)第1項主文に関して，第3国の司法的手続をとりうる場合を違法排出に限定する旨明確にするための修正（リベリア提案），第1項(e)に関して，寄港国に提供した保釈金や担保物は，当該船舶の行政府の手続の開始と共に返

---

(58)　外務省国際連合局専門機関課『1973年海洋汚染国際会議議事報告書』（1974年）資料4。
(59)　前掲注(58)11頁。
(60)　前掲注(58)11頁。

◇第1節◇ 海洋汚染の防止に関する旗国主義の動揺

還されるべき趣旨の修正（リベリア提案），第1項(c)に関して，処罰に証書の停止等の行政措置をも含めることのできる趣旨の修正（リベリアのコメント），(2)第1項(b)の司法的手続開始の有効期限を6カ月から12カ月と修正する（日本のコメント），(3)第1項(d)の若干の字句修正（ギリシャ提案），を内容とする案を口頭で述べ，この修正案が投票（ロールコール）に付されたが，賛成16，反対25，棄権10で否決された[61]。

　この提案が否決された後，アメリカ，オーストラリア，カナダ，ニュージーランド，アイルランド，インドネシア，トリニダード・トバゴの7カ国は「港における実施」（Enforcement in Ports）という共同決議案[62]を第1委員会に提出した。これは，国連海洋法会議において，他の適当な実施手続に加えて，寄港国管轄権の問題が検討されることを求めたものであったが，これも賛成10，反対27，棄権11で否決されている[63]。

　以上見てきたように，寄港国管轄権の考え方は，準備会議においてカナダとアメリカ合衆国によってそれぞれ提案され，そしてそれが主に海運国および社会主義国の抵抗に会い，寄港国の管轄権を行使しうる場合を限定する方向で妥協を重ねてゆくという経緯をとる。そして，その妥協の最終段階は，旗国に一定期間内で優先的に司法的手続をとる権利を認め，他の締約国が同様な手続をとることを排除しているように，単に寄港国が旗国に条約の実施をうながすという程度のものでしかなくなってきている。ここまでくると，寄港国管轄権も旗国管轄権も事実上異ならないものとなっているといえよう。しかしこうした

---

[61] 前掲注(58)11頁。なお票決の内容は次のとおりである。（賛成）アイスランド，インドネシア，イラン，アイルランド，日本，ニュージーランド，フィリピン，南アフリカ，スウェーデン，トリニダード・トバゴ，タンザニア，アメリカ，オーストラリア，カナダ，チリ，デンマーク。（反対）イタリア，インド，エクアドル，エジプト，フィンランド，フランス，東ドイツ，西ドイツ，ギリシャ，ブルガリア，白ロシア，イラク，キューバ，ジョルダン，クェート，リベリア，モナコ，メキシコ，ノルウエー，ポーランド，スペイン，ウクライナ，ソビエト連邦，イギリス，アルゼンチン。（棄権）ケニヤ，モロッコ，ペルー，ウルグアイ，ベネズエラ，ベルギー，ブラジル，ガーナ，オランダ，シンガポール。

[62] MP/CONF/C.1/WP.58.

[63] 外務省・前掲注(58)10頁。

妥協案も，結局第1委員会段階で否決され，総会の議題となることはなかった。

なお第4条について，準備会議草案には第1案と第2案が並記されていたが，第2案が第2項において締約国の管轄権内で犯した処罰されるべき違反を「あらゆる違反」としている点を除いては実質的に第1案と異ならず，起草の点からはむしろ第2案がよいとのコンセンサスで，特に票決に付すことなく第2案が討議の基礎とされた[64]。

総会で採択された第4条は，準備会議草案同条第2案第2項中の「いずれかの締約国の領海内で（within the territorial seas of any Contracting State）の1節が，「いずれかの締約国の管轄権内で」（within the jurisdiction of any Party）と変わり[65]，第2項(a)に，「自国の法に従って」（in accordance with its law）という1節が入ったほか内容の変化はない。

4　旗国主義の動揺(2)──沿岸国管轄権について

海洋汚染の防止に関して，沿岸国がその管轄権を，いかなる範囲において，そしていかなる内容を持って行使することができるかという問題は，寄港国管轄権と並んで，この会議において大きく議論となった問題である。この沿岸国の管轄権の行使範囲の問題と，権限の内容の問題とは，一つの管轄権問題の両側面ということができるであろう。すなわち範囲が問題となるのは，その中での権限の内容が問題となるからであり，権限の内容の問題は，それを行使しうる範囲の問題と密接にかかわっている。このことは，これらの問題をめぐるこの会議での議論をみれば明らかである。しかしながらここでは便宜上二つの問題を分けて考え，以下(1)において範囲の問題（準備会議草案第4条，第9条の問題）を，(2)において権限の内容の問題（準備会議草案第8条の問題）を検討することにしたい。

---

(64)　外務省・前掲注(58)10頁。
(65)　この変化は締約国の管轄権との関係で大きな意味を持つ。これについては以下4で述べる。

◇ 第 1 節 ◇ 海洋汚染の防止に関する旗国主義の動揺

(1) 管轄権の行使範囲の問題
(i) 総会までの議論
　1954 年条約は，IMCO 成立後の 1962 年，1969 年，1971 年の改正に至るまで，管轄権の範囲については「領海」(the territorial sea) という表現をとってきた。これに基づいて，1973 年条約の準備会議草案も同様に「領海」という表現をとっている。たとえば同草案第 4 条第 2 案 2 項は「締約国の領海内での (within the territorial seas) この条約のいかなる違反も，当該国の法令の下で禁止されるものとする」と規定しているし，同様な表現は第 1 案においても見られる。ところが準備会議段階においても，複数の代表は，この「領海」の表現を「自国の管轄権下の水域」(waters under its Jurisdiction)，「国家の管轄権下の区域」(areas under national jurisdiction) あるいは「国家の管轄権の限界内」(within the limits of national jurisdiction) という表現に置き変えることを主張している(66)。提案としてはカナダ提案の中に「領海」に変わる「自国の管轄権下の水域」という表現が見られる(67)。
　この準備会議草案第 4 条の「締約国の領海内で」という表現は，第 1 委員会において「いずれかの締約国の管轄権内で」(within the jurisdiction of any Party) という表現に変更された(68)。この第 4 条における「領海」から「管轄権」への表現の変更は，次のような意味を持っているであろう。「領海」という表現は，その範囲自体は国際法上明確になっているわけではないが，少くとも公海上には管轄権を行使することができないことを意味している。それに対し「管轄権」の表現は，領海に限定されず領海外にも沿岸国が汚染防止に関して権限を行使しうる可能性を残した。そして「管轄権」という表現の中に領海以外の一定水域が考えられていることは，この問題をめぐる議論の中で明らかになる。
　IMCO 準備会議草案第 9 条は「他の条約，協約および協定」と題して，第 1 項で，この条約が発効後は 1954 年条約に優先すること，第 2 項で，この条約は国連海洋法会議による海洋法の法典化と発展とを妨げるものではないし，

---
(66) PCMP/7/3, footnote 10.
(67) PCMP/4/30, MP/CONF/8.
(68) 外務省・前掲注(58) 10 頁.

◆第2章◆　海洋汚染の防止と国家の管轄権

海洋法，および沿岸国と旗国の管轄権の性質と範囲に関するいかなる国家の現在または将来の請求および法的見解を妨げるものでないことを規定していたが，メキシコはさらに第3項として「この条約における『管轄権』の用語は，この条約の適用もしくは解釈の時点において有効な国際法に照らして解釈されねばならない」との規定を加えることを提案した。これに対し海運国グループは非公式協議で，このメキシコ案を入れた第9条と，前述の「管轄権」の表現を使用した第4条をパッケージとする妥協案を作成した。そしてこれを第1委員会に提出したところ，賛成47，反対0，棄権3で可決された[69]。

この第4条と第9条をパッケージとした意味は次の点にあるであろう。第4条で沿岸国が権限を行使しうる範囲として「締約国の領海内」という表現が使用されていたのが「締約国の管轄権内」という表現に変更されたこと，そしてその持つ意味は前に述べたが，新しく加えられた第9条3項は，この「管轄権」の意味について「この条約の適用もしくは解釈の時点において有効な国際法に照らして解釈される」という解釈基準を導入することにより一定の枠をはめたといえる。これにより少くとも沿岸国が自由に「管轄権」の意味を決定し，国際法を無視してその範囲を拡大することはできなくなったわけであって，沿岸国の管轄権が拡大する傾向にある現代海洋法の中で一定の保守的役割を果すものといえる。そうであるからこそ，伝統的な公海自由の原則を支持する海運国が，この第3項の追加に賛成し第4条とのパッケージを主張したのである。

(ii) 総会での議論

第1委員会でパッケージとして採択された第4条と第9条は，総会においても，その冒頭に議長によって提案されたパッケージ扱いを，賛成36，反対6，棄権6によって採択し，第1委員会と同じ取扱いをされることになった[70]。なお第9条は，第1委員会で第7条（船舶に対する不当な遅延）が新しく入ったために，ここでは第10条として提出された。ところがタンザニアは，第4条と第10条のパッケージ扱いに反対しながら，第10条3項の削除を提案した[71]。このタンザニア提案に対して，各国がそれぞれの立場から多く意見を

---

(69) 外務省・前掲注(58)10頁。
(70) MP/CONF/SR. 10/p. 10.
(71) Ibid., p. 11.

◇ 第1節 ◇ 海洋汚染の防止に関する旗国主義の動揺

述べている。以下ここにおける各国の意見を検討することによって，沿岸国の管轄権の問題に関して各国がどう理解しているかを見てみよう。

　第10条3項削除のタンザニア提案に対して，インドネシア，ペルー，エクアドル，キューバの各国が賛成意見を述べている。タンザニアは，第10条3項削除の理由として，「ここで『管轄権』の定義をすることは，国際法が適用されるべき事柄について詳細に検討せずに次期海洋法会議を先取りすることになると思われる[72]」と述べている。そしてさらにタンザニアは，オーストラリア代表の「本項は結局何も変えるものではないであろう[73]」という発言に応えて次のように述べている。「もしオーストラリア代表が述べたように第10条3項は何の貢献もしていないのであったら，なにゆえにその規定が置かれねばならないのか。その規定は実際のところ，領海に関する限り現在決して満足されるものではない国際法の発展を阻止する意図を持っている。第3世界の加盟国がその規定を一致して維持することは無分別なことであろう。[74]」

　インドネシアは，「次第に多くの国々が，国際法の伝統的概念は現代の技術の発展とますます一致しなくなっていることに気がついている[75]」と述べて，タンザニア提案に同意した。またペルーも，「第10条3項は前の第2項に直接矛盾する[76]」と述べて削除に賛成し，エクアドル[77]，キューバ[78]，もタンザニア提案の支持を表明している。

　次に，タンザニア提案に反対し第10条3項は保持されるべきであるとする意見は，西ドイツ，イギリス，オーストラリア，ソビエト連邦，アメリカ，メキシコの各国により述べられている。西ドイツは，「第10条3項は次期海洋法会議を先取りしようとするものではない。それは規則ではなく，単に法の解釈の指針にすぎない[79]」と述べて削除に反対した。またフランスは，「第10条

---

(72) *Ibid.*, p. 11.
(73) *Ibid.*, p. 13.
(74) *Ibid.*, p. 14.
(75) *Ibid.*, p. 11.
(76) *Ibid.*, p. 11.
(77) *Ibid.*, p. 12.
(78) *Ibid.*, p. 13.
(79) *Ibid.*, pp. 11-12.

◆第2章◆　海洋汚染の防止と国家の管轄権

3項は，その他の項，特に第2項と本質的な関連を持っている。したがって，それは『管轄権』を定義するものではなく第2項をより精緻にするものである(80)」と述べて保持を主張した。さらにイギリスは，「第1委員会での第4条の議論において……『管轄権』を使用することに伝統的海運国が合意したのは，パッケージ扱いを不可欠な部分とする譲歩だったのである(81)」と述べて第10条3項削除のタンザニア提案に反対した。そしてアメリカも，第4条と第10条のパッケージが妥協であることを強調してタンザニア提案に反対している(82)。またオーストラリアは，第10条3項が削除されたら条約全体のバランスがとれなくなるとして反対しており(83)，ソビエト連邦(84)およびブルガリア(85)も，第10条3項は海洋法会議の権限を侵害するものではなく，同項の「管轄権」の意味は「国際法に照らして」解釈されねばならないとする規定は絶対に必要であるとして削除に反対の立場をとっている。

　メキシコは，本項を第1委員会において提案した国であり，総会でもこの規定の保持に賛成しているが，同様に保持に賛成する他の諸国に比べその意味内容に違いがあるようである。すなわち，第10条3項の（あるいはこれを含んだ第4条と第10条パッケージの）保持につき，ある国はこれを妥協の産物といい（イギリス，ブルガリア，ソビエト連邦，アメリカ等），ある国は条約規定のバランスを保つためと述べているのに対し（オーストラリア，ブルガリア等），メキシコはこの規定に一定の積極的意味を見出しているようである。メキシコ代表は総会において次のように発言している。「『管轄権』の語を定義しないまでも，明確にすることもまた必要である。そしてそのため国際法は考慮されねばならない。解釈の問題が生ずる時には，ジュネーブ条約のみでなくあらゆる国際法の法源が——国内法および国際法のレベルで——考慮されるであろうことは明白である。それゆえ我々は，なぜタンザニアの代表が第10条3項は第3世界の諸

---

(80) *Ibid.*, p. 13.
(81) *Ibid.*, p. 12.
(82) *Ibid.*, p. 16.
(83) *Ibid.*, p. 13.
(84) *Ibid.*, p. 15.
(85) *Ibid.*, p. 14.

◇ 第1節 ◇ 海洋汚染の防止に関する旗国主義の動揺

国の利益を危険におとし入れるとして恐れねばならないのか理解できない。その規定は国際法の発展において積極的役割をはたすのである。[86]」

　以上の意見を各国が述べたあと，第10条3項を削除するという，タンザニアにより提案されインドネシアにより支持された修正案が票決に付されたが，賛成9，反対39，棄権10で否決されてしまった[87]。そしてその後第4条と第10条がパッケージで票決に付されたところ，賛成49，反対3（チリ，キューバ，タンザニア），棄権5で両条は採択された[88]。

　第4条と第10条が総会で採択された後，各国がこの規定について意見を述べている。エクアドルは，「第10条3項は，自国の管轄権の範囲を自ら決定する国家の権利を侵害するものであり，1973年の海洋法会議で採択されるであろう何らかの解決を妨げるものである[89]」との考えを表明している。またタンザニアは，第10条3項の採択されたことについて，「国際法の発展を阻害しようとするいかなる試みも失敗の運命にある。この会議が，様々な解釈を可能にするために漠然とした表現を含めるのを適当としたことは残念である[90]」との不満を述べている。ブラジルは第10条3項について，「国際条約はたとえいくつかの国に適用されても，条約の当事者でない国との関係では国際法を構成せず，したがって同意しない第三国に権利や義務を課すものではない[91]」と述べて，この条約の当事国となる意思のないことを示唆している。この意見にはウルグアイも賛成の旨を述べている[92]。その他チリは，「我々はこの会議の目的でない海洋法の議論に立ち入る権限を与えられていない[93]」との理由で第4条第10条パッケージ投票には反対したことを述べており，キューバも，「第10条3項は同条2項でなされるべき解釈を妨げるものである[94]」ので採

---

(86)　*Ibid.*, p. 15.
(87)　*Ibid.*, p. 18.
(88)　*Ibid.*, p. 19.
(89)　*Ibid.*, p. 19.
(90)　*Ibid.*, p. 20.
(91)　*Ibid.*, p. 20.
(92)　*Ibid.*, p. 20.
(93)　*Ibid.*, p. 21.
(94)　*Ibid.*, p. 21.

◆第2章◆　海洋汚染の防止と国家の管轄権

択に反対票を投じたとの発言を行っている。

　それでは各国は具体的に管轄権の範囲についてどう考えているのであろうか。条約全体が採択された後，この問題に関して各国よりなされたステートメントをここで見てみよう。

　ソビエト連邦はこの中で，「本条約にある『管轄権』の語は，12 カイリ以内の領海を意味するものとして解釈されねばならない[95]」と述べ，管轄権の範囲と領海の範囲とは同一であるべきことを主張している。この意見に対し各国が異なる見解を表明している。カナダは，「第 4 条 2 項の『あらゆる締約国の管轄権内』の語は，締約国の領海のことであり，その最大の幅は 12 カイリであると述べるソビエト連邦代表の解釈のステートメントは受け入れることはできない。この条約の第 9 条 3 項に従って，『管轄権』の語は『この条約の適用あるいは解釈の時点で有効な国際法に照らして解釈される』のである。カナダ代表の意見では，現行国際法のいかなる規定も，ソビエト連邦の代表によってなされた『管轄権』の語の解釈を支持しないと考える[96]」と述べている。またニュージーランドもカナダと同様な趣旨から，ソビエト連邦の見解に反対を述べている[97]。オーストラリアも，ソビエト連邦の解釈に対し，「それは第 9 条の明確な規定に全く反する[98]」として反対を表明している。

　フィリピンは，ソビエト連邦の見解に反対した上で，「フィリピンに関して，この条約の『管轄権』の語は，関連する国連機関で宣言された領水に関するフィリピンの立場と，海洋法会議の準備委員会でとり入れられた群島理論および 1973 年 1 月に発効したフィリピン憲法第 1 章第 1 条における国家領域の定義に照らして解釈されねばならない[99]」と述べ，群島理論および自国国内法による管轄権を主張している。

　アルゼンチンは，沿岸国の管轄権の内容と範囲の問題は，現在有効な国際法によって決定されるのではなく，国家の慣行をも含めた国際法の他の法源に照

---

(95)　MP/CONF/WP. 44.
(96)　MP/CONF/WP. 39.
(97)　MP/CONF/WP. 44.
(98)　MP/CONF/SR. 13, p. 18.
(99)　*Ibid.*, pp. 20-21.

らして解釈されるべきであり、それゆえ「管轄権」の語を領海に限定しようとするいかなる解釈も受け入れることはできないとの見解を表明している[100]。またブラジル、チリ、エクアドル、ペルー、ウルグアイの5カ国は共同して、次のようなステートメントを発表している。「ブラジル、チリ、エクアドル、ペルー、ウルグアイ代表は、自国の沿岸に接続する海底、その地下およびその上部水域に対する沿岸国の管轄権の内容と範囲の問題は、現在有効な条約国際法によって決定されるのではないということを再度述べる。我々は、この問題は国際法の法源としての国家の慣行、そしてとりわけ、自国沿岸から200カイリにまで沿岸国の主権あるいは管轄権の限界を拡大しているという慣行に照らして理解されねばならないことを断言する[101]。」

さらにナイジェリアは、条約中の「管轄権」の語は、ナイジェリアの領水に関しては自国国内法により解釈されるとして、沿岸から30カイリを主張している[102]。

以上第4条と第9条をめぐる管轄権に関する議論から、少くとも次のことはいえるであろう。それは、この条約の中における沿岸国の管轄権の及ぶ範囲は、従来の領海の概念とは異なったものであることが多くの国により意識されているということである。このことは、条約採択後のステートメントの中で、ソビエト連邦代表の意見に賛成を述べた国がただ1国としてなかったことを見ても理解されるであろう。そしてさらに、ここでいわれる管轄権の範囲は、従来の領海よりも一般的に拡大したものとして考えられているということもいえるであろう。そうであるからこそ、広がる管轄権の範囲を前提とした上で、今度は、その管轄権内で沿岸国がいかなる内容の権限を行使することができるのか、という問題が出てくるのである。次に管轄権問題のもう一方の側面である権限の内容の問題について見てゆくことにしよう。

(2) 管轄権の内容の問題
(i) 総会までの議論

---

(100) MP/CONF/WP. 48.
(101) MP/CONF/WP. 47.
(102) MP/CONF/WP. 45.

◆第2章◆　海洋汚染の防止と国家の管轄権

　締約国の自国管轄権内での権限について，1954年条約の第11条は次のように規定していた。

　「本条約のいかなる規定も，条約が関連するいかなる問題に関しても，締約国政府が自国の管轄権内において措置を執る権限を毀損するか，若しくはいずれかの締約国政府の管轄権を拡大するものと解釈されてはならない。」

　1954年条約では，第4条において管轄権の範囲が領海と考えられていたために，その範囲内で沿岸国が管轄権を行使しうるとするこの規定は，いわば一般国際法上の原則の表明としての注意的規定にすぎないものということができるであろう。1954年会議でも，この規定は議論なく原案通り可決されている[103]。

　ところが，沿岸国の管轄権の領海外への拡大の傾向が一般的となり，伝統的な海洋法の再検討が強く迫られてくる1970年代に入ると，管轄権の範囲イコール領海という考えがとられなくなってきていることは，前述した第4条と第9条をめぐる議論でも明らかとなった。こうした一般的傾向の中で，1973年会議においては，沿岸国の管轄権の内容を制限しようとする動きが現れた。

　1973年会議準備会議草案第8条は，「締約国の管轄権」について次のように規定した。

　(1) 本条約のいかなる規定も，条約が関連するいかなる問題に関しても締約国が自国の管轄権内においてより厳しい措置を執る権限を毀損するか若しくはいずれかの締約国の管轄権を拡大するものと解釈されてはならない。

　(2) 締約国は，自国の管轄権内において（条約が適用される船舶で自国船舶以外のものに関して）「規則」の諸規定に従っていない船舶設計（及び配乗）について汚染取締りに関する規則を課してはならない[104]。

　これを1954年条約の第11条と比べてみると，第1項については，「締約国

---

(103) International Conference on Pollution of the Sea by Oil, General Committee, Minutes of 10th meeting, p. 4.
(104) 邦訳は，芹田健太郎「1973年 IMCO 海洋汚染防止条約案」『海事産業研究所報』第86号（1973年）によった。

◇ 第1節 ◇ 海洋汚染の防止に関する旗国主義の動揺

政府」が「締約国」となり,「措置」の前に「より厳しい」(stricter)という語が入った他は全く同じである。ところが準備会議草案では1954年条約にはなかった第2項が新たに加えられている。これは締約国の管轄権を制限しようとする趣旨の規定であって準備会議において, 多数を占めていた海運国の要求を反映したものといえるであろう(105)。

第1委員会に対し提出された右の準備会議草案第8条は, 多くの国により修正の要求を受ける。まずオーストラリア, ブラジル, カナダ, ガーナ, アイスランド, インドネシア, イラン, アイルランド, ケニヤ, ニュージーランド, フィリピン, スペイン, タンザニア, トリニダード・トバゴ, ウルグアイの15カ国は, 共同して, 修正案を提出した(106)。これは準備会議草案第8条1項, 2項を削除して, 1954年条約第11条とほとんど変わらない規定を内容とするものである(107)。この提案は, 沿岸国グループより提出された, 沿岸国の管轄権を制限しようとしない唯一のものである。次にソビエト連邦は, 準備会議草案第8条1項中の, 締約国は「条約が関連するいかなる問題に関しても」より厳しい措置をとることができるとする箇所を, 「排出基準に関連するいかなる問題に関しても」と修正することを提案した(108)。これは, 沿岸国が管轄権を行使することのできる範囲を「排出基準」に関連する事項に限定しようとする趣旨である。また, ギリシャ, オランダ, ノルウェー, スウェーデン, イギリスの5カ国は共同して, 以下の内容を持つ提案(109)を提出した。それは, (1)ソビエト連邦提案と同様, 沿岸国がより厳しい措置をとりうる事項を「排出基準に関して」に限定する, (2)準備会議草案第2項のすべての括弧を外し, 船舶設計のあとに「設備」(equipment)を加える, (3)環境保護が特に必要な「内陸水路」(inland waterways)については, (2)の規定にとらわれることなく規制をすることができる, (4)締約国のとった特別な措置を, 各締約国および

---

(105) 準備会議参加国については前掲注(38)参照。
(106) MP/CONF/C. 1/WP. 32.
(107) 異なった点は, 「締約国政府」が「締約国」となり, 「権限」(powers)のsがぬけたことである。
(108) MP/CONF/C. 1/WP. 23.
(109) MP/CONF/C. 1/WP. 36.

この機関に通知すること，である。この共同提案も，(1)においてはソビエト連邦提案と同様沿岸国の権限を限定し，(2)においては沿岸国が自由に規制をすることができない場合を拡大することにより，海運国の立場の強く現れたものと見ることができる。

次に日本により提出された提案[110]を見てみよう。日本提案は第1項で，(1)準備会議草案第1項から「より厳しい」という語を外し，(2)船舶設計や設備以外の事項について沿岸国は管轄権を行使することができるとし，(3)準備会議草案第1項の最後にある「いずれかの締約国の管轄権を拡大するものと解釈されてはならない」という箇所を削除している。また第2項では，締約国は，海上航行船舶により到達することが可能な内水（internal waters）においては，有害物質やそれを含む廃水の排出に関しては，無条件に規制することができるとしている。この日本提案も，第1項(2)に見られる様に，できるだけ海運に対する障害をとり除こうとする意図がみられ，海運国側の特徴を持ったものということができよう。

さらに，沿岸国による管轄権内での自由規制を極度に警戒する典型的な案として，西ドイツより提出された全く新しい提案がある。同提案は次のように規定する。

(1) 締約国は，自国管轄権内で，自国船以外の条約適用船舶について，船舶設計，船舶設備および配乗に関する追加規則を課すことはできない。

(2) 自国の管轄権内で，締約国により課すことのできる操作上の事項（operational matters）に関するあらゆる追加規則は，適切な国際的要件に合致する船舶により満たされうるものに限られねばならない[111]。

西ドイツは提案と共に次のようなコメントを提出している。「船舶に統一した基準を課すことによって国際海上交通を促進することは，IMCOによってなされたすべての国際的合意の基本的目的の一つである。国家による特殊な規制を最少にすることにすべての努力が払われねばならない[112]。」

---

(110) MP/CONF/C. 1/WP. 42.
(111) MP/CONF/8/14.
(112) *Ibid.*, p. 4.

◇第1節◇ 海洋汚染の防止に関する旗国主義の動揺

このように，第1委員会では準備会議草案第8条に対し多くの修正案が提出された。会議に出席した日本代表団の報告書は，この事態を次のように記している。「かくて第1委の審議は提案合戦の如き観を呈し紛糾を極めた(113)。」そこで20カ国余りが非公式協議を行い，次の案が多数代表の提案として第1委員会に提出された(114)。

(1) 本条約のいかなる規定も，特殊な環境につき正当な理由がある水域では，自国の管轄権内で排出基準に関してより厳しい措置をとるいかなる締約国の権能もそこなうものと解釈されてはならない。

(2) 締約国は自国管轄権内で，自国船以外のこの条約が適用される船舶に関して，汚染防止の目的で，船舶設計や船舶設備について付加的な要件を課してはならない。この項は，受け入れられた科学的基準に従って，特に汚染されやすい環境という特殊な性格を持つ水域に対し適用しない。

(3) 本条に従って特殊な措置をとる国は，遅滞なくとられた措置につきこの機構に通知しなければならない。この機構は，締約国にこれらの措置につき通知しなければならない(115)。

この提案は，前に見た15カ国共同提案のように，無制限に沿岸国の権限行使を認めるものではない。しかし，(1)一般的に，特殊な環境につき正当な理由がある水域では沿岸国の管轄権の行使が認められ，(2)その管轄権の行使も，船舶設計や船舶設備に関する場合には付加的な要件を課すことはできないが，しかし，受け入れられた科学的基準に従って特に汚染されやすい環境という特殊な性格を持つ水域については，いかなる規制も無制限に（船舶設計や船舶設備に関するものでも）課すことができる(116)としていることから，沿岸国側の主張が多くとり入れられているといえるであろう。

第1委員会に提出されたこの提案は，パッケージ案として票決に付されたと

---

(113) 外務省・前掲注(58)14頁。
(114) 外務省・前掲注(58)14頁。
(115) MP/CONF/C.1/WP.43.
(116) これは沿岸国による汚染防止区域の設定の権限にも通ずる考え方であると思われる。

ころ，賛成29（ソビエト連邦，ギリシャ，カナダ，スペイン等），反対10（日本，アメリカ，オランダ等），棄権9（イギリス，メキシコ等）で可決され，総会に第1委員会提案として提出された[117]。

(ii) 総会での議論

次に総会でのこの提案に関する各国の発言を見てみよう。総会で本条を支持する発言をしている国としては，カナダ，オーストラリア，ニュージーランド，ノルウェー，インドネシア，ギリシャ，スペイン，チュニジア，ガーナの各国をあげることができる。なお，本条は，第1委員会で第7条が新しく入ったために，総会には第9条として提出されている。

カナダは，第9条は沿岸国と船舶保有国および海洋国間の極端な見解の調和の結果であり，またそれは「本条約が関係する事項について，締約国がその管轄権内において，どの程度個別的に措置をとることを慎む用意があるか，という問題を扱っているにすぎない」のであって，決して管轄権の範囲と性質を定義しようとするものでないから，海洋法会議の権限を侵害しはしない[118]，と述べて支持を表明している。ノルウェーは，第9条は「世界の海上貿易の有効性を不当に害することなく環境上の利益を促進すると思われる現実的な妥協」であり，本条は海洋法会議の権限を侵害するものではなく，条約を基礎として各国家がその主権の行使を制限することに同意したものである[119]，と述べて支持している。また，オーストラリア[120]，インドネシア[121]，ギリシャ[122]，ガーナ[123]，ニュージーランド[124]も，第9条が沿岸国と海運国の妥協の産物であることに満足して支持している。スペインは，逆に，「第9条を削除すると沿岸国はどんな制限的な措置でもとることができると考えてしまうから削除は危険である[125]」との考えから支持することを述べている。

---

(117) 外務省・前掲注(58)15頁。
(118) MP/CONF/SR. 11, p. 8.
(119) *Ibid.*, pp. 6-7.
(120) MP/CONF/SR. 11, p. 11.
(121) *Ibid.*, p. 13.
(122) MP/CONF/SR. 12, pp. 3-4.
(123) *Ibid.*, p. 7.
(124) *Ibid.*, pp. 6-7.

◇ 第1節 ◇ 海洋汚染の防止に関する旗国主義の動揺

　これに対して第9条に反対意見を述べている国としては，イギリス，日本，アメリカ，西ドイツ，デンマーク，アルゼンチン，タンザニア，ケニヤ，ウルグアイの諸国をあげることができる。

　イギリスは，「旗国に対する沿岸国の権利は海洋法会議に関係する事項である(126)」として，また，アメリカも，第9条の問題は「来るべき国連海洋法会議で取扱われる事項である(127)」と述べて反対を表明した。フランスは，「第9条は，沿岸国がその管轄権内でより強い措置をとる権利を認めているようであるが，十分に明確な限界を規定していない(128)」として，さらに西ドイツも，本条は国際船舶航行に障害となる(129)として，削除を主張した。日本も，沿岸国により国内基準がおのおの課されるのであれば海上輸送に大きく障害となる，国家の管轄権内であるなしにかかわらず通用する国際規則および国際基準が課されるべきである，第9条は海洋法会議の権限を侵害するものであって，この会議の権能の範囲外である(130)，と述べて反対している。

　以上のそれぞれの反対意見は，第9条によって沿岸国の管轄権が強められ，それが海運に対する障害となることを危惧する海運国の立場からのものであった。それに対し，以下に述べるアルゼンチン，タンザニア，ケニヤ，ウルグアイの意見は，同じく反対であるが，第9条は沿岸国の管轄権を不当に制限するものであるとする全く逆の立場からのものである。

　アルゼンチンはこの立場から，「第9条は沿岸国の権限を制限する妥協であり混乱させるものである。そしてそれは航行の不適切な自由を規定しており，むしろ次期海洋法会議の対象である問題を扱っている。アルゼンチンは，すべての汚染防止措置は最大限の国際的合意を必要とする事項であるということを一貫して主張してきた。第9条は不必要であり，それゆえ削除されるべきである(131)」と主張している。

---

(125) *Ibid.*, p. 3.
(126) MP/CONF/SR. 11, pp. 9-10.
(127) *Ibid.*, p. 12.
(128) MP/CONF/SR. 12, pp. 2-3.
(129) *Ibid.*, pp. 4-5.
(130) MP/CONF/SR. 11, pp. 10-11.

◆第2章◆　海洋汚染の防止と国家の管轄権

　タンザニアは同じく沿岸国としての立場から，第1委員会可決案第9条に反対しつつ，自ら次のような修正案(132)を総会に提出している。それは，第9条1項については，(1)「より厳しい」(more stringent) 措置を課すことができる，という語を「特別な」(special) 措置を課すことができる，とする，(2)「排出基準に関して」(in respect of discharge standards) を，「この条約に関連するいかなる問題に関しても (in respect of any matter to which this Convention relates) とする，(3)第2項全文を削除する，というものである。これは，1954年条約第11条および第1委員会に提出された15カ国共同提案と軌を一にする，沿岸国の権限を強く認めた提案といえるであろう。この提案に対して，ケニヤは次のように支持を表明している。「本会議は，次期海洋法会議に関する問題に何らかの決定を与えることは正当ではないと考える。しかしもし第9条を含めることに同意しなければならないのであるならば，海洋環境に対する損害を防止あるいは最少にする目的で汚染防止措置をとることのできる区域を設定する無制限の権利を沿岸国に与える方式に賛成するであろう(133)。」このケニヤの発言は，タンザニアの修正案の中に，沿岸国の汚染防止区域設定の無制限の権利が存在すると考えている点で注目される。本章の最初に述べたように，沿岸国の管轄権の範囲の問題が，権限の内容の問題とかかわって考えられていることを示す一つの例といえよう。そしてさらに，ウルグアイの，第9条に反対の立場をとりつつ「我が国は，海洋法会議がその作業を完了するまで，海洋に関する管轄権について地域的に適用された概念の基礎の上に作業を続けてゆくであろう(134)」との発言も，同国の領海200カイリの主張に関連して，その中で独自に海洋汚染防止措置をとってゆくことを意味するものとして，ケニヤの発言と同趣旨のものといえるであろう。

　さて総会においては，まずタンザニアの修正案が票決に付された。そして，第9条1項中の，「より厳しい」を「特別な」と修正する提案は，賛成14, 反対35, 棄権15で否決され，次に「排出基準に関して」を「この条約に関連す

---

(131) *Ibid.*, p. 6.
(132) *Ibid.*, p. 8.
(133) *Ibid.*, p. 8.
(134) *Ibid.*, p. 13.

◇第1節◇　海洋汚染の防止に関する旗国主義の動揺

るいかなる問題に関しても」と修正する提案も，賛成7，反対39，棄権14で否決され，最後に，第9条2項全文を削除する提案も，賛成17，反対34，棄権13で否決と，ことごとく否決されてしまった[135]。

その後，第1委員会可決案第9条全体が票決に付されたところ，賛成27，反対22，棄権14で，これも採択に必要な3分の2の多数を得られず否決され[136]，結局本条は最終条約文からは削除されることになった。

そこでカナダは，本条が否決された直後，1954年条約第11条と全く同じものを提案したが，これも，賛成15，反対32，棄権13で否決されてしまった[137]。

第1委員会可決案第9条をめぐる議論およびその票決内容から各国の対応を見てみると，沿岸国グループのうち環境保護的観点を特に強調する国（カナダ，オーストラリア，ニュージーランド等），そして，海運国グループであっても，第9条程度の規制は妥協としてやむをえないと考え，むしろ本条否決によりさらに規制が強くなることを危惧する国（リベリア，ギリシャ，パナマ等）は賛成しており，海運国グループのうち，第9条に基づく沿岸国による規制が，国際海運の障害になることを強く恐れている国（日本，西ドイツ，イギリス，アメリカ等），および，沿岸国グループであるが，沿岸国はこの提案以上に強い規制措置をとることができると考えている国（経済水域や200カイリ領海等の主張をしている国であって，タンザニア，エクアドル，ケニヤ，アルゼンチン等）は反対

---

(135) MP/CONF/SR. 12, p. 9.
(136) Ibid., p. 10. なお，票決の内容は次のとおりである。（賛成）オーストラリア，カナダ，チリ，キプロス，デンマーク，エジプト，ガーナ，ギリシャ，アイスランド，インド，インドネシア，ヨルダン，リベリア，ニュージーランド，ナイジェリア，ノルウェー，パナマ，ペルー，フィリピン，ポーランド，サウジアラビア，スペイン，スリランカ，スウェーデン，タイ，トリニダード・トバゴ，チュニジア，（反対）アルゼンチン，ベルギー，キューバ，エクアドル，フランス，西ドイツ，アイルランド，イタリア，日本，ケニヤ，クメール，モナコ，オランダ，韓国，ルーマニア，シンガポール，スイス，イギリス，タンザニア，アメリカ，ウルグアイ，ベネズエラ，（棄権）ブラジル，ブルガリア，白ロシア，ドミニカ，フィンランド，東ドイツ，イラク，クウェート，リビア，メキシコ，ポルトガル，南アフリカ，ウクライナ，ソビエト連邦。
(137) Ibid., pp. 10-12.

◆ 第2章 ◆　海洋汚染の防止と国家の管轄権

している。そして，社会主義諸国は主として棄権にまわっている，ということがわかる。この IMCO における対応の仕方は，当然のことながら，ほぼそのまま海洋法会議の第3小委員会での対応の仕方につながっているのである。

　ところで第9条削除によって，沿岸国が自国管轄権内において汚染防止のためにいかなる措置がとりうるのかという問題が，この条約の中では未決定のまま残された。そこで二つの考え方が出てきた。一つは，第9条削除によって締約国が自国の管轄権内で行動する自由は完全に残っている，とする考え方であり，もう一つは，第9条削除によって締約国は自国の管轄権内でこの条約で規定された以外の基準を課すことはできない，とする考え方である(138)。この問題に関しては，第9条否決に伴い各国が自由に立場を確認するためのステートメントを書面で提出しているが，そこでほとんどの国が（オーストラリア(139)，カナダ(140)，アイルランド(141)，ニュージーランド(142)，フィリピン(143)）前者の，締約国は自国管轄権下の水域で海洋環境の汚染を防止するためにいかなる条件でも合法的に課すことができる，とする立場を述べている。この中で日本ただ1国，「現在有効な海洋国際法の下では，いずれの沿岸国も適切な国際規則や基準に従って認められたものの他，自国管轄権内で海洋汚染の防止のために外国船舶に対して適用される一方的な措置をとる権利を持つものではない(144)」として後者の立場を主張している例があるのみである。

　さて以上 1973 年条約の審議経過について，3 において寄港国管轄権に，4 において沿岸国管轄権に焦点を当て検討してきた。ここで，結果的に採択された条約についてその特徴を簡単に見ておこう。

　1973 年条約(145)は，本文 20 カ条と五つの付属書から成っている。付属書は

---

(138) こうした考え方は，総会でのカナダの発言（MP/CONF/SR. 11, pp. 8-9.）およびイギリスの発言（MP/CONF/SR. 11, p. 10.）の中に見られる。
(139)　MP/CONF/WP. 31.
(140)　MP/CONF/WP. 34.
(141)　MP/CONF/WP. 36.
(142)　MP/CONF/WP. 33.
(143)　MP/CONF/WP. 37.
(144)　MP/CONF/WP. 42. なお同じ考え方は，総会でのイギリスの発言（MP/CONF/SR. 11, pp. 9-10.）の中にも見られる。

◇第1節◇ 海洋汚染の防止に関する旗国主義の動揺

〔I〕～〔V〕までそれぞれ，〔I〕油による汚染の防止のための規則，〔II〕ばら積みの有害液体物質による汚染の規制のための規則，〔III〕容器に収納した状態で海上において運送される有害物質による汚染の防止のための規則，〔IV〕船舶からの汚水による汚染の防止のための規則，〔V〕船舶からの廃物による汚染の防止のための規則，について規定している。この付属書〔I〕，〔II〕は条約受諾の際義務的（mandatory）となるが，〔III〕，〔IV〕，〔V〕は受諾するか否か選択できる（optional）ことになっている（第14条）。

以下，主として1954年条約と比較する形で1973年条約の特徴を見てゆくと，まず第1に，条約適用対象となる船舶が海洋で活動しているすべての船舶に拡大されたことがあげられる。そしてこれには，固定および浮遊式プラットホームも含まれることになった（第2条4項，第3条1項）。ただし，軍艦，海軍補助船，政府船舶が除外されているのは従来どおりである（第3条3項）。

次に規制対象となる物質が，油および油以外のすべての有害物質に拡大されたこと（第2条2項，付属書I～V），そして規制対象となる油が，持続性油のみでなく，ガソリン等の非持続性油にも拡大されたことも特徴としてあげられる（付属書I第1規則）。

さらにこの条約では，油の排出許容基準がいっそう厳しくされている。すなわち，(1)タンカーからの油および油性混合物の排出の場合には，(イ)最も近い陸地から50カイリ以上離れていること，(ロ)正規の航路を航行中であること，(ハ)瞬間排出率が1カイリにつき60リットルを超えないこと，(2)総排出許容量は，新造タンカーについては総貨物容積の3万分の1，在来タンカーについては1万5千分の1を超えないこと，という条件が課されている（付属書I第9規則(1)・(a)）。また，(2)タンカー以外の船舶からの油および油性混合物の排出については，400総トン以上の船舶は，(イ)最も近い陸地から12カイリ以上離れていること，(ロ)正規の航路を航行中であること，とされている（付属書I第9規則(1)・(b)）。

以上は，規制の対象範囲の拡大および基準の厳格化という方向からの特徴で

---

(145) 条約文については，IMCO, International Conference on Marine Pollution, 1973 を参照した。

◆第 2 章◆　海洋汚染の防止と国家の管轄権

あるが，さらにこの条約での大きな特徴として，船体構造や設備の面からの規制の考え方がとられていることがあげられる。たとえば，(1)タンカーからの油および油性混合物の排出の場合，船舶は，排出監視およびコントロール装置，スロップタンクを装備することが義務づけられており，(付属書Ⅰ第9規則(1)・(a))，(2)タンカー以外の船舶からの油および油性混合物の排出の場合，船舶は排出監視およびコントロール装置，油水分離器またはオイルフィルターの装備が義務づけられている（付属書Ⅰ第9規則(1)・(b))。また，すべての7万重量トン以上の新造タンカーは，専用バラストタンクの設置を義務づけられている（付属書Ⅰ第13規則)。その他付属書ではこれに関連する規定は非常に詳細である。

　その他の点，例えば条約の実施に関して，対象船舶が締約国の検査に服すること（第5条2項，第6条2項)，違反が発見された場合船舶の行政府に証拠提出をも含め報告がなされること（第6条2項，3項)，それに基づいて旗国により司法的手続がとられ（第6条4項)，旗国国内法により処罰がなされること（第4条1項）など基本的には1954年条約と変わりはない。

　また1973年会議では同時に「1973年議定書」が採択されているが，これは1969年の「公法条約」の規定対象を「油以外の物質」にも拡大したものであって，基本的には同条約と同じ内容を持つものである。

　IMCO1973年条約は以上に見たように，従来の条約に比べると，規制の内容の強化，規制対象の拡大など「技術的な面では」一定の前進はあったといえよう。しかし，重要な争点であった管轄権問題については，不確定要素を残したということで一定の変化はあったというものの，結局未解決のまま残されたわけである。そして結果として見れば，1973年条約は，伝統的海洋法上の原則であった旗国主義の枠を外せなかったわけであり，現代国際社会の構造変化に十分対応したものということはできない。今や問題とされているのは，海洋汚染防止に関する「技術的な面での」対応ではなく旗国主義の原則それ自体をどうするかということなのである。そうした国際社会の要請に応えきれないIMCOのこの条約が，多くの国によって受容され，実効性のあるものとして機能しうるかどうかは疑問であろう。

◇第 1 節◇ 海洋汚染の防止に関する旗国主義の動揺

5 おわりに

　IMCO における作業の特徴を考えると，それが著しく海運国側の立場を持っていることをあげることができる。この特徴は，IMCO 内の主要な機関である，理事会，海上安全委員会の海運国を主体とした構成，そして IMCO 憲章にあるこの機構の目的自体によく現われていると思われる。すなわち，IMCO 理事会は，18 の加盟国により構成されるが，その構成国[146]については，(a) 6 カ国は国際船舶輸送に関して最も大きな利益を持っている国であること，(b) 6 カ国は国際海上貿易に最も大きな利益を持っている国であること，(c) 以上の(a)もしくは(b)でも選出されなかった海上輸送あるいは海上航行に特別な利益を持っている国であること，とされている（IMCO 憲章第 17 条）。また，IMCO 海上安全委員会は 16 カ国により構成される[147]が，そのうち 8 カ国は 10 の最大船腹保有国の中からの選出が必要とされている（IMCO 憲章第 28 条）。

---

[146] 本節初出時の 1971 年における理事会の構成国は次のとおりである。アメリカ（議長国），アルジェリア，オーストラリア，ベルギー，ブラジル，カナダ，西ドイツ，フランス，ガーナ，ギリシャ，インド，イタリア，日本，オランダ，ノルウェー，ポーランド，ソビエト連邦，イギリス（Year Book of the United Nations, 1971, p. 757）。

　なお，現在は，理事会は 40 カ国で構成され，(a)に属する国 10 カ国，(b)に属する国 10 カ国，(c)に属する国 20 カ国となっており（IMO 憲章第 16 条），2018～2019 年期における構成国はそれぞれ次のとおりである。(a)中国，ギリシャ，イタリア，ノルウェー，パナマ，韓国，ロシア，イギリス，アメリカ，(b)オーストラリア，ブラジル，カナダ，フランス，ドイツ，インド，オランダ，スペイン，スウェーデン，(c)バハマ，ベルギー，チリ，キプロス，デンマーク，エジプト，インドネシア，ジャマイカ，ケニヤ，リベリア，マレーシア，マルタ，メキシコ，ペルー，フィリピン，シンガポール，南アフリカ，タイ，トルコ。

[147] 本節初出時の 1971 年における海上安全委員会の構成国は次のとおりである。オランダ（議長国），アルゼンチン，カナダ，エジプト，西ドイツ，フランス，ギリシャ，イタリア，日本，ノルウェー，パキスタン，スペイン，スウェーデン，ソビエト連邦，イギリス，アメリカ（Year Book of the United Nations, 1971, p. 757）。

　なお，現在は，海上安全委員会はすべての加盟国により構成される（IMO 憲章第 27 条）。

さらに IMCO 憲章第 1 条は，この機関の目的として，

　(a) 国際貿易に従事する海運に影響のあるすべての種類の技術的事項に関する政府の規制および慣行の分野において，政府間の協力のための機構となり，……

　(b) 海運業務が世界の通商に差別なしに利用されることを促進するため，政府による差別的な措置および不必要な制限で国際貿易に従事する海運に影響のあるものの除去を奨励すること。……

を掲げている。これらの特徴を持つ IMCO が，以上見てきたように海洋汚染防止条約の作成作業において，伝統的海洋法上の大原則である旗国主義を結局すてきれなかったことは，全く当然のことであるといえるであろう。IMCO は技術的問題に関する政府間の協力のための機構としては有効であるかもしれないが，現在のように動揺期にある海洋国際法の中で，汚染に関する一般的な条約を定立する機関としては，自ら限界を持っているように思われる。

　これまで見てきたように，海洋汚染防止の問題は，すでに技術的な規制という点から，旗国主義の原則それ自体をどうするかという点に至っている以上，これは海洋法制度全体の中で考えられねばならない問題である[148]。そうして見たときに，第 3 次海洋法会議の第 3 小委員会を中心とした作業は注目される。問題はもはや，IMCO ではなくここに移っているといえよう。ここは，前述したような IMCO 的枠にとらわれず，海運国，沿岸国そして内陸国までも含めた世界のほとんどすべての国々の参加により，従来の海洋法制度に全面的な再検討が加えられようとしている場であり，ここにおいて，国際社会の変化に対応した新しい海洋汚染防止条約が定立されると思われる。しかしその作業の検討は別稿の課題としたい。

---

(148) 同様な意見を述べるものとして see Lucius C. Caflisch, "International Law and Ocean Pollution: The Present and the Future", *Revue Belge de Droit International*, 1972, No. 1.

◇第2節◇ 海洋汚染の防止に関する旗国主義の衰退

◆ 第2節 ◆ 海洋汚染の防止に関する旗国主義の衰退
―― 国連海底平和利用委員会の議論を中心として

1 はじめに

　伝統的海洋法に全面的再検討が加えられようとしている国連第3次海洋法会議において，海洋環境保全問題は，軍事問題と資源問題に並ぶ第3の柱として登場している。近年の産業の無秩序な発展に伴う海洋汚染の深刻化と，それのもたらす多くの被害は，我々に海洋の浄化力の有限性とともに国際的対応の必要性を認識させた。

　もちろん，これまで海洋汚染の国際的規制の試みがなされなかったわけではない。それには大きく分けて二つの流れがあるであろう。その一つは，1958年に国連の専門機関として発足した政府間海事協議機関（IMCO）によるものである。IMCOは，1954年の海水油濁防止条約[1]を1962年，1969年，1971年と改正し[2]，1973年には，油以外の物質をも対象とした総合的な海洋汚染防止条約[3]を成立させている。また，1969年には，船舶の事故による油濁を対象とした国際条約[4]も成立させた。もう一つの流れは，国連を舞台にしてなされたものである。これには，1972年の人間環境会議における原則宣言[5]

---

(1) International Convention for the Prevention of Pollution of the Sea by Oil, 1954 (*British Shipping Laws,* vol. 8, pp. 1158-1170).

(2) こうした改正については，IMCO, International Convention for the Prevention of Pollution of the Sea by Oil, 1954 (including the amendments adopted in 1962), pp. 4-47, pp. 48-57, pp. 58-77 を参照。

(3) International Convention for the Prevention of Pollution from Ships, 1973 (*International Legal Materials,* Vol. 12, 1973, pp. 1319-1444).

(4) International Convention Relating to Intervention on the High Seas in cases of Oil pollution Casualities, 1969 (*International Legal Materials,* Vol. 9, 1970, pp. 25-44). International Convention on Civil Liability for Oil Pollution Damage, 1969 (*International Legal Materials,* Vol. 9, 1970, pp. 45-67).

(5) Declaration of the United Nations Conference on the Human Environment, 1972

◆第2章◆　海洋汚染の防止と国家の管轄権

の採択，また1972年の海洋投棄規制条約(6)の採択があげられる。1973年以降の第3次国連海洋法会議第3委員会における試みも，この流れの一つと考えられよう。

　我々は，本章第1節において，1973年のIMCOによる海洋汚染防止条約の作成過程を中心として見ることにより，IMCO条約がはたして実効性のあるものであったか，もし実効性がないとしたらそれは何故であり，いかなる問題点がそこにあるのかについて検討した。そしてその結果，IMCO条約は実効性に乏しく，その理由は実施に関して旗国主義の原則を保持していることにあること(7)，その克服のため旗国管轄権に変わる寄港国管轄権や沿岸国管轄権の考え方が出されてきていることを指摘した。そして，その考えが一定の力を持ちつつも，1973年条約作成会議では条約として明記されるに至らなかったこと，そして，それはIMCOの組織としての限界であろうことを第1節で明らかにした。

　そこで本節では，同様な視角から，第3次国連海洋法会議の準備会議としての役割を与えられた海底平和利用委員会におけるこの問題の展開を検討してみたい。まず2では，海底平和利用委員会の任務と性格を明らかにし，次に3では，寄港国管轄権に関する議論について検討し，さらに4では，沿岸国管轄権について，行使範囲と基準設定権に分けて見てゆくことにする。そして5において，海底平和利用委員会が達成しえた成果について見ることにする(8)。

　(*International Legal Materials* pp. 1416-1421).

(6)　International Convention on the Dumping of Wastes at Sea, 1972 (*American Journal of International Law,* Vol. 67, 1973, pp. 626-636).

(7)　旗国主義が桎梏となってIMCO条約の実効性が確保されないことについて，see E. Du Pontavice, "Pollution,"*The Future of the Law of the Sea* (ed. by L.J. Bouchez and L. Kaijen), Marinus Nijhoff 1973, p. 118.

(8)　海底平和利用委員会全体の審議経過を最も詳細に紹介したものとしては，小田滋「国際連合における海洋法の審議（1971年-1973年）」『海洋法研究』（有斐閣，1975年）177頁以下を参照。

◇第2節◇ 海洋汚染の防止に関する旗国主義の衰退

2 海底平和利用委員会と新海洋法会議の開催

　周知のように，国家の管轄権の限界を越える深海底の問題が国連で本格的に検討される契機となったのは，1967年の国連第25総会に対するマルタの提案であった。それは，技術進歩による深海底の開発可能性を背景として，深海底の資源が人類全体の利益のために平和的に利用されるような新しい国際制度を樹立することを求めるものであった(9)。これに応じて，国連総会は，決議2340（XXII）を採択し，深海底制度の研究のための海底平和利用アド・ホック委員会を発足させた。

　翌年の第23総会で常設化が決定され，深海底の探査と利用に関する法制度および規則を作成するよう指示された海底平和利用委員会(10)は，1968年，69年，70年と作業を継続し，1970年の第25総会において，深海底制度の今後の発展方向を規定するような重要な意味を持つ，「国家の管轄権の限界を越える海底及びその下を律する原則の宣言(11)」を成立させている。

　1969年の第24総会に対し，再びマルタ代表は，深海底の範囲を明確にするために大陸棚条約を再検討する会議を開催する是非について各国の意見を照会し，その結果を第25総会で報告するよう事務総長に要請する決議案を提出した(12)。これに対し，多くの発展途上国により，海洋法の諸問題は相互に密接に関連しているので，その会議では，大陸棚条約を含むジュネーブ海洋法条約全体を再検討することを求める修正案が提出された(13)。前者の会議の目的を限定する提案は，主に，日本，アメリカなど西側海洋先進国およびソ連などの社会主義国により支持され(14)，後者の会議の目的をより拡大する提案は，発展途上国であるアジア，アフリカ，ラテンアメリカ諸国によって支持された

---

(9)　A/6695, A/C.1/PV.1515, pp. 1-15, A/C.1/PV.1516, pp. 1-3. 高林秀雄「深海海底を律する原則宣言」『海洋開発の国際法』（有信堂高文社，1977年）168-169頁。
(10)　総会決議2467A（XXIII）。
(11)　総会決議2749（XXV）。その分析と評価については，高林・前掲注(9)を参照。
(12)　A/C.1/PV.1675, pp. 8-9.
(13)　A/C.1/PV.1678～1709.
(14)　たとえば，日本，A/C.1/PV.1678, pp. 1-2，アメリカ，A/C.1/PV.1709, pp. 4-6，ソ連，A/C.1/PV.1708, pp. 13-15.

◆第2章◆　海洋汚染の防止と国家の管轄権

が⁽¹⁵⁾、結局後者の修正案が多くの支持を得て、以下の内容を持つ決議2574A (XXIV) として採択された⁽¹⁶⁾。それは、「公海、領海、接続水域、大陸棚、その上部水域、国家の管轄権の限界を越える海底および海床の問題は、相互に密接に関連しているという事実を考慮し」、「1958年の大陸棚条約は、沿岸国の管轄権の及ぶ限界について明確に定義していない」ので、「国家の管轄権の限界を越えた海底および海床区域の明確で国際的に受入可能な定義を、その区域に確立される国際制度に照らして得る目的で、早期に、公海、大陸棚、領海、接続水域、漁業および公海における生物資源の保存の制度を再検討するための海洋法会議を開催することが望ましいか否かについての加盟国の見解を確認し、その結果につき第25総会で報告することを事務総長に要請する」、というものである。

さて、決議2574Aに基づいて事務総長が加盟国に見解を求めたところ、74カ国の回答があり、その大多数は海洋法会議が早期に開催される必要を認めていたが、そこで検討されるべき議題の範囲については見解が分かれていた。西側海洋先進国および社会主義国は、ほぼ一致して、ジュネーブ条約により解決ずみの問題はその検討対象とされてはならず、未解決ないしその後の新しい発展により緊急に解決を必要としている問題に範囲が限定されること、また、それぞれにつき個別的解決がなされることを主張した。そして具体的には、領海幅員、大陸棚の限界、深海底制度の確立、海洋環境保全等の問題がとりあげられるべきであるとした。

それに対し、アジア、アフリカ、ラテンアメリカの発展途上国の多くは、海洋法の諸問題は相互に密接に関連しているので、個別的解決がなされてはならず、また対象を未解決の問題に限定することなく海洋法のあらゆる問題が総合的に検討される必要があるとして、ジュネーブ条約を含む現行海洋法の全般的再検討を目的とする会議の開催を主張した⁽¹⁷⁾。

---

(15)　たとえば、トリニダード・トバゴ、A/C. 1/PV. 1708, p. 5、ガイアナ、A/C. 1/PV. 1708, p. 7、チリ、A/C. 1/PV. 1708, p. 11.

(16)　小田滋『海の資源と国際法 II』(有斐閣、1972年) 204-207頁。R. P. Anand, *Legal Regime of the Sea-Bed and the Developing Countries*, 1976, pp. 187-189.

(17)　A/7925.

◇第2節◇ 海洋汚染の防止に関する旗国主義の衰退

　第1委員会に付託されたこの問題の審議は，海洋先進国，発展途上国双方から多くの提案が提出され[18]，また活発な舞台裏交渉が展開されたが[19]，結局，後者の途上国の主張をもり込んだアメリカ，カナダ，ケニヤ，エクアドル等25カ国提案が，賛成100，反対8，棄権6の圧倒的多数で採択され，さらに本会議でも同様に採択されて，決議2750C（XXV）となった[20]。

　同決議によれば，総会は，1973年に海洋法会議を開催し，そこでは「国家の管轄権の限界を越える海底区域およびその資源のための国際機関を含む衡平な国際制度の設立，この区域の範囲の明確な定義，および，公海，大陸棚，領海（その幅員と国際海峡の問題を含む），接続水域，漁業および公海の生物資源の保存（沿岸国の優先権の問題を含む），海洋環境の保全（とりわけ汚染防止を含む），ならびに科学的調査の制度を含む広汎な関連事項を取扱う」こととされた。さらに，この決議は，海底平和利用委員会の構成国を86カ国に拡大し，同委員会に新海洋法会議のための準備を行なわせ，国際海底制度については条約案を，その他の事項については会議で扱われるべき問題のリストおよび条約案を作成することを指示していた。

　これまで見てきたように，新海洋法会議の開催は，当初は深海底の範囲を明確にするために大陸棚条約を再検討する目的で提案されたものであった。ところが，その後1970年の決議2750C（XXV）においては，新海洋法会議の検討対象は，深海底制度に限定されずあらゆる海洋法をめぐる事項に拡大されている。そして，前者の限定は，主として海洋先進国により，後者の拡大は発展途上国により主張されたものであった。

　この途上国の主張がとり入れられて検討対象となる事項が拡大されたことは，次の様な意味を持っているであろう。すなわち，決議2570C（XXV）前文にも見られるように，多くの途上国はジュネーブ条約作成時には国家として独立しておらず，したがってその形成に主体として参加していないのであり，自らの意思を表明した形で海洋法を定立することを要求したのであった。そして，ジュネーブ条約に表されている伝統的国際法は，海洋を実際に利用する能力を持っ

(18)　A/C. 1/PV. 1773-1801.
(19)　外務省国連局政治課『国際連合第25総会の事業（上）』（1970年）272頁。
(20)　小田滋『海の資源と国際法Ⅱ』（有斐閣，1972年）248-255頁。

◆第 2 章◆　海洋汚染の防止と国家の管轄権

た大海洋国の意思を背景に形成されてきたものであるので(21)，途上国の全面的再検討の主張は，すなわち伝統的海洋法の全面的変更をせまるものである。後者の主張が取り入れられたことは，途上国の国際社会への登場に伴う国際社会の構造変化により，既存の海洋法の妥当性がもはや国際社会の多くの国家により疑問とされ，それに替る新しい海洋法秩序が樹立されることが必要との国際社会における一般的認識を示すものである(22)。

こうして，1967 年に成立し，1968 年に常設化された海底平和利用委員会は，1970 年より拡大されて，新海洋法会議の準備委員会としての役割を与えられ，1971 年より 73 年までその作業を続ける。そこでの作業は，問題別に三つの小委員会を設置して行なわれ，海洋汚染防止を含む海洋環境保全の問題は第 3 小委員会に委託された。第 3 小委員会は，その後 5 会期にわたり活動し，最終会期には，後で見るように不完全ながらも条約案を作成するに至る。次にそこでの作業を検討してみよう(23)。

(21)　高林秀雄「海洋に関する現代国際法の動向」『思想』第 498 号（1965 年）を参照。
(22)　こうした一般的認識は，多くの途上国により表明されていた。海洋法会議開催問題を審議した第 25 総会では，たとえば，トリニダード・トバゴ，A/C. 1/PV. 1778, p. 5，ケニヤ，A/C. 1/PV. 1781, p. 9，フィリピン，A/C. 1/PV. 1782. 海底平和利用委員会では，たとえば，ペルー，A/AC. 138/SR. 46, pp. 13-21，チリ，A/AC. 138/SR. 48, pp. 37-42，モーリシャス，A/AC. 138/SR. 62, pp. 23-25. また，高林秀雄「深海海底区域の定義」田畑茂二郎先生還暦記念『変動期の国際法』（有信堂，1973 年）140 頁。R. Y. Jennings, "A Changing International Law of the Sea," *Cambridge Law Journal,* 31 (1), April 1972, p. 33. Joyce A. C. Gutteridge, "The U. N. and the Law of the Sea," *New Directions in the Law of the Sea,* (ed. by R. Churchill, K. R. Simmonds, J. Welch), Vol. III, 1973, pp. 315-317 を参照。なお，伝統的海洋法秩序に変わって新海洋法秩序が求められる要因としては，発展途上国の登場とともに科学技術の進歩があげられるが，前者がより基本的な要因といえよう。なぜならば，後者のみであったなら，新しく発生した問題について個別的解決がなされればたりるからである。この点について，高林秀雄「200 カイリ資源管轄権の主張」『海洋開発の国際法』（有信堂，1977 年）28 頁を参照。
(23)　第 3 小委員会での審議は終始一般討論として行なわれており，条約案作成のための実質審議は，1973 年からの第 2 作業部会の活動によってはじめて開始される。ところが，この作業部会は議事録を残しておらず，したがって第 3 小委員会全体としての審議経過は，一般討論の中での各国の提案や発言等によって，断片的にうかがい知ることができるにすぎない。なお，小田滋『海洋法研究』（有斐閣，1975 年）159 頁を参照。

◇第2節◇ 海洋汚染の防止に関する旗国主義の衰退

3 海底平和利用委員会における寄港国管轄権の主張

　IMCOにより作成されてきたこれまでの海洋汚染防止条約は，その実施を旗国のみに限定しており(24)，したがって実効性に乏しいことを理由として，旗国のみならず船舶の寄港する国に対しても訴追をも含む司法的手続をとりうる権限を与え，そうすることにより条約の実効性を高めようとする主張は，海底平和利用委員会においてもなされている。

　そもそもこの寄港国管轄権の考えは，IMCOによる1973年海洋汚染防止条約の作成過程において，カナダ，アメリカ，オランダによりそれぞれ提案され，それがオーストラリア，ニュージーランド等による一定の支持を得つつも，イギリス，日本等の海運国，および，ソ連，ポーランド等の社会主義国の反対に会い，当初提案の寄港国の行使しうる権限を限定する方向で妥協を重ねてゆく。そして，最終的には，旗国優先訴追権，罰則種類制限，訴追有効期間，保釈条項等を規定することにより，寄港国の管轄権は旗国に条約の実施をうながすという程度のきわめて限定されたものとなるにもかかわらず，結局否決されるという経緯をたどる(25)。

　さて，時期を同じくして開催された海底平和利用委員会においても，IMCOにおけると同様，この提案は，アメリカ，カナダ，オランダによりなされている。以下，性格の異なると思われる前2提案について簡単に見ておくことにしたい(26)。オランダ提案については，寄港国と沿岸国そして旗国との関係が必ずしも明らかでなくその性格が理解しえないので，注に引用するにとどめる(27)。

---

(24) 1954年海水油濁防止条約第3条3項（62年改正以降第6条1項），また，1973年海洋汚染防止条約第4条1項を参照。なお，1969年の公法条約で，油濁事故の場合には沿岸国の一定の介入権を認めている。

(25) この経緯につき，本章第1節3頁を参照。

(26) これらの提案については，水上千之「海洋汚染規制に関する国家管轄権の拡大について」『国際法外交雑誌』第76巻第5号（1977年），60-65頁を参照。

(27) オランダ提案（A/AC. 138/SC Ⅲ/L. 48）は，管轄権について次の様に規定している。すなわち，旗国による自国船に対する管轄権（第1条1項）に加えて，寄港国は，この条約あるいは他の国際条約もしくは一般的に受け入れられた国際規則に違反して有

93

◆第2章◆　海洋汚染の防止と国家の管轄権

　はじめに，アメリカ提案[28]は，「基準を実施する一般的権限」と題するC項において，締約国は，一般的に，自国登録船舶に対し（第7条1項），および，自国領海内で違反行為をした自国領海内にある船舶に対し（第7条2項(b)），本条約を実施しうるとしたあと，違反の場所にかかわりなく，自国の港ないし沖合停泊地にある船舶に対し，違反がなされてから〔3年〕以内であれば，同様に実施措置をとりうるとする（第7条2項(a)）。

　さらに，「船舶に対する協力的な実施措置」についてのD項では，より詳しい寄港国の管轄権についての規定が見られる。すなわち，領海内外を問わず，船舶は，国際基準違反の疑いがある場合には，沿岸国の求めに応じ，その船名，登録国等の情報を提供せねばならず（第8条），船舶が何らかの環境上の要請に従わない場合，もしくは，汚染源を確認するための査察を拒否した場合には，締約国は寄港を拒否しうる（第9条）。また，締約国は，船舶の違反を疑う十分な理由がある場合には，旗国もしくは寄港国に違反およびその証拠を通報せねばならず（第10条），通報を受けた寄港国は，その船舶が違反後6カ月以内に寄港した場合には，ただちに調査を開始し，司法的手続を含めたその結果について，旗国および通報国に通告せねばならない（第11条）。また，旗国は司法的手続をとる義務を負う（第12条）。

　アメリカ提案は，同時に，「船舶に対する異常な実施措置および介入」と題するE項において，沿岸国は旗国が自国船舶に対し条約の実施を不当に怠った場合に，本条約で設立される紛争解決機構の判断の下に，追加的実施措置をとることができ（第14条），また，国際基準違反に関連していると思われる行

　害物質を排出した船舶に対し，司法的手続をとることができる（第2条1項）。ただし，その手続は，(a)違反時より〔3〕年以内に開始されねばならず，(b)旗国との別段の合意のない限り，罰金以外の罰則は課し得ない（第2条2項(a), (b)）。手続が複数の締約国により競合する場合には，以下の優先順位に従って行使される（第2条3項）。(a)沿岸の陸地から一定の距離内で守られるべき特別な規則が存在し，かつ違反がその範囲内でなされた場合の当該沿岸国，(b)違反が，最も近い陸地から〔100〕カイリ以内でなされた場合の当該沿岸国，(c)船舶の旗国，(d)船舶の旗国と協議後の他のすべての締約国（第2条4項(a), (b), (c), (d)）。以上のように，この提案からは，沿岸国と旗国との手続優先権については理解しうるが，寄港国がどこに位置するのか明らかでない。

(28)　A/AC.138/SC III/L.40.

◇第2節◇ 海洋汚染の防止に関する旗国主義の衰退

為による汚染から自国沿岸への重大な損害を避けるために，合理的な緊急実施措置をとることができる（第15条）としており，沿岸国の実施権について規定しているが，前者は便宜置籍を念頭に置いたものであり，後者は緊急時の権限についてであって，どちらも例外的なものということができ，原則的に沿岸国管轄権を採用しているのではない。なお，アメリカ提案は，IMCOに提出されたもの(29)より規定が詳細となっているが，寄港国の管轄権について基本的に異なる内容を持つものではない。

それに対してカナダの主張するところを見てみよう。カナダは，IMCO1973年会議準備会議の段階から寄港国管轄権方式を提案し，本会議でも一貫して主張してきたが(30)，海底平和利用委員会においても，その立場を基本的に放棄はしていない。カナダは，海底平和利用委員会に，1973年会議準備会議最終草案(31)の該当部分を作業文書として提出し(32)，同会議において寄港国管轄権に関する議論が存在したことを示し，さらに，同会議に対して提出したカナダの修正案(33)を海底平和利用委員会にも提出することによって，その立場を明らかにしている。

「船舶からの汚染の防止」と題するカナダの作業文書(34)によれば，条約違反に対しては，船舶の旗国，および，締約国管轄権内でそれがなされたのであれば当該沿岸国によって司法的手続がとられるのであるが（第4条1項，2項），違反場所にかかわりなく，船舶が締約国に寄港しているのであれば，その締約国によって司法的手続がとられる。ただし，その手続は，違反時から〔3〕年以内に開始される必要がある（第4条3項）。もっとも，違反が他国管轄権下の水域でなされた場合には，その国による明示の要請がない限り，手続はとられてはならない（第4条4項）。また，旗国によるもののほか，二重に手続がとられてはならない（第4条5項）。

---

(29) MP/CONF/8/9.
(30) 本章第1節3(1)および(2)頁を参照。
(31) PCMP/8/3.
(32) A/AC. 138/SC.Ⅲ/L. 37.
(33) MP/CONF/8.
(34) A/AC. 138/SC.Ⅲ/L. 37/Add. 1.

◆第2章◆　海洋汚染の防止と国家の管轄権

　以上のカナダの提案には，前文が付加されており，そこでは「これらの提案の目的は，適切な状況の下では，旗国のみでなく沿岸国にもまた条約の実施を許すということであり，さらに，条約が，沿岸国のその管轄権内の水域で特別な措置をとる権限を棄損しないことを確保することである」と，寄港国のみでない沿岸国に対する条約実施権の付与が強調されている。カナダは，当初より，沿岸国管轄権内については沿岸国の実施権を主張しており(35)，沿岸国管轄権外の水域については寄港国の実施権を主張するものであって，両者が対立的にとらえられてはいないのであるが，海底平和利用委員会の段階においては，後でも見るように，その主張に寄港国管轄権から沿岸国管轄権への重点の移行が見られるように思われる。たとえば，一般討論におけるカナダの発言では，沿岸国管轄権の付与の必要性・正当性は随所において強調されているが(36)，寄港国管轄権については直接には一言もふれられていないのである。1970年に，カナダは，その北極海水域沿岸100カイリ内において海洋汚染防止のために管轄権を行使しうるとする北極海汚染防止法を，アメリカの強い抗議にもかかわらず成立させたことから見ても(37)，また，その後の人間環境会議の準備段階以降に主張してきたことから見ても(38)，寄港国管轄権よりむしろ，沿岸国管轄権を強調してきたといえるであろう。

　このように，以上の2提案とも，条約の実施について寄港国に管轄権を付与する点においては同一であるが，沿岸国管轄権との関係，すなわち寄港国管轄

---

(35)　たとえば，IMCO1973年会議における沿岸国の管轄権の行使範囲の議論について，カナダは，「領海」ではなく，「管轄権」の語を使用することを主張していた。これについては，本章第1節67頁を参照。なお，この提案においても，当然のことながら，同様の主張が見られる（第4条2項）。

(36)　たとえば，A/AC. 138/SC Ⅲ/SR. 10, p. 121, A/AC. 138/SC Ⅲ/SR. 19, pp. 91-92 を参照。

(37)　この議論については，小田滋・水上千之「カナダの汚染防止水域──1970年北極海汚染防止法」『法律のひろば』第26巻2号（1973年）を参照。また，see Albert E. Utton, "The Arctic Waters Pollution Prevention Act, and the Right to Self-Protection," *Int'l Environmental Law,* Praeger 1974, pp. 140-153.

(38)　こうしたカナダの主張について，芹田健太郎「海洋環境保全に関するカナダ案について」『神戸商船大学紀要第1類・文科論集』第22号（1973年）を参照。

96

◇第2節◇ 海洋汚染の防止に関する旗国主義の衰退

権の位置については，性格の異なるものを持っている。

　アメリカ提案は，違反場所を限定せず寄港国の管轄権を主張しており，沿岸国が管轄権を行使しうるのは，さきに見たように，例外的な場合に限定している。そして，一般討論においても，「沿岸国に管轄権を付与することは，海運国と沿岸国の利益，権利，義務のバランスをとることにはならず，紛争の原因となって危険な自助を助長することになる[39]」と述べて，明確に沿岸国管轄権を否定しているのである。

　それに対して，カナダの提案においては，すでに述べたように，寄港国管轄権は，沿岸国管轄権内（領海内ではない）での違反については，優先しないことが規定されている。したがって，カナダ提案では，沿岸国の管轄権内での違反については沿岸国管轄権が優先し，沿岸国の管轄権外での違反については寄港国の管轄権が及ぶという形をとることにより，両者が相互に排除し合うものではなく，統一したものとして考えられているといえよう。

　以上見たように，同じ寄港国管轄権の立場に立つといっても，アメリカのそれは沿岸国管轄権を否定した形で存在するのであり，カナダのそれは相互に補完し合う形で存在するのである。したがって，この二つの立場は本質的には全く異なるものであって，前者は自由な海運に対する障害が最も少ない形で海洋汚染の規制を行なうことを意図する海運国の立場であり，後者は海洋環境の保全を重視する非海運国の立場であるといえよう。したがって，後者は，沿岸国管轄権を主張する発展途上国によって支持される可能性を含むものであった。

　しかし，海底平和利用委員会においては，この寄港国管轄権の提案は大きな議論の対象とならず，これに直接異議を唱えた国もなかった。そして，伝統的海洋法の全面的再検討を目的とする本委員会段階では，IMCO1973年会議と異なり，海運国と沿岸国の利害のより直接的対立を示す沿岸国管轄権の問題に，議論の中心点が移行して行ったのである。

---

(39) A/AC. 138/SC Ⅲ/SR. 25, p. 58.

97

◆第2章◆　海洋汚染の防止と国家の管轄権

4　海底平和利用委員会における沿岸国管轄権の主張

　海洋汚染の防止に関し，沿岸国にその沿岸海域における管轄権を付与し，そうすることによって汚染防止の実効性を確保しようとする考えは，IMCO1973年条約の審議過程でも見られたが，海底平和利用委員会においてはより明確な主張となって現れる。

　第1節の検討から明らかなように[40]，IMCO1973年会議において議論となったのは，沿岸国の管轄権を行使しうる範囲について，それを「領海」と表現するか，「管轄権下の水域」と表現するかであり，来るべき第3次海洋法会議をにらんでの管轄権の拡大の制約可能性についてであった。すなわち，前者については，海運国グループが領海外への沿岸国の管轄権拡大を阻止しようとして主張したのであり，後者については，沿岸国グループが，具体的には200カイリ水域等を念頭に置きながら，沿岸国管轄権の拡大を意図したのである。したがって，ここでは範囲を明示した提案はいまだ登場するに至っていない。しかし，伝統的海洋法の全面的再検討をその任務とする海底平和利用委員会においては，以下に見るように，海運国，沿岸国それぞれの立場から，数多くの具体的提案が提出されることになる。また，管轄権内での基準設定権の問題についても，範囲に対応してより多種の具体的提案が提出されている。

　以下，(1)において管轄権の行使範囲について，(2)において管轄権内での基準設定権について，各国の主張するところを見てみよう。

(1) 管轄権の行使範囲

　管轄権の行使範囲については，大別して三様の主張がみられる。一つは，200カイリ管轄権主張と関連して，その範囲内で沿岸国が汚染防止管轄権を持つとするものであり，一つは，具体的距離は必ずしも特定されないが，カナダの主唱してきた管理者資格（custodianship）に基づいて主張されるものであり，もう一つは，50カイリ程度の比較的狭い汚染防止水域を主張するものである。以下，順次，各国の提案および会議での発言を中心に，その主張するところを

---

(40)　本章第1節67-73頁を参照。

見てみよう。

(i) 200カイリ管轄権に基づく沿岸国主義

200カイリ管轄権主張との関連で，その中での汚染防止管轄権を主張する提案としては，200カイリ排他的経済水域をその基礎とするケニヤ提案と，200カイリ領海主張に基づく，エクアドル，エルサルバドル，ペルー，ウルグアイ共同提案を見ることができる。

まず，ケニヤ提案[41]から見るならば，同提案は，冒頭のノートにおいて，「これらの条項は，排他的経済水域草案の一部もしくは１章を形成しているとみなされねばならない」と記して，それが，第２小委員会で検討されているところの排他的経済水域と一体となった問題であることを指摘する。

そして，第１条において，沿岸国は，海洋環境への損害を防止し最小限に留める目的で，海洋汚染防止区域を設定する権利を有すると規定した後，第２条で，その区域の最大限界について，領海の基線から200カイリを超えることはできないと，排他的経済水域と同一の範囲を規定している。また，この区域内で沿岸国により行使される管轄権は，船舶の航行，上空飛行，海底ケーブル・パイプライン敷設その他の海洋の合理的使用を害するものであってはならない（第４条）とし，さらに，第５条において，沿岸国の海洋汚染防止区域外で発生した汚染に対しても，それが沿岸国に重大な汚染の危険ないしその脅威をもたらすならば，その防止，除去のために必要な措置をとりうるとして，公海上への汚染防止管轄権の拡大の可能性を規定している。

次に，「海洋環境の保全」と題する，エクアドル，エルサルバドル，ペルー，ウルグアイ共同提案[42]によれば，同提案は，「沿岸国の権利」と題する第８項において，「沿岸国は，自国主権および管轄権の限界内において，立法権とともに，水質を保全し，汚染損害を防止するために最も適切な措置をとる権利を有する」と規定して，沿岸国の主権および管轄権内における実施権を認めている。また，公海上の汚染であっても，沿岸国に損害が及ぶ場合には，その管轄権行使の可能性を示しているのはケニヤ提案と同様である。

---

(41) A/AC. 138/SC Ⅲ/L. 41.
(42) A/AC. 138/SC Ⅲ/L. 47.

◆第2章◆　海洋汚染の防止と国家の管轄権

　ところで，この提案の文言からは，沿岸国が管轄権を行使しうる範囲を具体的に見ることはできない。しかし，提案国が，これまでその国内法や地域的条約で200カイリ領海を主張してきたこと[43]，そして，エクアドル，パナマ，ペルーが共同して第2小委員会に提出した作業文書[44]が，沿岸国の200カイリ水域を設定する際に考慮すべき要因として，地理的，生態学的，経済的，安全保障上のそれに加えて，海洋環境の保全をあげていることから，それが200カイリの範囲を念頭においていると理解しても間違いではないであろう。

　以上の2提案とも，これまで見たことからも理解されるように，沿岸国の海洋汚染防止管轄権の根拠を資源管轄権と関連させている。すなわち，沿岸国の200カイリ水域に対する資源管轄権を前提として，その資源の管理，保護のために，沿岸国は汚染防止管轄権を行使しうるのである。このことを，ケニヤは提案の紹介に際して次の様に述べている。「この提案は，海洋法の諸問題に対するOAU宣言第8，11，16，17条に含まれた規定，そして，排他的経済水域に関する第2小委員会への文書[45]をその指針としている。ケニヤは，国連憲章および国際法の確立した原則は，主権国家に，自らの環境政策に従ってその天然資源を開発する権利を付与していると信ずる（傍点筆者）[46]」。また，エクアドルも，第2小委員会においてではあるが，国連総会は，各国家によるその経済発展と住民の福祉のための自国資源の処分の主権的権利をくり返し宣言しているのであり，そうした資源に対する権利を保護するために海洋環境の汚染を防止する措置をとる権利を各国家が有するのは当然である[47]と述べて，

---

(43)　たとえば，1950年のエルサルバドル法，1947年のペルー法，1952年のチリ，エクアドル，ペルーによるいわゆるサンチャゴ宣言（United Nations, *Laws and Regulations on the Regime of the Territorial Sea*, U. N. Legislative Series, 1957, p. 14, pp. 38-39, pp. 723-724）を参照。また，高林秀雄「200カイリ資源管轄権の主張」『海洋開発の国際法』（有信堂，1977年）31-39頁を参照。

(44)　*Report of the Committee on the Peaceful Uses of the Sea-Bed and Ocean Floor beyond the Limits of National Jurisdiction(Sea-Bed Committee Report)*, Vol. Ⅲ, pp. 30-35, Art. 1 and 2.

(45)　A/AC. 138/SC Ⅱ/L. 40.

(46)　A/AC. 138/SC Ⅲ/SR. 41, p. 5.

(47)　A/AC. 138/SC Ⅱ/SR. 64, p. 3.

◇ 第2節 ◇ 海洋汚染の防止に関する旗国主義の衰退

資源保護のための沿岸国管轄権をケニヤと同様主張しているのである。

　さらに，提案国以外のこうした立場にあるであろう国をもう少し見てみるならば，第3小委員会でのチリによる「沿岸国の権利は尊重されねばならない。なぜなら，汚染は沿岸国の資源，海浜，健康……に対して重大な損害を与えることになるからである」との発言[48]や，メキシコの，カナダ提案[49]に言及した以下の発言も，介入権に関してではあるが，資源管轄権とゾーナルアプローチの不可分性を主張するものとして同趣旨のものといえるであろう。「沿岸海域での事故に際しての沿岸国の権利に関する原則(21)は，1972年6月7日のサント・ドミンゴ宣言が，沿岸国に，海洋汚染を防止し自国の資源に対する主権を確保するために必要な措置をとることを認めた権利と一致したものである。自らの資源を守る国家の権利を認めることなしには，こうした資源に対する主権および特殊な管轄権もしくはその他の何らかの沿岸国の利益を認めることは不可能である[50]」。さらに，中国の，「超大国によるまやかしの主張にもかかわらず，海洋汚染の直接の犠牲者であった沿岸国は，人民の健康と安全を守り，その経済発展の必要を満たすために，領海に接続した一定範囲内の海域で直接に管轄権を行使する権利を完全に享受する。それゆえ，中国は，沿岸国の権利を守ることを目的とした小委員会への提案に賛成する[51]」との主張も同一の立場からのものといえるであろう。

　以上見たような，200カイリ管轄権主張に関連させて，その中で沿岸国が資源保護の権利を有することを根拠とした汚染防止管轄権の主張は，IMCO段階では見られなかったこの会議での特徴といえるであろう。したがって，この問題は，第2小委員会における資源水域の成否と関連を持たざるをえなくなる。第3次海洋法会議が，全体としての海洋秩序を樹立することを目的としており，海底平和利用委員会がその草案作成の課題を課せられている限り，こうした関連は必然的に生ぜざるをえないことといえよう。

---

(48) A/AC. 138/SC Ⅲ/SR. 9, p. 99.
(49) A/AC. 138/SC Ⅲ/L. 26.
(50) A/AC. 138/SC Ⅲ/SR. 24, pp. 53-54.
(51) A/AC. 138/SC Ⅲ/SR. 25, p. 68.

◆第2章◆　海洋汚染の防止と国家の管轄権

(ii) 管理者資格に基づく沿岸国主義

次に，同じく広い海域に対し管轄権を行使しうるとするのであるが，その根拠を資源管轄権に関連させず，国家の管理者資格に求める主張が存在する。

管理者資格を主唱するカナダは，その内容としておよそ次の様にいう。国家は海洋を利用する権利を持つが，それは，他国あるいは国際社会の利益を侵害するものであってはならない。海洋利用の権利は，必然的に，国際社会の利益を保護する義務と責任を伴うものである。この原則は，領海についてはすでに無害通航権として認められており，また，「国家は，自国の領域を，他国ないし国家管轄権を越えた海域の環境を害するような形で使用してはならないし，使用を許してもならない」という，トレイル溶鉱所事件判決[52]やコルフ海峡事件判決[53]で認められた国際法原則の自然の延長上にあるものである。こうして，国家は，環境を保護することを国際社会より委託された管理者としての資格から，その権利を行使しうるし義務を果さねばならない[54]。

こうした立場から，「包括的海洋汚染条約のための条項草案」と題するカナダ提案[55]は，第10条「実施」の項において，「国家は，自国領海に接続する環境保護水域を含めた自国管轄権の限界内で，海洋環境の保護・保全のためにこの条約に従ってとられた措置を実施することができる」として，環境保護水域による沿岸国主義を提唱している。ただ，その範囲については，「環境保護水域の最大限界は，この条約の目的に従って決定され，この条約に明記される」としており，また，第3小委員会における議論でも特定されていない。しかし，これまで見たような，カナダの管理者資格の主張から，また，すでに1970年の国内法で100カイリに及ぶ北極海汚染防止水域を設定している[56]ことからも，後述する限定された範囲を持つ沿岸国主義とは異なるより広い範囲

(52)　この事件については，*Reports of International Arbitral Awards*, Vol. 3, pp. 1905-1982 を参照。

(53)　この事件（本案判決）については，I. C. J., *Reports of Judgments, Advisory Opinions and Orders*, 1949, pp. 4-169 を参照。

(54)　A/AC. 138/SC III/SR. 10, pp. 117-123.

(55)　A/AC. 138/SC III/L. 28.

(56)　*International Legal Materials*, Vol. 9, 1970, pp. 543-552.

◇第2節◇ 海洋汚染の防止に関する旗国主義の衰退

をその前提としているといえるであろう。

カナダは，沿岸国の責任および汚染防止水域設定の必要性について次の様にいう。「旗国の行為による汚染に関して設定される義務の実施は沿岸国の責任であろう。……カナダ代表の意見によれば，沿岸国は，汚染防止区域——汚染の防止のための領海に接続した特殊な管轄権区域——を設定する権利を持つ。この点に関していえば，伝統的な管轄権の限界はもはや実際上不十分である。沿岸国は，危険の重大性と特殊状況を考慮して，その領海の限界を越える海域に対し必要な管轄権を行使しなければならない(57)」。

この管理者資格に基づく汚染防止管轄権の立場は，何人かの代表によって支持されている。スウェーデン代表は，沿岸国の汚染犠牲者としての地位を強調してその管轄権の拡大に賛成しつつ，「それは沿岸国の主権的権利事項なのではなく，カナダ代表が第3会合でいったように，国際社会の委託を受けた海洋環境の一部分の管理者としてなされねばならない」と述べる。したがって，スウェーデン代表によれば，「こうした沿岸国の基本的権利・義務は，国際条約によって規定されねばならない」のである(58)。また，スペイン代表の，「すべての国家は，国際法に従って，海洋環境を保全し汚染のあらゆる危険をとり除く義務を有する」のであり，これは強行法規であるとしてその義務を強調し，沿岸国は自らのためのみでなく国際社会の利益のために，「その領海に接続する合理的範囲内に海洋環境保護区域を設定し」管轄権を行使せねばならないという発言(59)も，カナダの発想と基本的に同一のものといえよう。

(iii) 限定された沿岸国主義

これまでの提案は，200カイリ管轄権や管理者主義などその根拠とするところに違いはあるものの，比較的広い海域において沿岸国が管轄権を行使しうるという点では一致していた。それに対し，ここで紹介するフランス，日本の2提案は，同じ沿岸国管轄権の立場にあるといえども，より限定された沿岸国主義をとる，性格の異なるものといえよう。

まずフランスの主張するところから見てみよう。「海洋汚染防止のための沿

---

(57) A/AC. 138/SC Ⅲ/SR. 10, p. 121.
(58) A/AC. 138/SC Ⅲ/SR. 9, p. 106.
(59) A/AC. 138/SC Ⅲ/SR. 4, pp. 22-23.

◆第2章◆　海洋汚染の防止と国家の管轄権

岸国の権利に関する条項草案」と題するフランス提案[60]は，その第1条で，「沿岸国は，自国の経済利益や観光上の利益に損害を及ぼすと思われる船舶や航空機による汚染行為を防止するために特別な権限を有する」，として一般的に沿岸国の権限について述べたあと，第2条で，この権利はこの条約の規定に従って自国沿岸基線からXカイリの範囲において行使される，としている。

　フランスは，同提案の紹介に際し，提案理由を次の様に述べる。すなわち，従来の条約は，海洋投棄規制条約にしても，IMCOによる海洋汚染防止条約にしても，違反に対する実施について旗国主義をとっており，沿岸国を無権利状態に置いているために実効性に乏しかった。その問題の解決には，沿岸国に違反に対する刑事訴追をも含む権限を与えることが必要であるが，同時に，それは旗国主義という基本的法制度からの乖離を意味するものであるから，沿岸国からの干渉行為に対し保護措置を規定する必要がある。そして，このことは，沿岸国の行使しうる権限を国際基準に基づかせることにより可能となるのである[61]。

　また，「海洋汚染防止のための沿岸国による実施措置に関する提案」との日本提案[62]も，その第1条において，沿岸国は，他の締約国の下にある自然人ないし法人が，沿岸からXカイリ以内で違法排出ないし投棄を行なった場合に司法的手続をとりうるとしている。なお，フランス，日本とも，Xカイリとされている管轄権の範囲について50カイリ程度を念頭においているといわれている[63]。

　ところで，そもそも日本は，沿岸国管轄権を認めることには反対であった。1971年夏会期において，日本は，しだいに議論の中で具体化しつつあった旗国主義を変更し沿岸国管轄権を拡大する主張に反対して，要旨次の様に発言している。「海洋汚染防止水域を一方的に宣言することは，海洋汚染防止問題を

---

(60)　A/AC. 138/SC Ⅲ/L. 46.

(61)　A/AC. 138/SC Ⅲ/SR. 43, pp. 6-8.

(62)　A/AC. 138/SC Ⅲ/L. 49.

(63)　井口克彦「第3回海洋法会議と海洋汚染防止」『環境法研究』第7号（1977年）101頁，107頁。水上千之「海洋汚染規制に関する国家管轄権の拡大について」『国際法外交雑誌』第76巻第5号（1977年）57頁。

◇第2節◇ 海洋汚染の防止に関する旗国主義の衰退

解決する現実的方策ではない。規則の実施が沿岸国のみによりなされることは，多種の立法を招き，海運に対する緊張要因となる。旗国管轄権の原則を，それが伝統的であるという理由のみで放棄することは，賢明なことではない[64]」。

このように，海底平和利用委員会発足の当初より旗国主義すなわち沿岸国管轄権否定の立場をとり続けてきた日本は，1973年夏会期の提案においては，限定されたものとはいえ沿岸国管轄権の拡大の肯定に態度を変更するのである。こうした日本の政策変更の理由とその経過について判断する十分な資料を我々は持たない。しかし，そこには，海洋汚染防止の実効性を確保するために国際基準に基づく海洋汚染防止水域の設定を提案した環境庁と，それが船舶の航行に対する障害となることを懸念する運輸省との対立が存在し，前者の主張を基に日本提案が作成されたという経緯があったといわれている[65]。

以上のフランス提案，日本提案とも，比較的狭い水域において（後述するように国際基準に基づいて），汚染防止の実効性を高めるという目的で，沿岸国管轄権を認めるものである。これは，前記(i)(ii)で紹介した200カイリ管轄権や管理者資格に基づく立場とは（後述するように前者は国内基準主義，後者は国際基準を考慮した国内基準主義をとっている），質的に異なる性格を持つものといえよう[66]。

(iv) 沿岸国主義への抵抗

そのいずれの立場をとるにせよ，汚染防止に関して沿岸国にその接続する領海外の一定範囲の海域において管轄権を行使することを認める国は，海底平和利用委員会においては多数にのぼる。その提案，発言から沿岸国管轄権を支持する国をあげれば，次のとおりである。提案から支持が確認される国は，ケニヤ，エクアドル，エルサルバドル，ペルー，ウルグアイ，カナダ，日本，フランスの8カ国である。また，第3小委員会での発言の中で支持を表明している国は，右のほかに，スペイン[67]，オーストラリア[68]，セイロン[69]，チリ[70]，

---

(64) A/AC. 138/SC Ⅲ/SR. 5, pp. 35–36. See also, A/AC. 138/SC Ⅲ/SR. 23, pp. 40–41.
(65) 井口・前掲注(63)104–108頁。
(66) 栗林忠男「第3次海洋法会議と船舶起因汚染」『海洋汚染防止法制の比較研究』第1号（日本海洋協会，1979年）194頁。
(67) A/AC. 138/SC Ⅲ/SR. 4, pp. 22–23.

◆第2章◆　海洋汚染の防止と国家の管轄権

スウェーデン[71]，タンザニア[72]，メキシコ[73]，中国[74]の8カ国であり，計16カ国である。それに対し，沿岸国管轄権に反対の意思を表明している国としては，アメリカ[75]，ソ連[76]，ギリシャ[77]の3カ国をあげることができる。ノルウエー[78]は，その提案では沿岸国管轄権について空白であり，態度が明らかでない。ただ発言においては，経済水域を汚染防止水域とすることについては反対を表明している。なお，日本については，前述したように，途中で態度を変更し支持にふみきった。

さて，ここで，沿岸国主義に反対する国の主張も見ておこう。それらの国は，その理由として，沿岸国管轄権が関係諸国の利益・権利・義務の適切な調和を保つものでなく，したがって海洋汚染防止に役立つものでないこと，そして，自由な海運に対する阻害要因となり実定国際法に違反するものであること，をあげている。

アメリカは，寄港国管轄権を支持する立場から，沿岸国管轄権について次の様に批判する[79]。「船舶からの汚染の管理は，海洋国，海運国，沿岸国それぞれの利益・権利・義務の調和が保たれていることが必要である。……沿岸国に広い管轄権を付与することは，適正な利益を促進することにはならず，また，設定される汚染防止区域外の公海における汚染の防止を促進することにもならないであろう。そして，その結果，委員会が最も避けねばならない対立が生ずるであろう」。したがってアメリカによれば，「唯一，共同した国際的行動のみ

---

(68)　A/AC. 138/SC Ⅲ/SR. 4, p. 25.
(69)　A/AC. 138/SC Ⅲ/SR. 7, p. 74.
(70)　A/AC. 138/SC Ⅲ/SR. 9, p. 99.
(71)　A/AC. 138/SC Ⅲ/SR. 9, pp. 106–107.
(72)　A/AC. 138/SC Ⅲ/SR. 19, p. 79.
(73)　A/AC. 138/SC Ⅲ/SR. 24, p. 52.
(74)　A/AC. 138/SC Ⅲ/SR. 25, p. 68.
(75)　A/AC. 138/SC Ⅲ/SR. 25, p. 59.
(76)　A/AC. 138/SC Ⅲ/SR. 25, p. 70.
(77)　A/AC. 138/SC Ⅲ/SR. 39, p. 86.
(78)　A/AC. 138/SC Ⅲ/SR. 43, pp. 4–5.
(79)　A/AC. 138/SC Ⅲ/SR. 25, p. 59.

◇ 第2節 ◇ 海洋汚染の防止に関する旗国主義の衰退

が共通の危難に適切に対処しうるという事実を確認することが必要」ということになるのである。

　右のアメリカの主張は，沿岸国，海運国等の利害関係国の利益を適切に考慮したうえで実効的な汚染防止措置がとられねばならないというものであって，必ずしも旗国主義そのものに固執した主張とはいえないのに対して，次にあげるギリシャの主張は，伝統的な旗国主義からの批判をより明確に表しているものといえよう。ギリシャ代表は次の様に述べる[80]。「沿岸国は，第三国船籍の船舶に対し一方的行為をとることを許されてはならない。なぜなら，それは旗国の主権の無視を意味するからである。とられる措置は，大多数もしくはすべての参加国によって受け入れられた，国際基準に基づく規則によるものでなくてはならない。さもなければ，専断的国家行為およびその権利濫用によって，混乱した無秩序状態が生ずるであろう。海洋汚染の防止は，航行の自由という諸国家の利益と，人類によって驚異的発展をとげてきた経済的・産業的事情とのバランスをとってなされるものでなくてはならない」。

　最後に，ソ連による「海洋環境の保全のための一般原則に関する条約条項草案[81]」との提案を見るならば，そこで掲げられている原則は伝統的な立場を一歩も出るものではなく，沿岸国その他の管轄権については直接ふれられていない。ただ第7条において，公海における国家活動の自由をうたうことにより，それが否定的に言及されているのみである。ただ発言の中では，「（国家管轄権の限界を越える沿岸国の権利に関して）ソ連は日本の代表によって示されたアプローチに同意する[82]」として，前述した23会合における態度変更前の日本の旗国主義の立場を支持することにより，間接的ながら沿岸国管轄権に否定的な意見を表明している[83]。

　　　　　　　　＊　　　＊　　　＊

---

(80)　A/AC. 138/SC Ⅲ/SR. 39, p. 87.
(81)　A/AC. 138/SC Ⅲ/L. 32.
(82)　A/AC. 138/SC Ⅲ/SR. 25, p. 70.
(83)　こうしたソ連のアプローチの消極性について，杉原高嶺「ソ連の船舶汚染防止法」『海洋汚染防止法制の比較研究』第1号（日本海洋協会，1979年）65-69頁を参照。

◆第2章◆　海洋汚染の防止と国家の管轄権

　これまでの海底平和利用委員会における沿岸国管轄権に関する議論のなかから，少なくとも次のことは明らかになったといえるであろう。それは，その範囲およびその性格には相違があるものの，海洋汚染の防止に関し，その領海を越える一定の海域で沿岸国に管轄権が与えられねばならないとの主張が，もはや大勢となったということである。第3小委員会における発展途上国，一部先進国をあわせた16カ国がそれに支持を表明し，わずか4カ国しか反対する国が存在しなかったという事実は，明確にそのことを示しているといえよう。また，海運国である日本がその支持に態度を変更せざるをえなかったことは，国際的状況の推移と今後の方向を如実に物語っているといえるのではないであろうか。

　こうして，沿岸国管轄権の行使範囲が領海を越えて拡大して行くことが国際社会において認められるに伴い，次の問題として，沿岸国はその中で，いかなる基準に基づくいかなる内容の管轄権を行使しうるかということが生じてくる。各国にしてみれば，もはや範囲の拡大は不可避として，管轄権の内容について自国に有利な形で明確にして行くことに重点を移行させざるをえない段階に入ったといえるであろう。次にその問題について検討することにしよう。

(2) 管轄権内での基準設定権

　沿岸国管轄権の内容の問題について最も基本的な対立点は，いかなる国がその範囲内で規則を制定しうるのか，言い換えれば，いかなる国の設定する汚染防止基準に基づいて規制がなされるのか，ということである。これについては，大きく分けて三つの立場をあげることができる。その第1は，権限は沿岸国にあるとするもの（国内基準主義），第2は，国際基準を考慮したうえで沿岸国が決定する権限を持つとするもの（国際基準を考慮した国内基準主義），第3は，権限は沿岸国にはなく国際的に決定されねばならないとするもの（国際基準主義）である。そして，それぞれの原則的立場から，いかなる事項について，いかなる形式で沿岸国はその規制をなしうるのかが問題とされるのである。次に，海底平和利用委員会第3小委員会において各国の主張するところを見てみよう。

(i) 国内基準主義

　沿岸国は，その管轄権内において，自国国内法に基づいて汚染防止に関する

◇第2節◇ 海洋汚染の防止に関する旗国主義の衰退

規則を制定することができるとする国内基準主義の立場は，主に発展途上国によって支持されるものである。それは，ケニヤ提案，エクアドル等中米4カ国提案の中で，そして，ウルグアイ，中国，トリニダード・トバゴ，タンザニアの4カ国による発言の中で支持されている。これらの国はいずれも，前章で見た管轄権の行使範囲については(i)の立場，すなわち，200カイリ主張に関連させて沿岸国の汚染防止管轄権を述べる立場である。これらの国にとっては，沿岸国が自国利益保護のために，その主権的権利として沿岸の一定水域において汚染防止管轄権を持つというのであるから，その中で適用される規則は，主権を享有することの当然の帰結として，その目的の範囲内で，国内法に基づいて自らが制定せねばならないとするのである。

はじめにケニヤ提案[84]について見てみよう。同提案においては，基準設定権について明言した項は存在しないのであるが，以下の点から，それは国内基準主義の立場をとっているといえるであろう。それは，第1に，Ⅳ項（実施）の第23条において，沿岸国は，その管轄権内もしくは海洋汚染防止区域内での海洋環境の保全のために，本条項に従ったあらゆる必要な措置を制定（institute）しなければならないとして，制定権に限定を付していないこと，第2に，第8条によれば，海洋環境の汚染防止措置をとることは国の義務なのであるが，その際に，国は，現行の国際的汚染規制条約および権限ある国際的，地域的機関により提案された関連規則・基準・手続きについて考慮（take into account）しなければならないとしていることである。前文および第7条では，国は，自国の環境政策に従って，海洋汚染防止区域内においてあらゆる管轄権を行使しうるとされているのであるから，国際的規則・基準についても，考慮すれば足りるのであって，自国がそれらを不適当と判断した場合には必ずしも従う必要はないとする立場といえよう。ケニヤは，同提案の紹介に際して次の様に述べている。「ケニヤ代表は，国際的基礎の下に排他的に実施される海洋汚染管理のための国際基準を作成することが必要であるとは考えない。なぜなら，自国の水域を汚染することはいかなる国にとっても利益ではないからである。それは各国にまかせればよい[85]」。

---

(84) A/AC. 138/SC Ⅲ/L. 41.

◆第2章◆　海洋汚染の防止と国家の管轄権

次に，エクアドル，エルサルバドル，ペルー，ウルグアイの4カ国提案[86]では，「沿岸国の権利」と題する第8項において，「自国の主権および管轄権の限界内において，水質を保全し汚染の被害を回避するために最も適切な措置を，関連する他国との協力の必要と国際的技術的団体の勧告を考慮して制定するのは沿岸国である」と，明確にその国内基準主義の立場を表明している。

これらの立場を支持する国の主張するところを次に見てみよう。こうした国は，まず大前提として，汚染の被害をこれまで受け続けてきた沿岸国が，それを除去して自国人民の福祉と発展をはかるため，200カイリ水域内における一権利として汚染防止管轄権を有するのであるから，沿岸国に国内基準設定権があることは当然であると主張する[87]。そして，これらの立場からは，船舶の構造規制までも当然含められているのである。

ところで，国内基準を排斥する海運国からの，海洋は同一なのであるから，各国が個別に立法権を行使することは低い基準の存在をも認めざるをえないことになり，有効な汚染防止措置となりえない，との第1の反論に対し，沿岸国は次の様に主張する。すなわち，タンザニアは，被害国である沿岸国が自らを守るための措置をとらないとは考えられない[88]と否定しており，ウルグアイは，国内立法は，（汚染）防止のための何らかの国際的措置にとっての重要な基礎である[89]として，その不可欠性を述べる。そして，さらに中国も，「沿岸国による自らの海洋環境の保全が，海洋環境全体の保全にとっての前提となる。したがって，国際規則は，それが沿岸国の権利と利益の尊重を基礎として作成されて初めて有効となるであろう[90]」として，国際規則の有効性の前提として，国内基準に基づく沿岸国規則が必要であることを述べている。

次に，国内基準は自由な海運に対する阻害要因となり国際社会の利益に反す

---

(85)　A/AC. 138/SC Ⅲ/SR. 41, p. 6.
(86)　A/AC. 138/SC Ⅲ/L. 47.
(87)　たとえば，A/AC. 138/SC Ⅲ/SR. 24, pp. 52-53（メキシコ），A/AC. 138/SC Ⅲ/SR. 25, pp. 67-69（中国）。
(88)　A/AC. 138/SC Ⅲ/SR. 42, p. 9.
(89)　A/AC. 138/SC Ⅲ/SR. 10, p. 124.
(90)　A/AC. 138/SC Ⅲ/SR. 25, p. 68.

◇第2節◇ 海洋汚染の防止に関する旗国主義の衰退

るという，海運国にとってより本質的であろう第2の反論に対して，提案国の一つであるウルグアイは，「沿岸国は，最終的には最も直接的に汚染の影響を受けるのであるから，その管轄権内で特殊な管理権限を持つことを認めることが重要である。その点に関して，沿岸国の利益と国際社会の利益との間には何の対立もなくむしろ一致がみられる[91]」として反論しており，また，中国も，「沿岸国による海洋汚染の規則は『高い緊張』をもたらすという主張は誤りである。もたらされてきたいかなる緊張も，他国を石油と原材料の供給源と考え，汚染をひきおこすタンカーおよび貨物船が自由に航行することができるとして，他国領海を自らの『生命線』とみなしてきた大国の責任である」と述べ，さらに，「引き起こされた汚染に対して被害国が自衛措置をとることを抑圧しようとして緊張を高めているのは，そうした大国なのである[92]」として，そのような海運国に対して批判を加えている。

ところで，こうした国内基準設定権を主張する沿岸国が，国際基準の一律の賦課はこれまでもIMCO等でいわれていた諸国家の地理的特性を無視するもので不適当であるというのに加えて，それがとりわけ途上国の経済発展にとって障害になるということを理由として，条約の履行義務についてのいわゆる二重基準（double standards）を主張していることは，海底平和利用委員会における議論の特徴的な点であろう[93][94]。たとえば，トリニダード・トバゴは，国

---

(91) A/AC. 138/SC Ⅲ/SR. 10, p. 124.
(92) A/AC. 138/SC Ⅲ/SR. 25, p. 68.
(93) 栗林・前掲注(66)197頁。
(94) 経済的実力の異なる国家間に違った規則を適用することによって実質的平等をはかるという考えは，貿易をはじめとして国際関係のいくつかの分野に導入されつつあるが，ここでの二重基準＝基準の差別適用の議論も同じ観点からのものといえよう。すなわち，汚染防止に関して先進海運国には厳しい基準を適用し，発展途上国である沿岸国にはよりゆるやかな基準を適用することによって，経済的実力の異なる諸国家間に汚染防止費用負担の公平を確保する。そうすることによって，環境を保全しつつ発展途上国の経済発展を達成することが可能となるということである。もちろん基準の差別適用の問題は，基準が国内的に決定されるか国際的に決定されるかに直接関係するものではないが，ここでは，国際基準を否定する議論として現れているのである。さらに，ここで途上国である沿岸国が基準の差別適用をいうとき，船舶起源汚染とともに陸起源汚染がその念頭に置かれていると思われるが，ここでは区別されて議論されてはいない。

◆第2章◆　海洋汚染の防止と国家の管轄権

際基準を主張したアメリカ提案(95)に反対して，次の様に述べている。「アメリカ代表が提案したように，国際社会において，船舶起因汚染の管理のために排他的な国際基準を課すことは，現在の段階では不可能であろう。諸国家の地理的性格の相違および各国の経済発展段階が異なった水準にあるという事実は，汚染防止のための各国に共通の基準を設定することを不可能としている。海洋大国により設定された基準は，いくつかの沿岸国には受け入れることはできない(96)」。またチリ代表も，「汚染に関する限り，先進国と途上国に同一の規則を適用することは不可能である。基準は，前者にはより厳しく，後者にはより柔軟であるべきであろう(97)」と，条約履行義務に差別を設けることを主張しているのである。

　こうした，国際統一基準設定が途上国の経済発展を阻害するものとなってはならず，そのためには二重基準を適用した国内基準でなくてはならないという主張は，それが単に汚染費用を吸収しうるか否かという先進国と途上国の経済力の相違のみに根拠を求めるのではなく，より根本的には，先進国は海洋を汚染することによりその工業化を達成してきたのであるから，その浄化にかかる費用は先進国が当然負担するべきであるという点にその正当化の根拠を持つ(98)。すなわち，それは単なる「社会的費用」なのではなく，それに主要な責任を持つ先進国により負担されるべき「社会的費用」なのである(99)。このことは，第3小委員会の目的に関するセイロン代表による次の発言に明らかに見ることができる。「第3小委員会の目的は，汚染の費用をより明確にすることである。そして，それが，海洋をあらゆる種類の排水場として利用することにより利益を得てきた，環境の悪化に基本的に責任のある国の間で等しく分担されることを確保することであろう(100)」。

---

(95)　A/AC. 138/SC Ⅲ/L. 36.
(96)　A/AC. 138/SC Ⅲ/SR. 39, p. 90.
(97)　A/AC. 138/SC Ⅲ/SR. 9, p. 98.
(98)　See E. W. Seabrook Hull and Albert W. Koers, "A Regime for world Ocean Pollution Control," *Int'l Relations and the Future of Ocean Space,* (ed. by Robert G. Wirsing), Univ. of South Carolina Press 1974, pp. 96-99, and Anand, *supra* note(16), pp. 255-257.
(99)　A/AC. 138/SC Ⅲ/SR. 18, p. 63.
(100)　A/AC. 138/SC Ⅲ/SR. 7, p. 73.

◇第2節◇　海洋汚染の防止に関する旗国主義の衰退

　以上見たように、途上国にとって国内基準主義に立つ理由は、それにより汚染防止の実効性を確保することに加えて、国際基準主義が、途上国の経済発展を不当に阻害する結果に導くことを危惧してなのである。したがって、この問題は単に海洋環境保護問題あるいは海洋国際法という観点からのみ考えられてはならず、途上国の経済発展の達成すなわちそのための新国際経済秩序の樹立という広い観点から考えられねばならない[101]。セイロン代表のいうように、「（途上国にとって）環境への関心は、急速な経済成長を達成する努力の中の一つであるにすぎない。したがって環境改善は、全体的な経済発展計画における複数の目標のうちの一つとみなされなければならない[102]」のである。

(ii) 国際基準を考慮した国内基準主義

　次に、沿岸国は国内基準設定権を持つが、それは国際基準を考慮して設定されねばならないという、いわば両者の折衷的な立場といえる主張について見てみよう。これは、将来的には国際基準が望ましいが、当面の過渡的措置として国内基準が適用されねばならないとするものである。これらの主張は、カナダおよびオーストラリア提案に見られるものであり、管轄権の行使範囲については、(2)の管理者資格主義に基づく沿岸国主義と対応するものである。

　はじめにカナダ提案[103]から見てみよう。カナダ提案は、「汚染防止措置」と題する第2条において、(1)国は海洋環境の汚染を防止する措置をとらなければならず、とりわけ自らの管轄もしくは支配内の行為が他国に損害を与えないことを保証する措置をとらなければならないとし、その具体的措置として、(a)とりわけ陸起源である自国管轄権内の汚染源の管理、(b)有害もしくは危険物質の排出の減少、を示したあと、(c)において、(i)その特性または性格に

---

(101)　新国際経済秩序と海洋法の関係を論じたものとしては、さしあたり、以下の文献を参照。栗林忠男「新国際経済秩序の主張と新海洋法の動向——海洋資源の開発制度を中心として」安藤勝美編『新国際経済秩序と恒久主権』（アジア経済研究所、1979年）。E. M. Borgese, "The New International Economic Order and the Law of the Sea," *San Diego Law Review*, Vol. 14, 1977. M. A. Morris, "The New International Economic Order and the Law of the Sea," *The New International Economic Order*, (ed. by K. P. Sauvant and H. Hasenpfl), Wilton House Publications 1977.

(102)　A/AC. 138/SC III/SR. 18, p. 63.

(103)　A/AC. 138/SC III/L. 28.

◆第2章◆　海洋汚染の防止と国家の管轄権

よって，事故により排出されたなら海洋環境の汚染を発生させるであろう物質の運搬に特に使用される船舶の構造，艤装，運航について，および，(ⅱ)海底資源開発その他に使用される設備や装置の構造，艤装，運航について，合意された国際基準に従って，事故の防止および海洋での運航の安全のための措置をとらねばならないとしている。そして，(2)においては，この措置をとる際に，国は，国際条約および有権的国際機関の提案する原則，基準，勧告等を考慮しなければならないとしている。

以上のように，本条において沿岸国は，その管轄権内におけるタンカー等重大な海洋汚染損害を引き起こす可能性を有する船舶については，その構造，艤装，運航にわたるまでの防止措置をとることができるとして，それに反対する海運国の立場を退けているのであるが，同時に，その措置は合意された国際基準に基づかねばならないとして，海運国の立場である国際基準主義をも採用しているのである。しかし，カナダ案の特徴はむしろ第4条に見られる。そこにおいてカナダは，国際基準を原則としつつも，(a)本条約の目的とする国際的に合意された措置が制定され実施されるまで，また，(b)国際的に合意された措置が制定され実施されるにしても，そうした措置がこの条約の目的に照らして不十分であるか，もしくは地域的な地理的，生態学的特性に照らして他の措置が必要とされる場合には，国は，環境保護水域――その最大幅は今後決定される――を含む自国管轄権内で，海洋環境保全という国の義務を履行するのに必要な措置をとることができるとしているのである。

このカナダの立場は，基本的には国際基準が望ましいが，それが存在しないか不十分な場合，あるいは地域的特性に照らして特別な措置が必要と沿岸国が判断した場合には国内基準を設定しうるというものであり，国際基準を原則とした国内基準主義といえるものであろう。そして，こうした立場は，国際社会より管理を委託された国を考えたとき，権利的側面よりむしろ義務的側面から当然導き出される結論であるといえよう。

次に，カナダと同様な立場を持つオーストラリアの主張するところを見てみよう。オーストラリア提案[104]は，その序文で，とりわけ沿岸国の一般的な法

---

(104)　A/AC. 138/SC Ⅲ/L. 27.

的権利義務の性質決定が，海洋法会議でなされるべき中心的問題であると指摘する。そして，原則(f)において，沿岸国は自国沿岸の海洋環境の保全に特別な利益を持ち，この利益保護のためのあらゆる合理的措置をとる権利を有するとして沿岸国の立場を述べているが，しかし後段で，こうした措置の合理性の決定にあたって，決定的証拠源でなくとも第1次証拠源として，国際的規則，基準，手続に特別な考慮が払われねばならないとして，国際基準への考慮を義務づけている。オーストラリアは，提案へのコメント[105]として，沿岸国が独自の判断で，自国の利益を守り環境保全義務を履行する最適な手段を決定しうるのであるが，同時に，そうした措置は合理的なものではなくてはならず，また航行の利益と均衡がとれていなければならないと説明している。

以上の2カ国の主張は，管理者資格に基づく国の義務を強調して，汚染防止に関する沿岸国の権利の正当化をはかるのであるが，同時にそれが海運への障害となることを懸念する，いわば人間環境会議的アプローチ[106]をとる一つの沿岸国の主張として興味深いものである。

(iii) 国際基準主義

沿岸国が，その領海外の海域にある船舶に対し，汚染防止の目的で管轄権を行使しうるとしても，それは国際的に決定された規則・基準に基づいたものでなければならないとする国際基準主義についてここで見てみよう。こうした立場をとる国は，範囲については(3)の限定された沿岸国主義に立つ国であり，また第Ⅱ章の寄港国管轄権に立つ国である。旗国主義の立場にある国が，その意味は異なるものの，国際基準主義を主張するものであることはいうまでもないであろう。したがって，この立場は多くの先進海運国より支持されているものである。

まずはじめに，提案にあらわれた国際基準主義について見てみよう。こうしたものとしては，限定された沿岸国主義の立場から，フランス提案と日本提案を，寄港国管轄権の立場からアメリカ提案を，そして，その他マルタおよびノルウエー提案をあげることができる。

---

(105)　A/AC. 138/SC Ⅲ/L. 27, p. 5.
(106)　芹田・前掲注(38) 1頁。

◆第2章◆　海洋汚染の防止と国家の管轄権

　フランス提案[107]によれば，沿岸国は第2条の区域内で，(1)1972年の海洋投棄規制条約，(2)1954年の海水油濁防止条約，(3)1973年の海洋汚染防止条約，の条項に違反してなされた汚染行為に対し措置をとることができる（第4条）として，既存の国際条約を基準としている。措置の内容について見るならば，まず沿岸国は，違反船舶，航空機に対し必要な調査をすることができる（第6条）。その結果，当該沿岸国の権限ある機関は，違反を信ずるに足る十分な理由があるなら，違反の存在の証明に必要と思われる範囲で，船舶を停止させ臨検することができる（第7条）。そして，報告は旗国に送付され（第8条），沿岸国は，(a)船舶の旗国が1973年条約の非当事国の場合，あるいは，(b)旗国が，沿岸国により違反の通知を受けてから1カ月以内に司法的手続をとる意思を表示しなかった場合には，司法的手続をとることができるとしている。フランス提案によれば，沿岸国が条約上一般的に持つのは，停船，臨検のみであり，後の司法的手続は，旗国が1973年条約の非当事国であるか，1カ月以内に司法的手続をとらなかった時にはじめてとることができるものであって，沿岸国権限は弱いものであるといえよう。

　次に，日本提案[108]によれば，沿岸国は，他の締約国の下にある自然人ないし法人について，一般的に受け入れられた国際規則および基準に違反して沿岸からＸカイリ内で有害物質を排出もしくは投棄し，それが一般的に受け入れられた国際規則および基準に従って制定された沿岸国法令により十分な証拠があるならば，捜査，訴追をすることができるとしている。日本提案は，違反が国際規則および基準に従って認定され，沿岸国法令も国際規則および基準に合致していることを明記しており，厳格な国際基準主義をとっているものである。また，捜査，訴追の対象も，排出違反が現になされた場合に限定しており，沿岸国権限も弱いものである。

　次に，「船舶起因汚染の管理のための基準を設定する権限」と題する，詳細なアメリカによる作業文書[109]について見てみよう。

　アメリカによれば，海洋法会議の基本的目的は，海洋環境の保護と航行の自

---

(107)　A/AC. 138/SC Ⅲ/L. 46.
(108)　A/AC. 138/SC Ⅲ/L. 49.
(109)　A/AC. 138/SC Ⅲ/L. 36.

◇第2節◇ 海洋汚染の防止に関する旗国主義の衰退

由の保護という二つの社会的利益について一致点を見出すことであり，これは排他的国際基準を守ることによってのみ可能であるとして，次の五つの理由をあげる。それは第1に，輸出国，輸入国，海運国の参加による基準作成は，輸送費用の不必要な増加を防ぎ，それは結果として海洋環境の実効的保護を保証することになること，第2に，船舶を複数の基準に従わせることは困難もしくは不可能であり，それは経済的な悪影響を及ぼし，結果的に海洋環境を保証することにはならないこと，第3に，海洋は不可分なのであるから，排他的国際基準によりはじめて海洋環境全体が有効に保護しうること，第4に，それが技術変化，新しい危険に迅速に対応可能であること，第5に，異なる基準設定によって，国により経済的利益，不利益が生ずるのをまぬがれることができること，である。アメリカは，その最後に，基準は基本的な環境上，航行上の利益を守るものでなければならず，設定権が沿岸国に与えられたら，それが排他的なものであれ補完的なものであれ，それらの利益が考慮される保証はないとして，強い国際基準主義を主張するものである。ただ，アメリカはその後の提案(110)では，締約国の港に入る船舶についてのみ，補完的なより厳しい基準設定を寄港国に認めるとして，その立場を若干変更させている。

残るマルタ提案(111)とノルウエー提案(112)について見るならば，前者はその第3条で，「国家管轄権の下にある海洋を航行する船舶は，国際基準に基づいた沿岸国による合理的規則に服さねばならない」と規定しており，後者についてもその第3条で，「海起源の汚染については一般的に受け入れられた国際基準に従わねばならない」として，いずれも国際基準の立場にあることが理解される。

以上の国際基準主義はどのような理由で主張されるのかを，会議における各国の発言からもう少し見てみよう。なお，発言の中で国際基準の支持が見られる国としては，右の提案国のほか，カナダ(113)，キプロス(114)，ギリシャ(115)

---

(110) A/AC. 138/SC Ⅲ/L. 40.
(111) A/AC. 138/SC Ⅲ/L. 33.
(112) A/AC. 138/SC Ⅲ/L. 43.
(113) A/AC. 138/SC Ⅲ/SR. 10, p. 117. A/AC. 138/SC Ⅲ/SR. 19, p. 91.
(114) A/AC. 138/SC Ⅲ/SR. 4, p. 28.

◆第2章◆　海洋汚染の防止と国家の管轄権

の3カ国をあげることができる。

　国際基準主張国が第1の根拠としてあげるのは，海洋汚染防止に対する有効性・実効性の問題であろう。それにつき，日本代表は次の様に述べる。「ストックホルム原則は，海洋汚染を防止し管理する行動は，単に環境のある部分から他の部分へ被害や危険を移すものであってはならない，と規定している。世界の海は不可分のものとして扱われねばならない。他国の環境を無視して自国の環境を守るという観点での沿岸国による海洋の分割は，海洋汚染というグローバルな問題に対する解決とはなりえない。したがって，海洋環境の保全に対する一方的なアプローチの採用は，海洋汚染を除去することを不可能とするであろう。……日本代表の意見では，汚染の除去の最も明確な解決法は，汚染物質をその原因から管理することである。第3小委員会は，それゆえ，その区域にかかわりなく汚染源を管理するために普遍的に適用される条約の形での，一連の規則および基準に合意することにつとめるべきである[116]」。

　アメリカ代表も，前述した提案[117]の説明において，「海洋汚染はグローバルな問題なのであるから，排他的な国際基準のみがその有効な防止をすることができる[118]」，と述べており，日本と同じ立場にあるものといえよう。この有効性・実効性の議論に対しては，国内基準主義をとるタンザニアの反対意見があることはすでに紹介した[119]。

　第2の根拠として主張されるのは，国内基準が旗国主義の原則を侵害し，その結果は国際海上航行への障害となり混乱をもたらす，したがってそれを避けるために国際基準が必要である，ということである。海運国にとってこの第2の理由の方がより重大であるといえよう。

　フランスは，「もし沿岸国が，その沿岸に接続する海域において合意された国際基準に合致しない汚染防止規則を制定するならば，無秩序状態が生ずる危険がある。同様に，国際規則と内容の異なる沿岸国の規則に外国船舶が合致し

---

(115)　A/AC. 138/SC Ⅲ/SR. 39, pp. 86-87.
(116)　A/AC. 138/SC Ⅲ/SR. 23, p. 40.
(117)　A/AC. 138/SC Ⅲ/L. 36.
(118)　A/AC. 138/SC Ⅲ/SR. 38, p. 80.
(119)　前掲注(88)。

◇第2節◇ 海洋汚染の防止に関する旗国主義の衰退

ていないという理由で，その海域に入ることを禁止する権利を沿岸国に認めることは，旗国法の原則の重大な侵害を構成する[120]」，とこの立場からの国際基準の主張であることを述べている。また，海運国であるギリシャも，同様な危惧に基づいての国際基準主張であることを，第3小委員会での次の様な発言から明らかにしている。「沿岸国は，第3国船籍の船舶に対し一方的行為をとることを許されてはならない。なぜなら，それは旗国の主権の無視を意味するからである。とられる措置は，多数もしくはすべての参加国に受け入れられた国際的規則ないし基準に基づくものでなければならない。そうしなければ，専断的国家行為および権利濫用が頻繁となり，混乱した無秩序状態が生ずるであろう[121]」。さらに日本代表による「もし国際的輸送に従事する船舶が，異なる海域の航行において異なる規則および基準に従うとすれば，それは国際通商に対する重大な障害となるであろう」との発言[122]も，同じ立場からのものといえよう[123]。

　　　　　　＊　　　＊　　　＊

以上見たように，国内基準主義は 200 カイリ主張を持つ発展途上国である沿岸国により主張され，国際基準主義は限定された沿岸国主義や寄港国主義，および若干意味するところは異なるが旗国主義等の立場に立つ先進海運国により，そして，国際基準を考慮した国内基準主義は，管理者資格主義に立つ国により主張されたものであった。そして，第3小委員会においてこれらの主張をしている国が，それぞれ8カ国，7カ国，2カ国であることに見られるように，主たる対立はほぼ同数で国内基準主義と国際基準主義の間にあった。このことは，領海を越えて汚染防止水域が拡大することは不可避としても，その中での規制

---

(120)　A/AC. 138/SC Ⅲ/SR. 25, p. 67.
(121)　A/AC. 138/SC Ⅲ/SR. 39, p. 87.
(122)　A/AC. 138/SC Ⅲ/SR. 23, p. 41.
(123)　アベカシス（D. W. Abecassis）は，国際基準設定の必要性について，次の3点をあげている。(1)実効性の確保，(2)国際経済競争上の公平性の確保，(3)異基準に従うことの困難性（D. W. Abecassis, *The Law and Practice relating to Oil Pollution from Ships,* Butterworths 1978, pp. 24-25）。

◆第2章◆　海洋汚染の防止と国家の管轄権

基準については，海運に対する障害とならない様国際的コントロールの下に置こうとする海運国の姿勢が強固であることを示すものであろう。こうして，今や範囲の問題よりもむしろ，その中での基準設定権の問題に焦点が移行しつつあることが明らかになったといえるであろう。

ところで，途上国は，国際基準がその経済発展への障害となることのないよう，条約義務の履行に関して先進国との差別基準適用を主張し，先進国は，国内基準が船舶の国際航行への障害となり，海運の経済コストを増加させることにならないよう主張した。このことは，海洋汚染の問題が，単なる環境保全の問題に止まらず，双方にとってそれぞれ意味内容は異なるにしても，国の経済発展の問題と関係していることを示している。こうして，今や海洋汚染防止の問題は，新国際経済秩序の樹立といった国際法制度全体の中で考慮さるべき問題として登場しているのである。

5　第2作業部会報告書（条約草案）の作成

総会決議2750Aにより第3次海洋法会議のための条約草案作成の任務を負わされた海底平和利用委員会第3小委員会が，その条約草案を作成する過程と，結果的に作成した条約草案について，簡単にここで見てみよう[124]。

1971年の成立以来一般討論をくり返してきた第3小委員会に対し，その議長エッセン（Van der Essen, ベルギー）は，1972年夏会期第23会合冒頭に，第3小委員会内に作業部会の設置を提案し合意された[125]。第2作業部会と名付けられたこの作業部会の目的は，海洋環境の保全および海洋汚染の防止に関する条約草案を作成することである。第2作業部会は，その会期中に二つの会合を持ち，その議長にメキシコのバラルタ（J. L. Vallarta）を選出した[126]。

---

[124]　条約草案の作成にあたった第2作業部会での審議経過は，議事録が残されておらず，したがって，作業部会議長の第3小委員会での報告等により，簡単にその経過を知ることができるにすぎない。なお, see John R. Stevenson and Bernard H. Oxman, "The Preparations for the Law of the Sea Conference," *American Journal of International Law*, Vol. 68, 1974, No. 1, pp. 23-28.

[125]　A/AC.138/SC III/SR.23, p. 35.

◇ 第2節 ◇ 海洋汚染の防止に関する旗国主義の衰退

　しかし，実質的作業は，翌1973年春会期より開始される。第2作業部会は，この会期に15回の会合を持ち，第3小委員会に付託された提案を基礎として，以下の事項について審議を行った(127)。それは，(1)海洋環境を保全する一般的義務，(2)あらゆる汚染源から海洋環境の汚染を防止する措置をとる国の一般的義務，(3)海洋汚染からの損害を防止する国の義務，(4)ある種の海洋汚染源との関係で特別な措置をとる国の特別な義務，および，そうした措置と一般的に受け入れられた国際基準との関係，(5)国際協力と技術援助，の5項目である。そして，それらの事項につき議長の権限で非公式協議が12回にわたり行われ，上記の事項についての条約草案のテキストが作成された。それは，Ⅰ「基本的義務」，Ⅱ「汚染防止措置義務」，Ⅲ「汚染損害防止義務」，Ⅳ「資源開発権」，の4項目である(128)。船舶からの汚染規制の規準については，この会期において第2作業部会は予備的議論を開始したに留まる(129)。

　さて，同年7月から8月にかけて開催された夏会期において，第2作業部会は13会合を持った。そして，この会期における審議は，(1)世界的地域的協力，(2)技術援助，(3)モニタリング，(4)基準，(5)実施，の五つの事項についてなされた(130)。

　作業の進展状況を第3小委員会に報告した議長のバラルタによれば，この会期において第2作業部会は「高度に論争的な事項」について集中的な検討を加えた(131)。それは，基準と実施についてである。ところが，後者については検討を開始したものの合意に至らず，テキストに含めることができなかった(132)。この会期では，結局，21会合にのぼる非公式協議が行なわれ，前会期に続いて，Ⅴ「世界的地域的協力」，Ⅵ「技術援助」，Ⅶ「モニタリング」，Ⅷ「経済的要因の考慮」，Ⅸ「条約義務違反」，Ⅹ「基準」，の6項にわたる草案テキ

---

(126)　*Sea-Bed Committee Report*, Vol. 1, p. 74.
(127)　*Sea-Bed Committee Report*, Vol. 1, p. 85.
(128)　*Sea-Bed Committee Report*, Vol. 1, pp. 86-89. A/AC.138/SC Ⅲ/L.39.
(129)　*Sea-Bed Committee Report*, Vol. 1, pp. 85-86.
(130)　*Sea-Bed Committee Report*, Vol. 1, p. 89.
(131)　A/AC.138/SC Ⅲ/SR.43, p. 14.
(132)　*Sea-Bed Committee Report*, Vol. 1, p. 90.

トが作成された[133]。しかし，各国家の対立の深さを反映して多くのオルタナティブ付であり，それは，とりわけ第Ⅹ項の「基準」について顕著に現れている。しかも，「実施」についてはそれすらも作成しえなかったのである。

　以下に，本節と直接関連する第Ⅹ項「基準」に関する本文テキストのみ引用しておこう[134]。見られるように，第3節「船舶起源の汚染のための基準」について，A案，B案はIMCOに国際基準設定権ありとするものであり，先進海運国の立場である。逆に，C案，D案は沿岸国に基準設定権ありとするものであって，多くの途上沿岸国の立場である。また，E案は，国際基準を考慮した国内基準主義の主張であり，管理者主義の立場が現れたものであろう。F案は，国連環境計画の役割を高く評価するものである。次に，「基準を設定し，かつ制定する個別国家の権限」と題する第4節，すなわち，いわゆる「うわのせ基準設定権」について，A案は，適切な国際基準が存在しない場合沿岸国にその権限を認めるものであって，管理者主義の立場であろう。次に，B案については，寄港国による高い基準の設定は許すが，沿岸国によるそれは許さないとする，寄港国管轄権支持の立場からものであるといえよう。また，C案は，沿岸国による広範な基準設定権を認めるものであり，そして，沿岸国基準と自国船に対する途上国基準が相反しないよう求めるものであって，発展途上国である沿岸国の立場といえるであろう。

　最後に，この第2作業部会の報告書について，第3小委員会の構成国はどう評価しているのかを見ておこう。第3小委員会での第2作業部会議長バラルタによる最終報告[135]の後の各国の発言よりこれを見てみるならば，ここでは，マルタ[136]，カナダ[137]，アメリカ[138]，パキスタン[139]，グァテマラ[140]，チ

---

(133) *Sea-Bed Committee Report*, Vol. 1, p. 91.

(134) *Sea-Bed Committee Report*, Vol. 1, pp. 89-102. A/AC.138/SC Ⅲ/L.52. 翻訳は，用語等について若干の変更を加えたほかは，原則として芹田健太郎「海洋汚染作業部会の成果」『神戸商船大学紀要第1類・文科論集』第22号（1975年）によった。

(135) A/AC.138/SC Ⅲ/SR.45, p.2.

(136) A/AC.138/SC Ⅲ/SR.45, p.5.

(137) A/AC.138/SC Ⅲ/SR.45, p.5.

(138) A/AC.138/SC Ⅲ/SR.45, p.6.

(139) A/AC.138/SC Ⅲ/SR.45, p.6.

◇第2節◇ 海洋汚染の防止に関する旗国主義の衰退

リ[141]，フィリピン[142]，オーストラリア[143]，ジャマイカ[144]の9カ国が，あるいは汚染防止義務の確定について多くの進歩があるとして（カナダ，フィリピン），あるいはジュネーブ条約に見られる慣習法の再検討に重要な進歩をなしたと述べて（チリ），肯定的評価を下している。それに対し否定的には，ペルー[145]，スペイン[146]の2カ国が，草案が提案のすべてに十分な考慮を加えていないとして，また，ソ連[147]とウクライナ[148]が，国家管轄権の概念の確立という基本的問題が未解決であるとして，評価している例があるのみである。

第3小委員会への提案者とその他の代表との間の非公式協議を通じて，第2作業部会のために準備された非公式協議に含まれたテキスト

（第2作業部会報告書付属書）

第3節　船舶起源の汚染のための基準
 A　政府間海事協議機関は，船舶に関する国際基準を，できるだけ速やかに，かつ存在していないものに限って，設定する主要な責任を有するものとする。

または

 B　国家は，権限ある国際組織（第一次的にIMCO）を通して行動し，船舶からの汚染の防止のための国際基準を，できるだけ速やかに，かつすでに存在していないものに限って，設定しなければならない。国家は，自国の登録の下にある船舶が，船舶設計，艤装，運航，保守およびその他の関連要因に関する国際的に合意された基準に合致するよう確保しなけ

---

(140)　A/AC.138/SC Ⅲ/SR.45, p.6.
(141)　A/AC.138/SC Ⅲ/SR.45, pp. 6-7.
(142)　A/AC.138/SC Ⅲ/SR.45, p.7.
(143)　A/AC.138/SC Ⅲ/SR.45, p.7.
(144)　A/AC.138/SC Ⅲ/SR.45, p.8.
(145)　A/AC.138/SC Ⅲ/SR.45, pp. 2-3.
(146)　A/AC.138/SC Ⅲ/SR.45, p.6.
(147)　A/AC.138/SC Ⅲ/SR.45, pp. 3-4.
(148)　A/AC.138/SC Ⅲ/SR.45, p.7.

◆ 第 2 章 ◆　海洋汚染の防止と国家の管轄権

ればならない。
または
　C　個別的にまたは権限ある国際的もしくは地域的組織を通して行動する国家は，船舶からの汚染の防止のための基準を設定しなければならない。
または
　D　国家は，権限ある国際組織を通して行動し，船舶からの汚染の防止に関する推薦国際基準を採択するための条約の交渉に努力しなければならない。国際水域または国家の管轄下の水域の航行の目的のために，権限ある国際組織によりまたは自国の主権もしくは管轄下の区域で沿岸国によって設定される基準は，発展途上国が自国の旗を掲げる船舶のために設定する基準に取って替わるものであってはならない。これらの基準は，これら諸国の特別の生態学的，地理的かつ経済的特徴を考慮に入れなければならない。
または
　E　航行は，汚染防止に関する一般的かつ無差別的規則および基準で，その条約の第○章のもとで設立される機構が採択するものか，または，広く批准された多辺条約の中に含まれるものに，合致するものでなければならない。国家は，自国の旗を掲げる船舶がこうした基準および規則に合致するよう確保しなければならない。関連する基準および規則で，機構が採択するもの，または広く批准された国際条約に含まれるものがない場合には，沿岸国は，自国の管轄下の海域における船舶からの汚染の減少に関して合理的，無差別的規則を制定することができる。加えて沿岸国は，機構が採択するか，または広く批准された国際条約に含まれるものを補充する無差別的な規則を制定することができる。
または
　F　国連環境計画は，海洋環境に対する保護と汚染取締りのすべての側面に関するあらゆる情報を集中化し，かつ調整するものとする。この機関は，IMCO，海洋汚染の科学的側面に関する合同専門家グループなどの権限ある組織の援助を得て，次のことを行うものとする。
　　（a）海洋汚染の種々の側面のモニタリング，観察，測定および評価のシ

◇第2節◇ 海洋汚染の防止に関する旗国主義の衰退

　　ステムの設置
　(b) 海洋環境を保護するために採択すべき国際的または地域的措置の勧告
　(c) 海洋汚染データ，報告およびその他の関連情報の収集および伝播
　(d) 必要とする諸国に対する海洋汚染基金その他の科学的および技術的援助便宜の配分
　(e) ………（原文のままである。──筆者）

第4節　基準を設定し，かつ制定する個別国家の権限
　A　1　この条約のいずれの条項も，次の場合には，沿岸国が，環境保護区域（最大限の限界が決定されるべき）を含む自国の管轄権の限界内で，第1条の義務を満たすのに必要である措置をとることを妨げるものと解釈することはできない。(a)この条約に基づく国際的に合意される措置の設定と実施がなされるまでの間，または，(b)いずれかの国際的に合意された措置の設定もしくは実施の後に，こうした措置がこの条約の目標を満たさないか，もしくはその他の措置が地域の地理的，経済的および生態学的特徴に照らして必要である場合。
　　　2　本条に従ってとられる特別の措置が合理的であるか否かを決定するにあたって，国家は，必ずしも最終的なものではないが，主要な証拠源として有効な国際的規則，基準および手続を考慮しなければならない。
または
　B　国家は次のために，海洋起源の海洋環境汚染源に関する国際基準を実施する法律および規則を制定しなければならないが，より高い基準を採用しかつ実施することもできる。
　(a) この条約の第〇章〇条に掲げる諸活動に関して〔沿岸海底経済区域〕における自国の権利を行使するにあたって
　(b) 自国の港または沖合施設に入港する船舶のために
　(c) 自然人であると法人であるとを問わず自国民のために，および自国領域で登録されたかもしくは自国の旗を掲げる船舶のために
または

◆第 2 章◆　海洋汚染の防止と国家の管轄権

C　1　この条約中のいずれの条項も，(沿岸) 国が，海洋汚染防止のために，地域内で特別の措置をとることを妨げるものと解釈されてはならない。
　　2　本条に従ってとられる措置は，この条約の目標の限界内に留まらねばならず，かつその適用において差別的であってはならない。また，航行を含み，海洋環境の正当な使用を不必要または不合理に制限してはならない。
　　3　沿岸国が自国の管轄権および／または主権下の区域における自国の海洋環境を保護するために採用する措置は，発展途上国が自国の旗の下にある船舶のために設定する基準と相容れないものであってはならない。

6　おわりに

　海底平和利用委員会第 3 小委員会は，総会決議 2750A によって与えられた任務である海洋法会議のための草案準備については，結局不十分な作業文書しか作成することができなかった。このことにつき，第 3 小委員会の議長エッセンは，委員会におけるコンセンサスの原則が作業を遅延させざるをえなかったと述べた[149]。たしかに，第 1 次，第 2 次海洋法会議が多数決ないし特別多数決原則をとっていたことと異なり，コンセンサス方式をとったことは，会議の進行に対する一つの遅延要因とはなったであろう。しかし問題は，何故コンセンサス原則をとらざるをえなかったか，ということである。この原則は，発展途上国が数の優位を背景として有利な形で草案を作成するのを避けようとした先進国により主張されたものであって[150]，この方式をとらざるをえなかったこと自体，各国家グループ間の意見の対立がいかに深いものであり，その妥協が困難なものであるかを示しているといえよう。
　海洋法に関するジュネーブ 4 条約[151]を採択した第 1 次海洋法会議は，基本

---

(149)　A/AC.138/SC Ⅲ/SR.49, p. 10.
(150)　小田滋「国際連合における海洋法の審議 (1971 年-1973 年)『海洋法研究』(有斐閣，1975 年) 282-283 頁。

◇第2節◇ 海洋汚染の防止に関する旗国主義の衰退

的にはそれまでの慣習法規則の法典化を目指したものであり，そのため国連国際法委員会が条約草案の作成を担当し，条約採択に至ることができた(152)。しかし，第3次海洋法会議は，その後の発展途上国の国際社会への大量加入による国際社会の構造が変化したことを背景として，途上国等の非海運国が中心となって，伝統的海洋法の再検討すなわち新海洋法の制定を要求したものであった(153)。海洋汚染防止問題を見れば，そのことは，海洋汚染の深刻化を背景として，もっぱら被害者としての立場に置かれてきた途上沿岸国を中心とした非海運国が，加害者である海運国に対し実効的汚染防止の確保，具体的には実施に関する旗国主義の変更を要求するという内容を持つものであった。

そうした背景の下に開催された海底平和利用委員会の議論は，IMCOと比べて次の様な特徴を持っていたといえよう。その第1は，海洋環境保全義務の概念が登場したことである。これは，多くの諸国の主張の中に見られ(154)，また作業部会草案第1条でも明記されており，新しい国際法原則として成立しつつあるといえよう。こうした背景には，国連人間環境会議宣言でこの概念が合意され，また深海底原則宣言で「人類の共同財産」概念が成立したことが存在している(155)。こうした義務概念の登場は，汚染に関する国家責任の主体に国際社会が存在することを確認しようとするものであり，他の国際法分野にも大きく影響せざるをえないものである。第2には，資源管轄権の一部としての汚

(151) 「領海および接続水域に関する条約」「公海に関する条約」「漁業および公海の生物資源の保存に関する条約」「大陸棚に関する条約」
(152) Louis Henkin, "Old Politics and New Directions," *New Directions in the Law of the Sea*, Vol. Ⅲ, Collected Papers, (ed. by R. Churchill, K.R. Simmonds, J. Welch), Oceana 1973, p.3.
(153) P.S. Ferrerira, "The Role of African in the Development of the, Law of the Sea at the Third United Nations Conference," *Ocean Development and International Law Journal*, Vol. 7, No. 1-2, 1979, pp. 90-92.
(154) たとえば，メキシコ（A/AC.138/SC Ⅲ/SR.6, p. 52），タンザニア（A/AC.138/SC Ⅲ/SR.19, p. 78），ペルー（A/AC.138/SC Ⅲ/SR.19, p. 84），カナダ（A/AC.138/SC Ⅲ/SR.20, p. 7）。スペインは，この義務を強行規範であると述べている（A/AC.138/SC Ⅲ/SR.4, p. 22）。
(155) 原則宣言邦訳と，その成立経過および内容については，高林秀雄「深海海底を律する原則宣言」『海洋開発の国際法』（有信堂，1977年）164-192頁を参照。

◆第2章◆　海洋汚染の防止と国家の管轄権

染防止管轄権が主張されるようになったことがあげられる。これは，発展途上国である沿岸国によって，200カイリ主張と関連した沿岸国資源保護のための一権利として主張された。このことは，汚染防止管轄権主張の200カイリ主張への没入を意味し，これらの国にとっては，第2委員会におけるその成否が重大な影響を持つことになる。第3に，汚染防止基準の設定・実施に関する条約履行義務の差別適用の考え方が登場したことである。すなわち，汚染防止費用は汚染に主要な責任を持つ先進国が負担し，途上国はその経済発展を進めるために海洋の浄化力を享受することができるのであって，途上国と先進国との間で規則・基準が異なるのは当然であるとする主張である。この環境と経済発展という問題は，海洋汚染問題が単に海洋法のみでなく，新国際経済秩序の樹立等広い分野との関連で考慮されねば解決しえないことを示しているのである[156]。第4に，汚染防止に関して沿岸国に原則的に何らかの管轄権を付与する必要があるとの考えは，もはや大勢となったといえよう。問題は，いかなる権利を沿岸国は持つのかという，内容の段階に移っているといえよう。こうして，伝統的国際法上の大原則であり続けた旗国主義は，少なくとも海洋汚染防止に関する限りは，衰退の方向をたどっているということができるであろう。

　こうした様々な要因を含んだ海洋汚染防止条約の作成は，極めて困難な作業であるといえよう。しかし逆にみれば，こうして問題点の全面的展開が見られたことは，解決の方向に1歩近づいたといえるのではないであろうか。少なくとも，以上の諸問題を解決することなしに，真に実効性のある汚染防止条約の成立は不可能であろうからである。アメリカの代表スチーブンソン（John R. Stevenson）が指摘した様に，会議で新条約が成立しないことにより伝統的海洋法が依然として残るということはなく，その場合には諸国の一方的行為による海洋をめぐる無秩序状態が生ずるであろう[157]との認識は，諸国に一般的な

---

(156)　この環境と経済発展の問題は，環境とは何かという定義の問題も含めて，極めて興味をひく問題である。この点については，さしあたり，*International Organization*, Vol.26, No.2, Spring 1972, pp. 169-478 の各論文と，金子熊夫「かけがえのない地球――その理想と現実」環境法研究第3号『環境問題の国際的動向』（有斐閣，1975年）129-150頁を参照。

(157)　Stevenson and Oxman, *supra* note（126）pp. 30-32.

◇ 第2節 ◇ 海洋汚染の防止に関する旗国主義の衰退

ものであろう。解決の方向がいかに困難であろうとも，そうした必要性が困難を克服し，新条約作成に向かわせることであろう。
　こうした状況の下で，第3次海洋法会議は開催されたのであった。

◆第2章◆　海洋汚染の防止と国家の管轄権

◆ 第3節 ◆　海洋汚染防止条約と国家の管轄権

1　はじめに

　近年国際社会においては，国際海事機関（IMO）や国際連合等を中心として，海洋環境保全のための法的体制の整備が急速になされてきた。IMO はこれまで，後で見るように，多くの海洋汚染規制に関する条約を作成してきたし，国連においても 1982 年に海洋環境保全に関する条項を含む国連海洋法条約が採択されている。

　その中で，いわゆる船舶起因汚染の規制において最大の問題点の一つであったのは，各国がいかなる基準に基づいて条約を執行（実施）するべきかという管轄権（立法管轄権，執行管轄権，司法管轄権）の問題であった。

　この管轄権問題は，伝統的海洋法上の大原則である公海自由の原則に基づく旗国主義の修正・変更をその内容とするだけに，いわゆる海運国と非海運国（沿岸国）との利害の深い対立により合意が最も困難なものであったのである。

　そこで本節では，この問題をめぐる議論の背景と経過を，主に国際会議における各国の発言や提案等を見ることにより明らかにし，最後に国連海洋法条約においてどのような合意が達成されたかを見てみよう。

2　伝統的海洋法の下における国家の管轄権

　狭い領海，広い公海の二分法制度をとり，その下での公海自由原則を主柱とする伝統的海洋法の下においては，公海上の船舶に対し管轄権を行使しうるのは原則として船舶の旗国（登録国）に限定されていた。

　このいわゆる旗国主義の原則は，海洋汚染規制の国際法においても当然つらぬかれており，いま，その例として「1954 年の油による海洋の汚染防止のための国際条約」（1954 年条約）とその改正条約[1]における管轄権条項を見てみ

---

　(1)　International Convention for the Prevention of Pollution of the Sea by Oil, 1954.

◇ 第3節 ◇ 海洋汚染防止条約と国家の管轄権

よう。この条約は，船舶の通常航行に伴う油の排出を規制することを目的として1954年にイギリス政府の招請により開催された国際会議で採択されたものであるが，その後1958年に政府間海事協議機関（IMCO―1982年には国際海事機関と改称）の発足に伴い，同事務局の下で1962年，1969年，1971年と改正されている。

1954年条約およびその後の改正条約にある執行条項を見てみると，まず条約は，領海内違反については沿岸国の管轄権が及ぶとする原則を確認している（第11条）。そして，主に公海上で行われる条約違反の監視のために，締約国の条約適用対象となる船舶は，油記録簿の船舶備え付けを義務づけられており（第9条1項），締約国は，自国の港にある船舶の油記録簿を検査することができるとしている（1954年条約第9条2項，1962年改正以降第9条5項）。条約違反が確認された場合には，発見した締約国は，その違反を当該船舶の旗国に通報することができ（第10条1項），違反については船舶が登録されている領域の法令に基づいて処罰されることになっている（1954年条約第3条3項，1962年改正以降第6条1項）。

このように公海上の船舶に対する管轄権はその旗国（登録国）のみが持つとする伝統的な旗国主義の考え方がここではとられている。この執行における旗国管轄権の考え方は，1954年条約の成立から1971年の改正に至るまで当然の一般的原則とされ，まったく疑問とされることはなかった。たとえば1954年条約作成会議の全体委員会で議長フォークナーは，合意されるであろう何らかの規制の公海での執行管轄権は船舶の旗国である政府により行使されねばならないことを提起しており[2]，それに続くイギリス代表の次の発言に対し異議を唱えた代表は1人としていなかったのである。「執行に関して一般的合意がなければならないいくつかの点があるように思う。第1の点は，議長によって提起されたように，公海における管轄権は船舶の旗国にあらねばならないということであり，第2の点は，領海内では管轄権は，その時に船舶が存在する海域を領海とする国にあらねばならないということある。これらは受け入れられ

---

(2) International Conference on Pollution of the Sea by Oil, General Committee, Minutes of Sixth Meeting, p. 1.

◆第2章◆　海洋汚染の防止と国家の管轄権

た原則である(3)。」

　以上は、船舶の通常の航行に伴って排出される油濁についてのものであるが、船舶の事故による油濁に対処するためにこの旗国管轄権の原則に一定の変更を加えざるを得なかった興味ある条約が存在する。それは1969年の「油による汚染を伴う事故の場合における公海上の措置に関する国際条約(4)」（公法条約）である。

　この条約は、1967年にリベリア船籍の油タンカー、トリー・キャニオン号が、イギリスのシリー群島付近で座礁し、同船からの流出原油によりイギリス、フランス両国に多大の被害を及ぼしたいわゆる「トリー・キャニオン号事件」を契機として作成されたものである。イギリスはこれに対し沿岸への被害を最小限に止めるため公海上で同船を破壊する措置をとったが、この行為は、公海上では旗国のみが管轄権を行使しうるとする伝統的国際法の下では正当化されえないものであった。こうした事態に対処することを目的として、IMCOにより、一定の要件の下で公海上にある船舶に対し旗国以外の締約国が管轄権を行使しうることを内容とするこの条約が作成されたのである。

　公法条約は、「海水と沿岸の油による汚染をもたらす海難の重大な結果から自国民を保護する必要を認識して（前文1項）」作成され、「締約国は、大規模かつ有害な結果をもたらすと合理的に予測される海難またはそれに関係した行為により、海水の油による汚染又は汚染の脅威がある場合において生ずる、自国沿岸あるいは関連利益への重大かつ急迫した危険を防止し、軽減し、除去するために、必要な措置を公海上においてとることができる（第1条1項）」としている。

　公法条約はその前文で、この条約に従ってとられる措置は公海自由の原則に影響を及ぼすものではないと規定している。しかし伝統的な公海自由の原則は、沿岸国による介入権の行使により大きな侵害を受けることは明らかである。この条約は、船舶の事故による油濁の発生という特殊な状況下で適用されるものであるが、沿岸国の利益保護のため旗国主義に変更を加えざるをえなかった事

---

(3) *Ibid.*, p. 2.
(4) International Convention Relating to Intervention on the High Seas in Cases of Oil Pollution Casualties. 条約は1975年5月6日に発効した。

◇ 第3節 ◇ 海洋汚染防止条約と国家の管轄権

例として考えることができるであろう。

　ところで，これまで見たような伝統的な旗国主義の体制を保持してきたIMCO条約の実施のシステムは十分機能してこず，海洋汚染防止の実効も上がっていないことは良く指摘されるところである[5]。このことは，IMCO自身が1968年の第4特別総会決議[6]により，条約に対する違反の探知とその実施に関して協力するよう締約国政府に対し求めていることからも理解しえよう。ケヌデックが，「外国船舶によって公海において行われる違反に対する制裁のメカニズムは，しばしば実行が困難な政府間の協力およびその船舶が属している国家の当局の善意に依存している[7]」と指摘しているが，自国からはるかに離れた海上で汚染をする船舶の旗国は，その行為を取り締まる直接的利益は持たない。それに対し，実際に被害を受ける沿岸国は，自国領海内でない限り，その行為を直接取り締まる権限を条約上持たない。こうしたいわば利害が相反する問題が，国家の善意で解決されることはありえないことであろう。そしてこの様な問題性は，いわゆる便宜置籍船の存在によってさらに倍加される。これら便宜置籍船は旗国との真正の関連を持たないのであるからその有効な規制は期待することはできない。

　以上の理由から，IMCO1973年会議や第3次海洋法会議においては，汚染防止を実効あるものとするために，この執行に関する旗国主義の原則それ自身を変更することが要求されるのである。

---

(5) 水上千之「海洋汚染規制に関する国家管轄権の拡大について」『国際法外交雑誌』第76巻第5号（1977年）45-46頁。岩間徹「入港国管轄権について」『一橋論叢』第92巻第5号（1984年）94-95頁。村上暦造「海洋汚染に対するエンフォースメント——国際条約のセーフガードを中心として」『海上保安大学校研究報告』第27巻第2号（1981年）6頁。本章第1節 53-57頁。

(6) IMCO, Resolutions and Other Decisions, Fourth Extraordinary Session, 26 November–28 November 1968, Resolution A, 151（ES. IV），p. 5.

(7) ジャン＝ピエール・ケヌデック（桑原輝路訳）「海洋汚染と国際法」『法政理論』第5巻第3号（1973年）24-25頁。

◆ 第2章 ◆　海洋汚染の防止と国家の管轄権

3　1973年海洋汚染国際会議における管轄権の動揺

　IMCOは1973年に「1973年の海洋汚染に関する国際会議[8]」(1973年会議)を開催し，ここで規制対象を油以外の物質にも拡大し，さらに従来の条約に比べて規制を強化した「1973年の船舶からの汚染の防止のための国際条約[9]」(1973年条約)を採択した。

　1973年会議では，それまでの条約で一貫して保持されてきた公海上の船舶に対する旗国のみによる管轄権の行使の制度を修正・変更するものとして，寄港国管轄権及び沿岸国管轄権の考え方が登場した。

(1) 寄港国管轄権について

　寄港国管轄権は，条約の執行に関して旗国のみによる処罰を前提とした従来の制度は実効性に疑問があるとして主張されたものであって，これは，条約に違反した船舶に対する訴追をも含む司法的手続をとる権限（執行管轄権，司法管轄権）を，当該船舶が寄港した国に与えることにより違反に対する処罰の実効性を確保しようとする考え方である。この考え方は1973年会議においてカナダ，アメリカ，オランダ[10]により提案されている。以下そのうちのいくつかを見てみよう。

　まずカナダ提案から見るならば，カナダは前文でその提案理由を要旨次の様に述べている。「1954年の海水汚濁防止条約とその改正の基本的な欠点の一つは執行に関する規定が不適切なことであり，その結果この条約の下で領海外でなされた違反について司法的手続がほとんどとられてきていないことは，経験的に明らかである。そこではカナダは，適当な条約規定という方法によって，締約国の船舶は，他国の管轄権外の水域でなされた違反に対し他の締約国の裁判所での司法的手続に服しうるとすることが望ましいと考える」。

---

(8)　International Conference on Marine Pollution, 1973.

(9)　International Convention for the Prevention of Pollution from Ships, 1973. 条約は1983年3月30日に発効している。

(10)　カナダ，Preparatory Meeting for the International Pollution (PCMP) /4/30, アメリカ，PCMP/WP. 25, オランダ，MP/CONF/8/6.

◇第3節◇ 海洋汚染防止条約と国家の管轄権

そしてカナダは第4条本文で，違法排出は船舶の旗国の法令及び排出が他の締約国の管轄権内でなされた場合はその国の法令により処罰されるとした上で（第1項(a), (b)），さらに「船舶が締約国の港あるいは沖合の停泊施設に入っており，排出が他の締約国の管轄権下にない水域でなされた場合は，当該締約国の法令」により処罰されるとしている（第1項(c)）。また，船舶が規則上必要とされる証書を船内に有していない場合には，旗国の法令と（第3項(c)），「違反が他の締約国の港あるいは沖合いの停泊施設で発見される場合には，当該締約国の法令」により処罰されるとしており（第3項(b)），最後に，こうした手続は，締約国により二重にとられてはならない旨規定している（第5項）。

これに対しアメリカ提案は，同様に寄港国管轄権を主張しながら，その内容は以下の点においてカナダ提案と異なる。(1)カナダ提案は，違法な排出，証書不保持の場合に寄港国が処罰できるとしたが，この提案ではその範囲が「あらゆる違反」に拡大されている（第3項）。(2)違反に対する司法的手続は発生時より遅くとも［3[11]］年以内に開始されること（第3項）。(3)二重の司法的手続の例外として(a)旗国及び(b)その領海内あるいは接続水域内でなされた違反についての沿岸国を置いている。

以上の寄港国管轄権に関する提案は，準備会議においては，フィンランド，ギリシャ，イギリス，ソビエト，ポーランド[12]等により，あるいは締約国の権限の過度な拡大は不合理として，またあるいは，管轄権問題は海洋法会議で解決されるべきとして，反対された。

そこでオーストラリア，カナダ，ニュージーランドは，本会議において，各国の意見を考慮して作成したとする，さらに包括的であり妥協的な共同提案[13]を提出している。それは以下の内容を持つものである。(1)寄港国が司法的手続をとることができるのは，有害物質あるいはそれらの物質を含む廃水の排出に関する違反に限られる。しかも以下の(a)～(e)の条件に従うことが必要とされる。(a)他の締約国の領海内での違法な排出に関しては，その国の明示

---

(11) これは，期間については考慮の余地があるという意味である。
(12) フィンランド，MP/CONF/8/7，ギリシャ，MP/CONF/8/10/Add. 1），イギリス，MP/CONF/8/16/Add. 1，ソビエト，MP/CONF/8/8，ポーランド，MP/CONF/8/19．
(13) 外務省国際連合局専門機関課『1973年海洋汚染国際会議議事報告書』（1974年）。

135

◆第2章◆　海洋汚染の防止と国家の管轄権

の要請があること。(b)司法的手続は違反が申し立てられてから6カ月以内に開始されること。(c)罰金もしくはその他の金銭的罰則のみ課すことができる。(d)船舶は保釈金その他の財産的保障の提供などの合理的手続によってすみやかに釈放されること。(e)締約国は，司法的手続を開始しようとする時は，そのことを船舶の旗国に通知すること。旗国が通知を受けてから3カ月以内に手続をとるなら他の締約国は手続をとりえない。(2)旗国によるもののほか二重に司法的手続はとられてはならない。

　本会議ではこの提案を基礎として討議が進められ，各国の反対意見にかんがみてさらに妥協を図る修正案が提出されたが，結局多数の支持を得られず否決されている(14)。

　以上見てきたように，寄港国管轄権の考え方は，準備会議においてカナダ，アメリカ等により提案され，それが主に海運国，及び社会主義国の抵抗に会い，寄港国の管轄権を行使しうる場合を保釈条項，罰則種類制限等により限定する方向で妥協を重ねるという経緯をとる。そしてその妥協は最終的には，旗国に一定期間内で優先的に司法的手続をとる権利を認め，他の締約国が同様な手続をとることを排除しているように，単に寄港国が旗国に条約の実施をうながすという程度のものでしかなくなってきている。こうなると寄港国管轄権も旗国管轄権も事実上差異のないものとなっているといえよう。しかし，こうした妥協案も結局この会議で否決されてしまったのである。

（2）沿岸国管轄権について

　海洋汚染の規制に関して，旗国のみならず沿岸国に一定の管轄権の行使を許すべきであるという主張は，寄港国管轄権とならんでこの会議において大きく議論となった問題である。以下ここでの議論の概要を，そのされ方に沿って，管轄権の行使範囲と内容の問題に分けて見てみたい。

（ｉ）管轄権の行使範囲

　管轄権の行使範囲の問題は，準備会議草案第4条の「締約国の管轄権内でのこの条約のいかなる違反も，その国の法令の下で禁止されるものとする。」と

---

(14)　本章第1節63-66頁。

◇第3節◇ 海洋汚染防止条約と国家の管轄権

いう規定と，同じく第9条3項の，「この条約における『管轄権』の用語は，この条約の適用もしくは解釈の時点において有効な国際法に照らして解釈されねばならない」との規定とのパッケージ扱いをめぐって議論された。

1954年条約とその改正において維持されてきた第4条「締約国の領海内で」の表現が「締約国の管轄権内で」とここで変更されたのは，管轄権の拡大の可能性を念頭においた沿岸国グループの主張によるものであるが，海運国グループは，これに対し，メキシコより提案された前述の第9条と第4条とをパッケージとする妥協案(15)を作成した。海運国グループは「管轄権」の意味について「有効な国際法」という解釈基準の導入によりその拡大の傾向に一定の枠をはめようとしたのである。

総会においてタンザニアはこの第9条と第10条（新しく第7条が入ったためここでは第10条となっている）のパッケージ扱いに反対しつつ，第10条3項の削除を提案(16)した。タンザニアはその理由として，海洋法会議が決定すべき「管轄権」の定義をここで安易にすべきでなく，またこの規定は，国際法の発展を阻害するものであることをあげている。そしてインドネシア，ペルー，エクアドル，キューバ等の途上国が同様な立場から同提案に対し賛成意見を述べている(17)。

それに対して，西ドイツ，イギリス，オーストラリア，アメリカ等の海運国および社会主義国は，第10条3項は妥協の産物であり条約規定のバランスを保つために必要として，タンザニア提案に反対しその保持を主張した(18)。

そして結局本会議では，このタンザニア提案は賛成9，反対39，棄権10で否決されてしまうことになる(19)。しかし，ここでの第4条と第10条をめぐる管轄権に関する議論から，少なくとも理解しうることは，この管轄権の及ぶ範囲は，これまでの領海の概念とは異なったものであり，更にそれよりも拡大し

---

(15) 外務省・前掲注(13)10頁。
(16) MP/CONF/SR, 10/p. 11.
(17) インドネシア，ペルー，*Ibid.*, p. 11, エクアドル，*Ibid.*, p. 12, キューバ，*Ibid.*, p. 13.
(18) 西ドイツ，*Ibid.*, pp. 11-12, イギリス，*Ibid.*, p. 12, オーストラリア，*Ibid.*, p. 13, アメリカ，*Ibid.*, p. 16.
(19) *Ibid.*, p. 18.

137

◆第2章◆　海洋汚染の防止と国家の管轄権

たものとの考えがすでにかなりの国に一般的であるということである。であるから，その広がる管轄権の範囲を前提として，そこで沿岸国の行使しうる管轄権の内容の問題が出てくるのである。

(ii) 管轄権の内容

ここでの管轄権の内容をめぐる議論は，締約国が自国管轄内で汚染防止に関していかなる規則が制定しうるかという，いわゆる立法管轄権についてなされた。具体的には総会に対して第1委員会より提出された以下の「締約国の管轄権」と題する妥協案[20]（第9条）をめぐって議論がなされている。

第9条

① 本条約のいかなる規定も，特殊な環境につき正当な理由がある水域では，自国管轄権内で排出基準に関してより厳しい措置をとるいかなる締約国の権能もそこなうものと解釈されてはならない。

② 締約国は自国管轄権内で，自国船以外のこの条約が適用される船舶に関して，汚染防止の目的で，船舶設計や船舶設備について付加的な要件を課してはならない。この項は，受け入れられた科学的基準に従って，特に汚染されやすい環境という特殊な性格を持つ水域に対し適用しない。

③ 省略

この提案は無制限に沿岸国の管轄権行使を認めるものではない。しかし，一般的に特殊な環境につき正当な理由がある水域では管轄権行使が認められ，その管轄権の行使も，船舶設計や船舶設備に関しては付加的な要求を課すことができないが，しかし受け入れられた科学的基準に従って特に汚染されやすい環境という特殊な性格を持つ水域に対してはいかなる規制も無制限に課すことができるとしていることから，両者の中間的意見ということができよう。であるから，この規定に対する各国の対応を見てみると次の様になるのである。

すなわち沿岸国グループのうち環境保護的観点を特に強調する国（カナダ，オーストラリア，ニュージーランド等）および海運国グループであってもこの程度の規制は妥協としてやむをえないとして，むしろ本条否決によりさらに規制

---

[20] MP/CONF/C. 1/WP. 43.

◇第3節◇　海洋汚染防止条約と国家の管轄権

が強くなることを危惧する国（リベリア，ギリシャ，パナマ等）は賛成している。それに対して，海運国グループのうち第9条に基づく規制が国際海運に対する障害となることを強く恐れている国（日本，西ドイツ，イギリス，アメリカ等），および沿岸国グループであって，沿岸国はこの提案以上に強い規制措置をとることができると考える国（経済水域や200カイリ領海等の主張をしている国であって，タンザニア，エクアドル，ケニヤ，アルゼンチン等）は反対にまわっている。そして社会主義国は主として棄権の立場をとっている。

この様にきわめて対立の深い管轄権の内容をめぐる問題は，票決に付されても賛成27，反対22，棄権14で採択に必要な3分の2の多数を得ることができず，結局本条は最終条約文からは削除されることになる[21]。

さて，1973年会議で採択された条約は，これまでのものと比べると，規制の内容の強化，規制対象の拡大など技術的な側面では一定の前進があった[22]。しかし，以上に見たように，重要な争点であった管轄権問題については不確定要素を残したという意味で一定の変化はあったものの，結局未解決のまま残された。そして問題の解決は，より普遍的な討議場である第3次海洋法会議に委ねられることになるのである。

4　国連海洋法条約における多元的管轄権の確立

これまでの海洋法の全面的再検討を目的として，その準備会議を含めれば1971年から1982年まで11年間にわたり世界の大多数の国の参加により開催された第3次海洋法会議では，管轄権に関する問題は，1973年会議におけるよりもさらに明確な議論の対象となって登場する。本章では，その準備会議である国連海底平和利用委員会を含め，第3次海洋法会議での管轄権問題をめぐる審議を概観し，最後に国連海洋法条約においていかなる管轄権が合意されたかを見てみよう。なおこの会議では，条約作成過程において議事録を残さない非公式協議がなされており，審議の様子は提案，一般討論等によりわずかに知

---

(21)　MP/CONF/SR. 12, p. 10.
(22)　本章第1節82-84頁を参照。

◆第2章◆　海洋汚染の防止と国家の管轄権

りうるに過ぎない。

(1) 寄港国管轄権について

　旗国のみならず，船舶が寄港した国に対しても条約の違反に対する訴追をも含む司法的手続をとる権限を与え，そうすることによって条約の実効性を高めようという主張は，海洋法会議においても現れる。具体的提案としては，カナダ案，アメリカ案，オランダ案，ギリシャ案，そしてベルギー・ブルガリア等9カ国案が存在する。前の3提案は，違反が行われる場所を限定せず寄港国に管轄権行使を認めようとするものであるのに対し，後の2提案は，違反が締約国の管轄権下の水域で行なわれるかあるいは，違法排出の結果が締約国に及ぶ場合に限定しようとするものである(23)。

　ところで前者のグループに属する提案については，IMCO1973年会議に提案されたカナダ案，アメリカ案をすでに紹介しており，それと比較して規定内容がやや詳細になっているなどの若干の変化はみられるが，基本的には異なるところはないと思われるので，ここでは，後のグループに属する2提案を見ることにしたい。

　海洋法会議第2会期に提出されたギリシャ案は，次の様に違反場所を明確にした寄港国管轄権を規定する。すなわち，まず第1に違反が他の締約国の内水，領海内でなされたとき，当該国の要請があれば，旗国，沿岸国に加えて寄港国が司法的手続をとることができる（第6条1項）。そして第2に，違反が他の締約国の経済水域内でなされたときは当該沿岸国の要請により旗国が司法的手続をとらねばならず，要請受理後6カ月以内に旗国が何らの措置もとらなかった場合には，当該沿岸国およびその要請に基づき寄港国が，司法的手続をとることができるとしている（第6条2項）。

　またギリシャ案には同時に，寄港国検査は原則として証書確認に留まること（第5条4項），船舶の構造，配乗などの排出以外の違反は旗国のみ処罰しうる

---

(23) カナダ，A/AC. 138/SC Ⅲ/L. 37/Add. 1，アメリカ，A/AC. 138/SC Ⅲ/L. 40，オランダ，A/AC. 138/SC Ⅲ/L. 48，ギリシャ，A/CONF. 62/C. 3/L. 4，ベルギー，ブルガリア，デンマーク，東ドイツ，西ドイツ，ギリシャ，オランダ，ポーランド，イギリス，A/CONF. 62/C. 3/L. 24. 水上・前掲注(5)60-65頁，岩間・前掲注(5)651-653頁。

◇ 第3節 ◇ 海洋汚染防止条約と国家の管轄権

こと（第6条4項），船舶の不当な抑留，遅延の禁止（第9条1項），その結果生じた損失保障について（第9条4項）などのいわゆる保障条項が用意されている。

次に海洋法会議第3会期に提出された，ベルギー，ブルガリア，デンマーク，東ドイツ，西ドイツ，ギリシャ，オランダ，ポーランド，イギリスの9カ国共同提案を見てみよう。

同提案によれば，寄港国は，自国の港または沖合停泊施設にある船舶に対し，違法排出の合理的根拠を持つかあるいは他の締約国からその情報を得たときは捜査を行うことができる（第3条9項）。そして寄港国が司法的手続をとることができるのは，次の二つの場合に限定される。それは，(a)違法排出の結果が自国の沿岸ないし関係利益に損害を与えたかもしくはその合理的可能性がある場合（第3条11項）および(b)違法排出が他の締約国に対し同様な結果を与え，他の締約国より要請があった場合である（第3条12項）。

この提案では，同時に次の様な制限を寄港国管轄権に対し付している。それは，(a)寄港国が司法的手続をとることができるのは，捜査結果を旗国に通知して6カ月の期間終了後であり，また旗国との手続競合の際には旗国の手続が優先する（第3条14項），(b)司法的手続有効期間は違反がなされてから3年（第3条15項），(c)寄港国による罰則は罰金に限定（第3条17項），(d)保釈金その他の合理的保障措置による釈放（第3条18項）等である。

以上のように同提案によれば，寄港国管轄権を行使するについては，締約国利益への損害の発生およびその合理的可能性が要件とされており，したがって締約国沿岸海域での違法排出に限定されているのである。そしてその保障措置も極めて詳細なものとなっている。

オランダを除きこれらの提案国は，IMCO1973年会議では寄港国管轄権に反対してきた国であり，海洋法会議において寄港国管轄権肯定に態度を変えつつも，自由な海運に対する配慮を十分残している提案であるといえよう。

以上の寄港国管轄権の主張に対しては，スペイン，日本，ソ連[24]等若干の

---

(24) スペイン, Third United Nations Conference on the Law of the Sea (Third UNCLOS), *Official Records*, Vol. Ⅱ, p. 393, 日本, *Ibid.*, p. 357, ソ連, *Ibid., Official Records*, Vol. Ⅳ, p. 87.

◆第2章◆　海洋汚染の防止と国家の管轄権

国から管轄権の根拠への疑問あるいは実効性の観点より反対が唱えられはしたが，IMCO1973年会議とは異なり大きな議論の対象とはならなかった。そしてここではむしろ，海運国と沿岸国の利害の直接的対立を示す沿岸国管轄権に焦点が移行して行くのである。

(2) 沿岸国管轄権について

　海洋汚染の規制に関して沿岸国に何らかの管轄権を付与しなければならないとの主張は，伝統的海洋法の全面的再検討を任務とする海洋法会議の性格から，ここではIMCO1973年会議よりもさらに明確なものとして現れる。以下にその主張されるところについて，管轄権の行使範囲の問題（執行・司法管轄権）と，管轄権内での基準設定権（立法管轄権）とに分けて見てみよう。いうまでもなくこれらは統一して主張されているのであるが，ここでは便宜上分けることにする。

(i) 管轄権の行使範囲

　管轄権の行使範囲については大別して三様の主張が見られる。それは，(a) 200カイリ管轄権と関連させるものであり，(b)カナダの主唱してきた管理者資格（custodianship）に基づくものであり，(c) 50カイリ程度の比較的狭い水域を主張するものである。

　まず(a)に属するものとしては，ケニヤ提案[25]とエクアドル，エルサルバドル，ペルー，ウルグアイ共同提案[26]を見ることができる。ケニヤ提案は冒頭に，これが200カイリ排他的経済水域の一部を構成すると述べ，そしてその範囲内で汚染防止のための管轄権を行使しうるとしている。エクアドル等4カ国提案も基本的立場は同様である。これら諸国は汚染防止管轄権の根拠を200カイリ水域に対する資源管理・保護の権利に求めており，これはIMCO1973年会議では見られなかった特徴である。

　次に(b)に属するカナダ提案[27]は，条約の目的に従って決定される環境保護水域内で沿岸国は管轄権を行使しうるとするのであるが，その根拠を国の国際

---

(25)　A/AC. 138/SC Ⅲ/L. 41.
(26)　A/AC. 138/SC Ⅲ/L. 47.
(27)　A/AC. 138/SC Ⅲ/L. 28.

◇ 第3節 ◇ 海洋汚染防止条約と国家の管轄権

社会の利益を保護する義務・責任の存在から導こうとしている。そうした管理者資格の観点から見たとき，そしてカナダは1970年の国内法において200カイリの北極海汚染防止水域を設定していることからも，後述の(c)とは異なる比較的広い水域を前提としたものといえよう。

最後に(c)に属するものとしては，フランス提案[28]，日本提案[29]をあげることができる。これはどちらも汚染防止の実効性を高めるためその被害を受けやすい沿岸国に管轄権を付与する必要があるとするのであるが，資源管理とは関係させていない点で(a)と異なり，また，国際社会の義務を強調せず50カイリ程度の比較的狭い水域を念頭においている点からも(b)とも異なるものである。

(ii) **管轄権内での基準設定権**

次に，その管轄権内でいかなる国が汚染防止基準を設定しうるかといういわゆる立法管轄権の問題についても，大きく分けて三つの立場をあげることができる。それは，(a)権限は沿岸国が持つという「国内基準主義」の立場であり，(b)国際基準を考慮したうえで沿岸国が決定することができるという「国際基準を考慮した国内基準主義」の立場であり，(c)それは国際的に決定されねばならないという「国際基準主義」の立場である。以下それぞれについて見てみよう。

(a)の国内基準主義は主に発展途上国により支持されるものであって，前項(a)で見た200カイリ主張と関連させて沿岸国管轄権を述べる立場と対応する。これらの国にとっては，沿岸国の主権的権利としての資源保護のため沿岸国の一定水域に汚染防止管轄権を持つというのであるから，その中で適用される規則は当然国内法に基づいて制定されねばならないとする。これらの主張は，上記(a)のケニヤ提案，エクアドル等4カ国提案に見られ，またウルグアイ[30]，ガーナ[31]等により支持されている。

次に(b)の国際基準を考慮した国内基準主義といういわば両者の折衷案の立

---

(28) A/AC. 138/SC Ⅲ/L. 46.
(29) A/AC. 138/SC Ⅲ/L. 49.
(30) A/AC. 138/SC Ⅲ/SR. 10, p. 124.
(31) Third UNCLOS, *Official Records,* vol. Ⅱ, p. 360.

◆第2章◆ 海洋汚染の防止と国家の管轄権

場は,カナダ,オーストラリア提案そしてカナダ,フィジー等の10カ国提案に見られるものであり,前項(b)の管理者資格に基づく沿岸国主義と対応するものである。これは基本的には国際基準による有効な規制が望ましいのであるが,それが存在しないか不十分な場合には国内基準を設定しうるというものであり,こうした立場は,国際社会より管理を委託された国家を考えたとき,権利的側面よりむしろ義務的側面から導き出されるものといえよう。

最後に管轄権の基準は国際的に決定されねばならないという国際基準主義は,前項(c)の限定された沿岸国主義に立つ国により支持されており,また前に見た寄港国管轄権をとる立場からも支持されている。具体的にはフランス,日本,アメリカ提案等あげることができ,多くの海運国から支持されているものである。その根拠としては,一つは海洋汚染防止に国際的に対処することの有効性の問題があげられているが,もう一つは,各国の異なる国内立法が旗国主義の原則を侵害し国際海上航行への障害となるという海運国にとりより根本的であろう理由があげられている。

(3) 国連海洋法条約における多元的管轄権の確立

1971年に国連海底平和利用委員会の下で準備が開始され,1973年より開催された第3次海洋法会議は,第3会期になり非公式単1交渉草案[32]が作成され,それが改訂単一交渉草案[33](第4会期),非公式統合交渉草案[34](第6会期),海洋法条約非公式草案[35](再開第9会期),海洋法条約案[36](第10会期),と順次改正されて,1982年の第11会期に国連海洋法条約が採択された。

本節では,最終的に合意された条約において,これまで検討してきた管轄権問題がどのように規定されたかを見てみよう。

(i) 基 準

第5節「海洋環境の汚染の防止,軽減,及び規制のための国際規則並びに国

---

(32) A/CONF. 62/WP. 8.
(33) A/CONF. 62/WP. 9/Rev. 1.
(34) A/CONF. 62/WP. 10/Rev. 1. & Rev. 2.
(35) A/CONF. 62/WP. 10/Rev. 3.
(36) A/CONF. 62/L. 78.

◇第3節◇ 海洋汚染防止条約と国家の管轄権

内法」の下に各汚染源別の基準設定が規定されており，船舶起因汚染については，第211条で規定されている。それによると，まず自国船舶については旗国が法令制定権を持ち，これは一般的に認められた規則及び基準と少なくとも同等の効果を持たねばならないとして，十分厳格であるべきことを規定している。(第211条2項)。

次に外国船舶については，(a)領海においては，沿岸国に無害通航を妨げない限りで法令制定権があり（第211条4項），(b)排他的経済水域においては，同じく沿岸国に，国際的な規則・基準に基づいた法令制定権を認めている（第211条5項）。そして(c)その性質上特別な保護を与える必要があるとする第211条6項に規定するいわゆる特殊海域については，国際機関の同意の下に沿岸国は追加的法令を制定しうるが，それは外国船舶については，設計，構造，配乗または装備について国際規則・基準以外のものを制定しえないとしている（第211条6項）。それに対し，(d)排他的経済水域内で，環境的に脆弱な氷結区域については，沿岸国が国際機関の同意を必要としない法令制定権を持っている（第234条）。

(ii) 執 行

執行については第6節に規定されており，とりわけ問題となった船舶起因汚染の執行については旗国，入港国，沿岸国それぞれによる多元的な執行方式をとっている。

まず，旗国による執行について見ると，旗国は自国船舶について，その国内規則・基準により，海域の限定なしに法令の執行を行わねばならず，(第212条1項)，その具体的方式としては，国際的要件を満たさない船舶の出航禁止措置（第217条2項），証書携行の確保，定期検査等をあげている（第217条3項）。

次に寄港国による執行については，寄港国は自国の港又は沖合施設に任意で留まる船舶に対し，自国の内水，領海，排他的経済水域以外での国際基準に違反する排出を行った船舶に対し手続を開始することができる（第218条1項）。他国の内水，領海，排他的経済水域内での違法な排出については手続は原則として開始することができないのであるが，被害国もしくはその脅威を受けた国の要請あるとき，または，その結果が寄港国に及んだかそのおそれあるときは，

◆第2章◆　海洋汚染の防止と国家の管轄権

手続を開始することができるとしている（第218条2項）。

　最後に沿岸国による執行については，(a)自国の港又は沖合の停泊施設に任意に留まる船舶で，違反が自国の領海又は排他的経済水域内でなされたときは，その国は手続を開始することができる（第220条1項）。また(b)自国領海を航行する船舶が，その領海通航中に犯した違反で明白な証拠あるときは，沿岸国は物理的検査や抑留を含む手続を開始することができる（第220条2項）。そして(c)自国の排他的経済水域又は領海を航行する船舶がその排他的経済水域内でなした違反で，それが海洋環境に重大な汚染をもたらし，又はそのおそれあるとの明白な理由ある場合に，当該船舶が情報提供を拒否したり，それが事実に反する場合が明白で状況から検査に正当性がある場合には，船舶の物理的検査を行うことができる（第220条5項）。さらに(d)自国の排他的経済水域又は領海を航行する船舶が排他的経済水域において行った違反について，それが沿岸国の沿岸もしくは関係利益又は領海もしくは排他的経済水域の資源に対し著しい損害をもたらしたかまたはそのおそれについての明白な証拠があるときには，船舶の抑留を含む手続を開始することができる（第220条6項）としている。

(iii) 保障措置

　条約は同時に第7節「保障措置」において，詳細な保障規定を設けている。それによると，外国船舶の調査に際しては不必要な船舶の遅延をしてはならず，検査は原則として書類審査に限定され，金銭上の保障により釈放しなければならない（第226条）。

　また，領海外の水域における違反については，原則として6カ月は旗国に手続の優先権があり，3年の時効が定められており，また旗国以外の二重手続は禁止されている（第228条）。そして，原則として違反に対する刑罰は金銭上のものに限られている（第228条）。

　以上に見たように，国連海洋法条約は海洋汚染規制に関する管轄権問題に対して一応の結論を与えた。いまその特徴を示せば次の様になると思われる。

　第1に旗国の義務の著しい強化があげられよう。自国船に対するコントロールの面において旗国が最も適切な立場にいることは疑いなく，こうした方向は海洋汚染の有効な規制には不可欠であろう。

第2には，旗国の管轄権に加えて，寄港国，沿岸国に管轄権を付与する多元的な管轄権体制がとられたことがあげられる。旗国のみによる管轄権行使が規制の実効性について限界を持つことはこれまで多く指摘されてきたことであり，こうした方向もまた不可欠なことであろう。また基準については原則的には国際基準がとられているが，今後国際的にどのような基準が具体的に設定されてゆくかが一つの焦点となろう。

第3に，これに対して条約では詳細な保障措置の規定が設けられていることもあげられよう。この保障措置の規定が汚染規制にどのような影響を与えるかは今後の推移を見てゆかねばならない[37]。

5　おわりに

公海自由の原則は，船舶の自由な航行を保障することにより海上取引を通じて国際貿易を発展させてきた大きな要素であった。また同時にそれは，船舶を通じた汚染により海洋環境の悪化をもたらし，とりわけ沿岸国に被害を与える要素でもあった。これまでの海洋汚染規制をめぐる条約制定の過程は，このような航行の利益と実効的汚染規制との，すなわち海運国と沿岸国との対立の合意点を見出す作業であった。

そうした中で，数世紀にわたり維持されてきた伝統的海洋法上の大原則である旗国主義が，海洋汚染の規制に関してここ10数年の間に修正・変更された意義は大きい。これまで見てきたように，旗国管轄権に対する寄港国と沿岸国の管轄権主張，とりわけ後者は，先進海運国に抵抗する沿岸国である発展途上国のインパクトにより主として獲得されたものであった。ここに我々は，国際社会の構造変化に伴う近代国際法から現代国際法への転換過程の，海洋法における一つの現れを見るのである。

国連海洋法条約は，60番目の批准書又は加入書が寄託された日の後12カ月で効力を生ずることになっている（第308条）が，1987年8月現在34カ国が

---

(37) 水上千之「国連海洋法条約と船舶起因海洋汚染の規制」『広島法学』第8巻第4号（1985年）41-43頁。

◆第 2 章◆　海洋汚染の防止と国家の管轄権

批准しており，やがて発効するであろう（条約は 1994 年 11 月 16 日に発効した。また，2018 年 4 月 3 日現在の締約国は 168 である）。その時に，さまざまな限定付ではあっても，本条約によってとられた旗国・寄港国・沿岸国による多元的な執行方式は，実効的な汚染規制にとっての一つの有効な手段となるであろう。しかし，この手段が現実に機能するか否かは今後の国家実行を見なければならない。

第 3 章

国連海洋法条約と国際海事機関 (IMO)における具体化

◆ 第1節 ◆ 船舶の通航権と海洋環境の保護
——国連海洋法条約とその発展

1 はじめに

　近代国際社会に成立した伝統的海洋法は，海洋を領海と公海に区分しそれぞれに異なる法制度を適用するという二元的構造に基づいていた。すなわち，沿岸から一定範囲の比較的狭い海域である領海は沿岸国の海域として，そこでは外国船舶には無害通航権のみが認められ，外国の漁船による漁業は禁止され，そして外国の航空機の上空飛行は禁止されるという領海制度を成立させた。そして，その外側の広大な海域である公海は，いずれの国の領有も許されず自由な使用に開放されるという公海自由の原則の適用される海域とし，そこではすべての国による船舶航行の自由，漁業の自由，海底電線や海底パイプライン敷設の自由，上空飛行の自由などが認められた。そして，そうした自由を担保するために，公海における秩序維持について，公海上の船舶に対してはその旗国のみが管轄権を行使しうるとする旗国主義に基づく公海制度を成立させた。このような法制度の下で，海洋の大部分が諸国の自由な使用に開放されることにより，漁業や国際通商の発展があり，近代国際社会の発展があったのである。

　国際法の中で最も安定した制度といわれ，数百年間にわたり海洋の自由な利用を保障してきた伝統的海洋法が動揺する端緒となったのは，衆知のように，1945年の米国大統領トルーマンによる宣言（トルーマン宣言）であった。それは，米国沿岸沖にある大陸棚に対する管轄権と漁業資源に対する自国の管理権を主張したものであり，伝統的海洋法上の大原則である公海の自由を制限するものであった。さらに，それはアメリカ大陸諸国による同様の主張を誘発した結果，多くの海洋紛争が発生し海洋秩序の混乱をもたらした。そこで，そうした混乱に対処するために，1958年に第1次海洋法会議がジュネーブで開催され，同会議は，「領海及び接続水域に関する条約」（領海条約），「公海に関する条約」（公海条約），「大陸棚に関する条約」（大陸棚条約），「漁業及び公海の生物資源の保存に関する条約」（漁業保存条約）の採択に成功した。これらのうち，

◆第3章◆　国連海洋法条約と国際海事機関(IMO)における具体化

　大陸棚条約と漁業保存条約とは，トルーマン宣言により提起された問題を立法論的に解決し，公海条約と領海条約とは，伝統的な慣習法規則を法典化したものである。以上のジュネーブ海洋法4条約は，海洋を公海と領海とに区分するという伝統的な海洋法の二元的構造を前提にして，戦後に発生した大陸棚と漁業資源保存の問題とを公海制度の枠内で整合させようとする性質のものであった。

　しかし，ジュネーブ海洋法4条約の採択によっても，海洋法秩序の動揺は沈静化することはなかった。その後，国際社会において進行した事態，すなわち科学技術の急速な進歩と発展途上国の国際社会への加入に伴う国際社会の構造変化は，海洋法秩序をさらに動揺させ，新秩序の樹立を求めることになる。漁業技術の進歩による漁獲能力の拡大は資源枯渇の問題を，海底開発技術の向上は大陸棚の境界の画定および深海底鉱物資の開発と分配の問題を，さらに巨大タンカーの出現は大規模環境汚染の問題をそれぞれ生じさせ，それらに対応するための新しい海洋法の制定が必要とされた。加えて，1960年代に国際社会に多数加入した発展途上国は，既存の海洋法に対しても自らの意思を反映させるべくその再検討を求めた。こうして，1967年の深海底制度の設立を求める国連総会におけるパルド提案を契機として開始された海洋法制度変革の動きは，やがて既存の海洋法制度の全面的再検討を課題とする第3次海洋法会議の開催へと発展し，それは1982年の国連海洋法条約の採択へと至るのである(1)。

　以上のような経緯で採択された国連海洋法条約であるから，それはジュネーブ海洋法4条約とは大きく異なる構造・特徴を持つものであった。それはひとことでいえば「自由な海洋秩序」から「規制による海洋秩序」への転換であるといえよう(2)。領海・経済水域・公海という三元的海洋法構造の成立と，領

---

(1) 以上の，伝統的海洋法の構造，その動揺および第3次海洋法会議の性格については，高林秀雄『国連海洋法条約の成果と課題』(東信堂，1996年) 3-35頁を参照。
(2) 田中則夫「国連海洋法条約にみられる海洋法思想の新展開——海洋自由の思想を超えて」林久茂＝山手治之＝香西茂編『海洋法の新秩序』(東信堂，1993年) 41頁。田中は，国連海洋法条約が，「海洋法における海洋自由の思想の位置づけを，かなりはっきりとしたかたちで変更した，最初の一般多数国間条約」であるとの視点から，海洋自由の思想との対比において，同条約の分析を行っている。

◇ 第1節 ◇ 船舶の通航権と海洋環境の保護

水制度の多元化さらに深海底制度などの成立は、それまで海洋のほとんどを公海とし自由競争の対象としてきた伝統的海洋法秩序に基本的な変更を迫った。そして、それは、伝統的海洋法上の基本原則であった旗国主義にも変更をもたらしたのである。

　本節は、このような海洋法の構造的転換が船舶の通航権の分野においてどのように現れつつあるか検討してみようとするものである。船舶の通航権は、これまで商船をめぐる国際航行の利益と沿岸国の安全・秩序維持の利益、あるいは軍艦をめぐる海軍国の利益と沿岸国の安全保障の利益との対抗関係において形成されてきたが、近年ではこれに加えて海洋環境保護の利益の観点が登場したといわれている。そこで、本節では、特に海洋環境保護の問題に焦点を当て、それが船舶の通航権にどのような影響をもたらしているかについて検討してみたい。地球的環境保護の問題は、近年の国際法における重要な課題の一つとして登場しているが、それが海洋法の分野においてどのように現れているかを見ることにより、国際社会の発展に伴う現代国際法の構造的転換とその現代的展開の一側面が明らかになると思われるからである。

　ところで、すでにふれたように、国連海洋法条約は、現代海洋法の一応の到達点と考えられよう。したがって、本節においてもその検討が中心におかれる。国連海洋法条約は、その成立の経緯から、二つの意味において発展すべき課題を持つといわれる。一つは、条約はいわゆる枠組条約であるからそれを個別条約において具体化するという課題であり、もう一つは、条約は多様な利害関係に立つ諸国の妥協の産物であるため不明確あるいは未解決の問題を残しており、それを明確化するという課題である[3]。そこで、本節では、2において、海洋法における船舶の通航権と環境との関係について歴史的に概観し、国連海洋法条約成立の意義について確認したあと、3において、国際組織を中心としてなされる国連海洋法条約の具体化の動向について、さらに4において、未解決問題の事例として特殊性格船舶の通航権の問題を取り上げ検討することにより、船舶の通航権と環境をめぐる海洋法の現状とその評価を試みることとしたい。

----

(3) 高林・前掲注(1)35頁。

◆第3章◆　国連海洋法条約と国際海事機関(IMO)における具体化

2　海洋法における通航権と環境

(1) 伝統的海洋法における通航権と環境

　近代国際社会に成立した伝統的海洋法は,「公海自由の原則」をその基本的法原則とした。同原則は,公海の「帰属からの自由」とともに「使用の自由」をその内容とするが,そこにおいては船舶の航行とともに,海洋を廃棄物の処分場として使用する自由もその一形態とされ,規制されてはいなかった。しかし,20世紀に入ってからの,海洋航行船舶の運航をめぐる状況の質的・量的な変化,すなわち船舶の動力の石炭から石油への転換,および民生・産業部門における石油需要の増加に伴う石油の海上輸送の増大は,船舶から排出される油による海洋汚染の問題を生じさせ（当時の船舶起因の海水油濁の主たる原因は,船舶の通常の航行に伴うビルジからの排出,および,タンカーのバラスト水や洗浄水としての油槽からの排出に区分しうる）,船舶の公海での油性廃棄物の排出に対する国際的規制の必要性を諸国に自覚させるようになる[4]。そして,はやくも1926年には,アメリカ政府の招請により当時の先進13カ国（アメリカ,ベルギー,イギリス,カナダ,デンマーク,フランス,ドイツ,イタリア,日本,オランダ,ノルウェー,スペイン,スウェーデン）が参加して,海洋油濁に対処するための会議がワシントンにおいて開催され,同会議は「海洋の油濁防止に関するワシントン条約」草案[5]を作成しており,また,1935年の国際連盟総会においても,油濁規制のための条約草案が採択されている[6]。しかし,戦

---

(4)　1926年のワシントン会議（後述）の開催に向けての予備的資料を収集する目的で設立された,「可航水域における油濁に関する省際委員会」の国務省に対する報告書は,会議参加予定国における汚染やそれに対する対策の状況についてアンケート調査を行い,その結果,米国のみでなく世界の主要海域において油濁とその被害が発生しているとして,国際会議を開催し早急な対策がとられるべきことを勧告している（*Report to Secretary of State of the Inter-Departmental Committee on Oil Pollution of Navigable Waters,* dated Mar. 13, 1926, pp. 1-49)。また, Sonia Zaide Pritchard, *Oil Pollution Control,* Croom Helm 1987, pp. 1-2 を参照。

(5)　Preliminary Conference on Oil Pollution of Navigable Waters; Washington, June 8-16, 1926, Washington, Government Printing Office, 1926, pp. 402-404.

(6)　Myron H. Nordquist (ed.) in chief, Shabtai Rosenne & Alexander Yankov (ed.),

◇第1節◇ 船舶の通航権と海洋環境の保護

間期における諸国をめぐる政治的・経済的情勢は、それらの試みを実定国際法として結実させるには至らなかった[7]。

国際社会が、船舶からの油の排出を規制する国際条約を持つのは、第2次大戦後のことであって、1954年にイギリス政府の招請によりロンドンで開催された「1954年の油による海洋の汚染に関する国際会議」で採択された、「1954年の油による海洋の汚染防止のための国際条約」[8]を嚆矢とする。この条約は、船舶の通常の航行に伴い排出される油による海洋の汚染に対処するものであるが、沿岸からの一定海域における許容濃度以上の油の排出を禁止し、違反に対しては船舶の旗国による実施を定めるものであり、これまで明確に規定されていなかった沿岸国による規制権の限界、あるいは船舶の海洋航行利用の限界についての、国際法的な一応の基準を初めて成立させた[9]。この条約は、その後1958年に船舶の航行の国際的規制についての国連専門機関である政府間海事協議機関（IMCO）が設立されたことに伴い、同機関において、後述するように幾度もの改正がなされることになるが、その後の多くの海洋の環境保護を目的とする国際法的規制の端緒となったものとして意義深いものである[10]。

さて、1958年のジュネーブにおける第1次海洋法会議において採択されたいわゆる海洋法4条約は、それまでの海洋に関する慣習法を法典化し、さらに

United Nations Convention on the Law of the Sea 1982; A Commentary, Vol. Ⅳ, Nijhoff 1991,（以下、「Virginia Commentary Ⅳ」と引用）, p. 4; Pritchard, supra note (4), p. 54.

(7) プリッチャードは、条約採択のための外交会議が開催されなかった理由について、今日一般的にいわれている、ドイツ、イタリア、日本の会議への不参加に求めるのは全く正当ではなく、それは、イギリスやアメリカにおいても見られたような、環境保護のために商業的利益を制約することへの当時の諸国の抵抗感にあるとの興味深い指摘をしている（Pritchard, ibid., p.70）。また、Virginia Commentary Ⅳ, supra note (6), pp. 4-5 を参照。

(8) International Convention for the Prevention of Pollution of the Sea by Oil, 1954.

(9) この条約の内容については、以下の文献を参照。水上千之「船舶起因海洋汚染の国際的規制(1)」『金沢法学』26巻2号（1983年）73-81頁、Pritchard, supra note (4), pp. 105-116.

(10) Douglas Brubaker, Marine Pollution and International Law, Belhaven Press 1993, pp. 121-122; Ronald B. Mitchell, International Oil Pollution at Sea; Environmental Policy and Treaty Compliance, MIT Press 1994, pp. 82-86.

◆第3章◆　国連海洋法条約と国際海事機関(IMO)における具体化

そのうちに第2次大戦後の科学技術の発展に対応するための新規立法としての性格をも有するものであることは前述したが(11)，船舶の航行と海洋環境保護に関する以上の動向も当然そこに反映するものであった。すなわち，公海の国際法的地位について定める「公海に関する条約」は，公海の自由についての基本原則を定める第2条において，「公海の自由は，この条約の規定及び国際法の他の規則で定める条件に従って行使される。」とし，「これらの自由及び国際法の一般原則により承認されたその他の自由は，すべての国により，公海の自由を行使する他国の利益に合理的な考慮を払って，行使されなければならない。」としており，また，海水の汚濁の防止に関する第24条では，「すべての国は，海水の汚濁の防止に関する現行の条約の規定を考慮に入れて，船舶……からの油の排出……により生ずる海水の汚濁の防止のための規則を作成するものとする。」と規定している。

この「公海に関する条約」は，「国際法の確立した原則を一般的に宣言しているもの」（前文）であり，公海の自由を行使する際の他国の同様な権利に対する合理的な配慮から生ずる限界について定める第2条はまさにそのことを規定するものといえるが，国に対し，海水の汚濁の防止に関する現行の条約を考慮して船舶からの油の排出による海洋汚染防止規則の作成を求める第24条の規定は，1954年の油濁防止条約の採択に見られるような海洋環境保護の国際的規制の発展を前提として，各国に対し，それぞれの内水や領海についてのみでなく公海における自国の船舶から排出される油による汚濁の防止についての，国内法の制定を求めるものであるといえよう(12)。

以上のように，そもそも伝統的海洋法の下においては，海洋汚染すなわち海洋を廃棄物の処分場として利用することは公海自由使用の一つのカテゴリーと理解されており，それはいわば国の権利であると理解されていた。そこにはもちろん他国の利益への合理的配慮という内在的制約要因は存在していたが，環境保護が船舶の航行に対する積極的制約要因とは考えられていなかった。

ところが，戦間期以降の世界経済の発展を背景とする船舶による海洋利用形

---

(11) 本節，「はじめに」を参照。
(12) 横田喜三郎『海の国際法・上巻』（有斐閣，1977年）408頁，Brubaker, *supra* note (10), pp. 120-121.

◇ 第1節 ◇ 船舶の通航権と海洋環境の保護

態の質的・量的変化は，海洋の自然浄化能力を越える汚染物質を海洋に排出することにより海洋汚染の問題を発生させ，国による対策の必要性を自覚させる。すなわち，公海使用自由の権利を無制限に享受してきた諸国に対してその権利行使に対する制約を求めるのである。1954年の海水油濁防止条約の採択および発効は，そうした公海自由使用の考えが環境保護的観点から転換を求められる画期であると考えられる。後述するように，海洋の船舶航行利用に対する環境的観点からの制約は，海洋利用の拡大に伴う汚染の深刻化と並行して，これ以降さらに拡大することになる。

しかしそのことは，環境保護がこの時期に船舶航行の一つの規制要因として登場したことを意味するのみであって，それが規制の実質において確固たる地位を占めるものとなったことを意味しない。規制の実質は，後述するように，個別具体化条約によるその後の発展を必要とした。また，この時期の海洋環境保護は，公海自由の原則より生ずる国の権利の個別合意による制約としての性格を持つものであって，そこに国の海洋環境保護義務の存在を見ることができるわけではない[13]。

(2) 国連海洋法条約における通航権と環境

準備会議を含めれば12年の歳月を要して採択された国連海洋法条約は，ジュネーブ海洋法4条約成立以降の海洋をめぐる科学技術の急速な発展と国際社会の構造変化を背景として，伝統的な海洋法の全面的再検討をその目的とする第3次国連海洋法会議において制定されたものであったから[14]，海洋環境保護の国際社会における時代的要請を当然その中に含まざるをえないものであった。1950年代以降のIMCOを中心とした海洋環境保護のための国際的規制の動向，および1972年の国連人間環境会議の開催に象徴されるような環境問題に対する国際的取組の必要性の認識を反映して，国連海洋法条約における環境的側面からの考慮はその随所において見られるのである。それは同条約に

---

[13] Erik Jaap Molenaar, *Coastal State Jurisdiction over Vessel-Source Pollution*, Kluwer Law International 1998, p. 46.

[14] 会議のこうした性格については，高林秀雄『領海制度の研究〔第3版〕』（有信堂，1987年）306-316頁，Molenaar, *ibid.*, pp. 49-50を参照。

◆ 第 3 章 ◆　国連海洋法条約と国際海事機関(IMO)における具体化

おいて環境保護に関する独立した第 12 部が設けられたことに象徴されるのであって，国連海洋法条約における環境保護の要請は，ジュネーブ海洋法 4 条約の下とは比較にならないほど大きな比重を持つようになる。それでは，船舶航行と環境保護の問題に関して国連海洋法条約ではどのように規定されたか，以下にその特徴的な点のみを確認しておくこととしよう。

　まずはじめに指摘されるのが，環境保護がこの条約における中心的な概念の一つとして確立したことである。それは次のような点に現れる。すなわち，(1)この条約前文において，海洋環境の保護が，国際交通の促進や海洋資源の衡平かつ効果的な利用などとともに，条約が実現すべき海洋の法秩序の基本的構成要素であることが確認されていること，また，(2)「海洋環境の保護及び保全」と題する海洋環境保護に関する独立の第 12 部を設け，そこにおいて海洋環境を保護する国の一般的義務を設定し（第 192 条），それを具体化する義務を諸国に課していること（第 194 条以下）である。この条約において，一般的ではあるけれども，海洋環境を保護し保全する国の義務が規定された意義は大きい。すでにふれたように，これまでは，公海自由の原則の下で，国は条約において具体的に規制されていない限り，海洋に汚染物質を排出することは法的に容認されていた。しかし，この規定は，そのような個別条約の有無にかかわらず海洋環境に対する有害行為を控えるべきことを一般条約において初めて国に義務づけるのであって，これは海洋環境を侵害する行為についての，国の権利から義務への転換の第一歩を意味するものとして注目に値する。しかし，もちろんこの規定は一般的な義務としてそれを設定したのであって，具体的な義務の内容や基準そして義務違反の認定や責任の追及などの問題は，本条約における他の規定さらに国際組織などによる具体的規則の制定による今後の発展にゆだねているのである[15]。

　そうした原則に基づいて国連海洋法条約は，海洋利用形態の多様化そして海洋利用をめぐる諸国の複雑な利害の錯綜を反映して，船舶航行と環境保護に関して，複雑な規制の方式を採用している。条約は，公海条約の下での公海・領海の二元的な海洋構造でなくさらに排他的経済水域を加えた三元的な海洋構造

---

(15)　栗林忠男『注解国連海洋法条約・下巻』（有斐閣，1994 年）24 頁。

◇ 第1節 ◇ 船舶の通航権と海洋環境の保護

に基づき，また群島水域・国際海峡・深海底といった特殊な海域を新たに設定し，それらに異なる法的地位を与えた。したがってまず条約は，船舶航行と海洋環境保護に関して，そうした海域別に規制する方式を採用している。しかし，条約は同時に，船舶の種類に応じた規制方式も採用している。いま，船舶航行と環境保護に関する限りでのそれら関連する条項を示せば，以下のとおりとなる。

　はじめに，海域別規制について，条約は，領海において外国船舶の通航の無害性が否定される場合として，「この条約に違反する故意のかつ重大な汚染行為」（第19条2（h））をあげており，また，沿岸国の領海における無害通航に係る法令を制定しうる事項として，「沿岸国の環境の保全並びにその汚染の防止，軽減及び規制」（第21条1（f））をあげている。次に，国際海峡については，通過通航権を行使する船舶が遵守すべき事項として，「船舶からの汚染の防止，軽減及び規制のための一般的に認められた国際的な規則，手続及び慣行」（第39条2（b））があげられており，また，海峡沿岸国の海峡の通過通航に係る法令を制定しうる事項として，「海峡における油，油性廃棄物その他の有害物質の排出に関して適用のある国際規則を実施することによる汚染の防止，軽減及び規制」（第42条1（b））があげられている。さらに，海峡利用国及び海峡沿岸国が，合意により，「船舶からの汚染の防止，軽減及び規制」（第43条1（b））について協力すべきことを定めている。群島水域については，船舶が，群島水域において無害通航権を享受する際には領海の無害通航権に関する規定を準用する（第52条1）としており，群島航路帯通航については，通過通航に関する規定を準用するとしている（第54条）。さらに，排他的経済水域については，沿岸国は，同水域において「海洋環境の保護及び保全」に関する管轄権を有する（第56条1b(iii)）としており，公海については，旗国は自国の船舶について，海洋汚染の防止に関して有効に管轄権を行使するよう規定している（第94条）。
　また，船種別規制について，条約は，海洋環境に重大な危害を加える可能性のある，「タンカー，原子力推進船及び核物資又は他の本質的に危険若しくは有害な物質若しくは原料を運搬する船舶」について，領海における無害通航権の行使にさいして航路帯の通航を義務づけること，及び，それら船舶が，国際協定の定める文書を携行し，特別の予防措置を遵守することを定めている（第

159

◆第3章◆　国連海洋法条約と国際海事機関(IMO)における具体化

22条，第23条)。

　このように，ジュネーブ海洋法4条約の下では，わずかに公海条約第24条において国際条約を考慮した国内法制定義務として一般的に言及されていたに過ぎない船舶の航行に関する環境保護的観点からの規制が，国連海洋法条約においては，海域・船種別に国の権利あるいは義務として明確に規定されることになるのである。

　そして，国連海洋法条約は，そうした海域における規制を執行する方式として，多元的な管轄権制度を導入した。伝統的海洋法は公海・領海の二元的海洋法構造に基づいていたから，公海においては旗国による自国船に対する管轄権行使をまた領海においては沿岸国による管轄権行使を前提としていたが，この条約においては，以下のように，それに加えて，排他的経済水域および公海における沿岸国および入港国（寄港国）[16]による多元的な管轄権制度を採用したのである[17]。

　それによると，まず，立法管轄権について，海洋法条約は，旗国に対して，自国船舶に対する国際的な規則・基準に基づく国内法令制定義務を課しており（第211条2），沿岸国には，領海内において，無害通航を妨げない範囲での，外国船舶に対する法令制定権を，および，排他的経済水域における国際的な規則・基準に合致しそれを実施する法令制定権を，さらにその特定水域において，権限ある国際機関の同意および船舶の設計，構造，配乗，装備について国際基準に従うことを条件として，追加的法令制定権を付与している（第211条4，5，6）。次に，執行・司法管轄権については，旗国は，自国船舶に対し，違反の発生地を問わず法令の執行義務を持ち，沿岸国は，自国への任意入港船舶について，違反が自国領海または排他的経済水域内でなされたとき，領海航行

---

(16)　port state の用語については入港国，寄港地国とも訳されるが，本書では国連海洋法条約の公定訳で使用されている「寄港国」を使用する。

(17)　国連海洋法条約の採用した多元的な管轄権制度，およびそれが採用する国際基準の内容とその意味については，薬師寺による詳しい分析がある（薬師寺公夫「海洋汚染防止に関する条約制度の展開と国連海洋法条約」国際法学会編『海（日本と国際法の100年・第3巻)』〔三省堂，2001年〕221-235頁)。何が条約にいう国際基準に該当するかは，薬師寺も指摘するように，すぐれて現在および将来の国家実行の検討に委ねられる問題であるといえよう。この問題については，稿を改めて論ずることとしたい。

◇ 第1節 ◇ 船舶の通航権と海洋環境の保護

船舶についてはその領海通航中になされた違反について，排他的経済水域または領海航行船舶が排他的経済水域で行った違反について，それぞれ一定の条件の下で執行措置がとりうるとする（第220条）。さらに，寄港国は，自国港への任意入港船舶に対して，その公海上でおこなわれた国際規則・基準に違反する排出について，一定の要件に従って執行措置がとりうるとする（第218条）[18]。

このような国連海洋法条約成立の意義は，第1に，海洋法の基本的秩序を定める条約において，環境保護がその中心的な概念の一つとされたこと，そしてそれに基づいて，一般的ではあるが，伝統的国際法の下では見られなかった，国家の環境保護義務が設定されたことにあるであろう。すなわち，この条約によって，伝統的国際法の下において公海自由原則のコロラリーとして国の権利とされていた海洋汚染行為の国の義務への転換の第一歩が記されたのである[19]。 意義の第2は，この条約で環境保護を目的として以上に見たような複

---

[18] こうした汚染規制に関する管轄権の多元化は，IMCOの1973年条約の改正会議において，主として沿岸国により，1958年の海水油濁防止条約が基づく，条約違反に対する管轄権を旗国のみが持つとする執行方式では条約の実効性が確保できないとして主張されたものであって，規制に反対する先進海運国との間で激しい議論となった問題であった。それは，結局，海洋法の全面的な再検討を課題とする第3次海洋法会議での決定に委ねられたが，その後国連海洋法条約において多元的な管轄権方式が採用されたことは，国際社会の構造変化に基づく海洋法立法主体の多様化と，それに伴う伝統的海洋法から現代海洋法への転換を示す一つの象徴的なできごととして注目されるものであった。なお，この問題に関しては，本書第2章を参照。

[19] Philippe Sands, *Principles of International Environmental law*, Vol. I, Manchster University Press 1995, p. 296. もちろん，栗林も指摘するように，国連海洋法条約第192条にいう海洋環境の保護・保全義務は「一般的義務」であるに留まり，本条項以外の諸規定（「天然資源を開発する国の主権的権利」に関する第193条，および，「自国のとりうる実行可能な最善の手段により，自国の能力に応じて，海洋汚染防止措置をとる」とする第194条1項）に照らして解釈すれば，その義務はかなり弱められる内容のものであるといえるであろう。しかし，そうであるとしても，本条においてはじめて明確に国家の条約上の義務として規定しえたことは，それまでの宣言のレベル（たとえば人間環境宣言第7原則）を質的に越えるものとして，意義あることといえよう。この点については，栗林・前掲注(15), 25頁, 28-29頁，および，同「放射性廃棄物の海洋処分――海洋環境保全義務の一断面」『海洋法の歴史と展望（小田滋還暦記念）』（有斐閣，1986

◆第3章◆　国連海洋法条約と国際海事機関(IMO)における具体化

雑な規則が導入されたことであり，そこには寄港国管轄権制度の創設にみられるような伝統的な旗国主義の原則に対する質的な変更が見出されることである。すなわち，排他的経済水域への沿岸国管轄権の拡大は，接続水域制度に見られるように，領域的なものとして領海に対する管轄権の延長上に理解することも可能であるが，寄港国管轄権制度は，海洋環境を保護するという目的のために，領域性とは別個にこの条約によって創設された，旗国原則や領域原則とはなれた原則であって，これは環境保護を目的とした普遍主義に基づく管轄権原則の導入と考えられるのである[20]。

しかし注意すべきは，国連海洋法条約において環境保護が中心的概念とされたといっても，他の考慮概念，たとえば国際航行の利益，あるいは国家主権の存在などとの関係で，それは必ずしも一貫したものではないということである。そのことは，たとえば，多元的管轄権制度について，旗国の自国船に対する管轄権の行使が国の義務とされているのに対し（shall），経済水域内での沿岸国，さらに寄港国の管轄権が国の権利とされていること（may）にも現れているといえよう[21]。

3　国連海洋法条約の発展(1)——条約による具体化の動向と特徴

(1) 具体化条約と時期区分

以上，伝統的海洋法の下ではそもそも船舶の航行に対する制約要因となっていなかった環境的考慮が，海洋の浄化能力の有限性の認識すなわち海洋汚染の深刻化とともに制約要因として登場し，そして国際社会の構造変化を反映した国連海洋法条約の下においては，それが条約体制の中心的概念の一つとして現れていること，そして環境的考慮が国の一般的義務として設定されていること，さらにその下で従来の二元的海洋法制度を変更するような新しい法原則が採用

　　年）230-233 頁を参照。また，Virginia Commentary, *supra* note (6), p. 36 を参照。
(20)　村上暦造「入港国管轄権と国内法の対応」『海洋法関係国内法制の比較研究・第1号』（日本海洋協会，1995年）129頁。
(21)　栗林忠男「海洋環境の保護・保全——船舶起因汚染との関係において」日本海運振興会国際海運問題研究会編『新しい海洋法』（成山堂，1993年）156頁。

◇第1節◇ 船舶の通航権と海洋環境の保護

されていることを見てきた。しかし，はじめにふれたように，国連海洋法条約はいわゆる枠組条約であって基本原則の具体化・発展は将来の課題とされているのであるから，伝統的海洋法から現代海洋法への転換はその具体化・発展を見ることにより検証されなくてはならない。そこで，以下では，そうした国連海洋法条約体制の発展について，すなわち枠組の具体化における動向について，特に国際組織による貢献に焦点を当て，検討してみることとしよう[22]。

表1は，本節において検討の対象とされる条約[23][24]をあげたものである。
それらは以下の三つのカテゴリーに分類される。第1のカテゴリーは，海洋汚染防止に関する条約であって，これは1954年の油濁防止条約やその後の改正，および1972年のロンドン投棄条約さらに1990年の油濁汚染に関する準備・対応・協力条約が含まれる。第2のカテゴリーは，船舶の安全運航に関する条約であって，これには1929年の海上における人命の安全に関する条約とその後の改正，1930年および1966年の国際満載喫水線に関する条約および1988年の議定書そして1972年の海上衝突の予防に関する条約が含まれる。第3のカテゴリーは，船員の資格・労働条件に関する条約であって[25]，これに

---

[22] 同様な視点から国連海洋法条約とIMOとの関係を分析するものとして，Rudiger Wolfrum,"IMO Interface with the Law of the Sea Convention", Myron H. Nordquist and John Norton Moore (ed.), *Current Maritime Issues and the International Maritime Organization*, Nijhoff 1999, pp. 223-236 を参照。

[23] 本節において検討の対象とする条約について，国連海洋法条約は1982年に採択されたのであるから，厳密な意味でとらえるならば，同年以降の条約がその対象とされるべきかもしれない。しかし，国連海洋法条約はそれまでの関連する条約を取り込む形で枠組を設定しているから，本節では，それ以前の関連する条約も含めて検討の対象とする。そうすることによって，はじめて具体化の動向がより明確になると考えるからである。もっとも，その準備会議までも含めれば，1960年代後半から国連海洋法条約の制定作業は開始されているから，事実上はかなり多くの条約が，厳密な意味でも，その対象に含められることになろう。なお，Agustin Blanco-Bazan,"IMO Interface with the Law of the Sea Convention", Nordquist & Moore (ed.), *Ibid.* pp. 269-274 を参照。

[24] それらの条約の概要については，G. P. Pamborides, *International Shipping Law*, Kluwer 1999, pp. 84-99 を参照。

[25] これらの条約については，杉原高嶺「航行の自由と安全の確保――国際条約の動向と国内法の対応」『新海洋法制と国内法の対応』（日本海洋協会，1987年）6-8頁を参

◆第3章◆　国連海洋法条約と国際海事機関(IMO)における具体化

は1978年の船員の訓練・資格証明・当直基準に関する条約および1976年の商船における最低基準に関する条約（147号），船員の労働条件に関する条約（178号，180号）などのILO海事条約が含まれる。なお，初期の条約は別として，これらの条約の制定や改正は，1958年に海運や船舶に関連する問題を扱う国連の専門機関であるIMCOが設立されて以来，同機関においてなされている。

表1　船舶航行・環境保護関連条約

(1) 海洋汚染防止に関するもの ①「1954年の油による海洋の汚染の防止のための国際条約」（OILPOL条約） ②「1973年の船舶からの汚染の防止のための国際条約」（MARPOL条約） ③「1973年の船舶による汚染の防止のための国際条約に関する1978年の議定書」（MARPOL73/78議定書） ④「1973年の船舶による汚染の防止のための国際条約に関する1978年の議定書によって修正された同条約を改正する1997年の議定書」（MARPOL97年議定書） ⑤「油による汚染を伴う事故の場合における公海上の措置に関する国際条約」（公海措置条約） ⑥「1973年の油以外の物質による海洋汚染の場合における公海上の措置に関する議定書」（公海措置条約議定書） ⑦「1972年の廃棄物その他の物質の投棄による海洋汚染の防止に関する条約」（ロンドン投棄条約） ⑧「1972年の廃棄物その他の物の投棄による海洋汚染の防止に関する条約の1996年の議定書」（ロンドン投棄条約議定書） ⑨「1990年の油による汚染に係る準備，対応及び協力に関する国際条約」（OPRC条約） ⑩「2000年の危険物質及び有害物質による汚染事件に係る準備，対応及び協力に関する議定書」（OPRS-HNS議定書） ⑪「2001年の船舶の有害な防汚方法の規制に関する国際条約」（AFS条約） ⑫「2004年の船舶のバラスト水及び沈殿物の制御及び管理のための国際条約」（バラスト水管理条約）
(2) 船舶の安全運航に関するもの ①「1929年の海上における人命の安全のための国際条約」（SOLAS条約） 　「1948年の海上における人命の安全のための国際条約」（SOLAS48条約） 　「1960年の海上における人命の安全のための国際条約」（SOLAS60条約） 　「1974年の海上における人命の安全のための国際条約」（SOLAS74条約） 　「1974年の海上における人命の安全のための国際条約に関する1978年の議定書」（SOLAS74/78議定書）

照。

◇ 第1節 ◇ 船舶の通航権と海洋環境の保護

　　　「1974年の海上における人命の安全のための国際条約に関する1988年の議定書」（SOLAS74/88議定書）
　② 「1930年の満載喫水線に関する国際条約」（LL30条約）
　　　「1966年の満載喫水線に関する国際条約」（LL66条約）
　　　「1966年の満載喫水線に関する国際条約についての1988年の議定書」（LL66/88議定書）
　③ 「1972年の海上における衝突の予防のための国際規則に関する条約」（COLREG条約）

(3) 船員資格・労働条件に関するもの
　① 「1978年の船員の訓練及び資格証明並びに当直の基準に関する国際条約」（STCW条約）
　② 「1995年の漁船の乗組員の訓練及び資格証明並びに当直の基準に関する国際条約」（STCW-F条約）
　③ ILO海事条約
　　　「1976年の商船における最低基準に関する条約」（147号）（商船最低基準条約）
　　　「1976年の商船における最低基準に関する条約についての1996年議定書」（商船最低基準条約76/96議定書）
　　　「船員の労働条件及び生活条件の監督に関する条約」（178号）
　　　「船員の労働時間及び船舶の定員に関する条約」（180号）

　表2は、表1の条約を、関連する事項を加えて年表にしたものである。見られるようにIMCOは、1982年に協議の対象を政府以外の民間団体等に拡大するために、国際海事機関（IMO）と改称される[26]。1982年は国連海洋法条約が採択された年でもあるが、このIMCOの時期とIMOの時期には、船舶の航行と環境保護に関してそれぞれの組織への要請あるいは果たした役割に違いがあるように思われる。すなわち、ほとんどの基本条約はIMCOの時期において制定されており、その後のIMOの時期は、基本条約の社会的要請に応えての改正と履行の時期と考えることができる[27]。この条約の制定から条約の履行への重点の移行は、後で見るようにいくつかの具体的現れにおいても確認することができる。条約と時期区分について以上の確認をした後、条約の実体的分野における特徴について以下に見てゆくことにしよう。

---

(26) Shabtai Rosenne, "The International Maritime Organization interface with the Law of the Sea Convention", Nordquist & Moore (ed.), *supra* note (22), pp. 256-257.
(27) Augustin, *supra* note (23), p. 273.

◆ 第3章 ◆　国連海洋法条約と国際海事機関(IMO)における具体化

表2　船舶航行・環境保護関連年表

1929年	海上人命安全条約（SOLAS条約）採択（1933年発効）
1948年	SOLAS48条約採択（1952年発効）
1954年	海水油濁防止条約（OILPOL条約）採択（1958年発効）
	ジュネーブ海洋法4条約採択
1958年	政府間海事協議機関（IMCO）設立
1960年	SOLAS60条約採択（1965年発効）
1966年	国際満載喫水線条約（LL条約）採択（1968年発効）
1967年	トリー・キャニオン号事件
1969年	公海措置条約採択（1975年発効）
1972年	ロンドン投棄条約採択（1975年発効）
	国際海上衝突予防規則（COLREG条約）採択
1973年	海洋汚染防止条約（MARPOL条約）採択
1974年	SOLAS74条約採択（1978年発効）
1976年	商船最低基準条約（ILO147号条約）
1978年	アモコ・カディス号事件
	MARPOL73/78議定書採択
	船員の訓練及び資格証明並びに当直の基準に関する条約（STCW条約）採択（1984年発効）
1982年	国際海事機関（IMO）に改称
	海洋環境保護委員会設置
	国連海洋法条約採択（1994年発効）
1987年	ヘラルド・オブ・フリーエンタープライズ号事件
1988年	LL66/88議定書採択
1989年	エクソン・バルディーズ号事件
1990年	汚染準備対応協力条約（OPRC条約）採択（1995年発効）
	スカンジナビアン・スター号事件
1992年	MARPOL73/78議定書付属書Ⅰ改正（船体二重構造化）
1994年	エストニア号事件
	SOLAS74条約改正（ISMコード強制化）（1996年発効）
1995年	STCW-F条約（2012年発効）
	STCW条約改正（1997年発効）
1996年	商船最低基準条約76/96議定書採択
	ロンドン投棄条約議定書採択（2006年発効）
1997年	MARPOL97議定書採択（2005年発効）
2000年	OPRS-HNS議定書採択（2007年発効）

◇ 第1節 ◇ 船舶の通航権と海洋環境の保護

| 2001 年 | AFS 条約採択（2008 年発効） |
| 2004 年 | バラスト水管理条約採択 |

(2) 規制の総合化・厳格化

　そのような特徴としてまずあげられるのは，規制対象が関係するすべての分野に及び，総合的となったことである。それは以下の意味においてである。すなわち，船舶航行と環境保護に関連する条約のカテゴリーは，上述のように三つに分類されるのであり，第1のカテゴリーに関する条約は海洋環境の保護を目的として制定されたものであるが，第2，第3のカテゴリーに属する条約は，そもそもは海上における人命の安全や，船舶衝突防止あるいは船員の労働条件の改善を目的として制定されたものであった。しかし，その後，海洋環境を毀損する事故あるいは故意の排出などの事態を回避するためには，船舶の安全航行を確保して海難を防止し，そして船員資格・労働条件を確保することが不可欠の前提となるという理解の下に，総合的に対処することが必要であるとの認識に至ったのである。このことは，それら条約自体にも明記されているのであって，1974年の海上人命安全条約の1994年の改正では，「船舶の安全運航の管理」と題する付属書第Ⅸが添付され，そこにおいて後述するような「船舶の安全航行及び汚染防止のための国際安全管理規則」の遵守が義務的とされた[28]が，その義務化された国際安全管理規則の目的[29]には，海上における安全，人命の損失回避とともに海洋環境に対する損失の回避を含むとされている。また，海上衝突予防規則は，そもそも海難の防止を目的として制定されたものであるが，その主要な手段としている航路指定の目的として，航行の安全の向上とともに，海洋環境汚染を防止するためと明記されている[30]。また，船員

---

[28]　「1974年の海上人命安全条約及び1974年海上人命安全条約の1978年議定書の1994年までの改正を含む統合附属書」第Ⅸ章第3規則，運輸省海上技術安全局監修『1994年海上人命安全条約（正訳）』（海文堂，1997年）683頁。

[29]　International Management Code for the Safe Operation of Ships and for Pollution Prevention, 1.2.1 ; 運輸省海上技術安全局検査測度課監修『ISM コードの解説と検査の実際』（成山堂，1999年）207-208頁。

[30]　IMO, *General Provisions on Ships Routing, Section 1, Objectives 1* ; 海上保安庁『航

167

◆第3章◆　国連海洋法条約と国際海事機関(IMO)における具体化

の訓練，資格などに関する1978年の条約においても，その前文および締約国の一般的義務について規定した第1条において，条約の目的が，海上における人命および財産の安全の増進とともに海洋環境の保護にあることを明記しているのである[31]。このように，条約の保護法益として海洋環境保護が明記されるようになってきていることに，規制の総合化を見てとることができるのである[32]。

また，規制の総合化とともに指摘されなければならないのは，海洋環境保護に関する規制の厳格化の方向である。これは，船舶の安全運航に関する第2カテゴリーの条約，および船員資格・労働条件に関する第3カテゴリーの条約においてももちろん指摘しうることであるが，海洋汚染防止についての規則を制定する第1カテゴリーの条約において，最も典型的に現れる。すでに述べたように，1954年の海水油濁防止条約は海洋環境保護を直接の目的とする条約の端緒となるのであるが，それはその後IMCO（IMO）において取り扱う事項となり，そこで幾度も改正され，さらに対象を油以外の物質に拡大したより総合的な条約の制定もなされる。そうしたIMCO（IMO）における改正・制定作業は，複雑かつ詳細にわたるものであるが，極めて簡単にその要点について，①対象船舶，②対象物質，③排出禁止海域，④排出基準・方法，⑤設備・構造規制，⑥執行，に分けて示せば以下のとおりとなる[33]。

路指定（IMO）』（書誌408号）（1999年）3頁。

(31) International Convention on Standards of Training, Certification and Watchkeeping for Seafarers, 1978, Preamble, Art.1(2), 運輸省海上技術安全局船員部監修『1995年STCW条約（仮訳）改訂版』（成山堂，1999年）11頁。

(32) 杉原・前掲注(25) 4頁，同『海洋法と通航権』日本海洋協会，1991年，78-80頁。杉原は，海洋の利用の多目的化に伴う航行の自由に対する現代的制約要因として，(1)船舶交通の現代的状況，(2)海洋の利用の多様化，(3)海の価値の再認識をあげ，海洋環境の保全を，海そのものを保護法益とみなしその価値を保全しようとする(3)の事情から派生するものとする。また，村上暦造「海難と国家の責任」海上保安問題研究会編『海上保安と海難』（中央法規，1996年）118-119頁を参照。

(33) 1973年のMARPOL条約と1978年のMARPOL73/78議定書は，第1カテゴリーの条約における中心的な位置を占める。それらの内容については，水上千之「海洋汚染防止のMARPOL条約」水上千之＝西井正弘＝臼杵知史編『国際環境法』（有信堂，2001年）32-47頁に詳しい。

◇第1節◇　船舶の通航権と海洋環境の保護

すなわち，①対象船舶については，1954年の油濁防止条約においては500トン以上の海上航行船舶であったものが，1973年条約においてはトン数制限なしにすべての海上航行船舶に拡大されており，②対象物質については，油濁防止条約において油および油性混合物であったものが，1973年条約において海洋汚染の原因となるすべての物質に拡大されている。また，③排出禁止海域については，油濁防止条約においてはタンカーについては沿岸から50カイリ以内とし，タンカー以外については禁止海域を設けず特定の禁止海域以外においては規制はなされなかったのであるが，1969年改正において排出禁止海域が全海域に拡大され，さらに沿岸50カイリを絶対排出禁止海域とし，また特別規制海域を拡大している。さらに，④排出基準・方法については，油濁防止条約においてタンカーについてのみ禁止されていた油または100PPM以上の油性混合物の排出基準が，MARPOL73/78議定書においてはタンカーについて1カイリ30リットル以下，タンカー以外については15PPM以下の油性混合物についてのみ排出可能としており，また排出方法について，1969年改正で航行中の瞬間排出率概念を導入するなどの規制を導入している。さらに，⑤設備・構造規制について，油濁防止条約の下ではわずかに油のビルジ内流入防止装置のみであったものが，1971年改正条約以降タンクサイズやタンクアレンジメント規制が導入され，MARPOL73/78議定書においては，油タンカーについて新造船・既存船それぞれに二重船殻や二重底構造をとることを義務づけている。なお，⑥執行の問題に関しては，旗国による執行の原則は一貫しているが，旗国および寄港国などによる締約国間の執行協力体制の強化が図られている[34]。

以上からも，改正とともに強化される規制の厳格化の傾向が理解されると思われるが，そこにおいて特に注目されるべきなのは，1971年改正を端緒として1973年条約以降格段に強化された設備・構造規制の傾向であろう。これは，油水分離装置や原油洗浄装置の設置，専用分離バラストタンク設置，タンク容量・配置制限，そして二重底や二重船殻構造などの内容を持つ。70年代にお

---

(34)　条約の概要については，Colin de la Rue & Charles B. Anderson, *Shipping and the Environment*, LLP 1998, pp. 759-771 を参照。

◆第3章◆　国連海洋法条約と国際海事機関(IMO)における具体化

ける条約制定・改正の重点はここに移行しているということができる。これは，大規模な海洋汚染の原因となった事故のほとんどが乗組員の操船上のミスにより引き起こされたという事実から，過失やミスに伴う事故が発生することを予期して，そうした過失が発生しないようあるいはその結果事故に至ったとしても被害が拡大しないよう対策を講ずるという，船舶起因の海洋汚染規制における発想の転換がそこに含まれている。また，その背景には，たびたび引き起こされる事故によりもたらされる甚大な被害を回避しようという，国際社会による環境保護を求める主張と，そうした設備構造規制を可能とする科学技術の進歩が存在することはいうまでもないことであろう(35)。

(3) 規制の実効性の確保

我々はすでに，船舶航行と海洋環境保護に関する諸条約の制定・改正過程を見ることにより，基本条約の制定はIMCOにおいて終了し，1982年以降のIMOの時期には，基本条約の改正とその履行の問題に重点が移行することを確認した。そこにおいて注目されるのは，条約規制の実効性を確保するために，伝統的にとられてきた旗国と船舶（船主）との間の規制に加えて，船舶の運航主体（船舶管理会社）に条約の遵守を義務づける方式の導入である。

これは1994年の海上人命安全条約（SOLAS条約）改正により，条約附属書に新たに国際安全管理規則（ISMコード）に関する第IX章を設け，その遵守を締約国の義務とすることにより実現した(36)。このISMコードは，「機関の総会が決議A.741(18)において採択した船舶の安全航行及び汚染防止のための国

---

(35)　以上の，IMO（IMCO）における条約規制の変遷とその特徴及び問題点については，第二節で述べる。

(36)　ISMコードは，1987年の「ヘラルド・オブ・フリーエンタープライズ」号転覆事故を契機に，イギリスの海運会社が中心となり制定した船舶管理のための規則であり，1993年のIMO第18回総会において決議A.741 (18) として採択されたものであるが，その後1994年のSOLAS条約締約国会議において，SOLAS条約付属書に新たに第IX章を設ける改正を行うことにより，それまで決議で求められていたにすぎない規則の遵守を締約国の法的義務としたものである。運輸省海上技術安全局検査測度課・前掲注(29) 1頁。Pamborides, *supra* note (24), p. 148 ; William A. O'Neil, "World Maritime Day 1999", *IMO News* No. 3 ; 1999, p. 22.

◇第1節◇　船舶の通航権と海洋環境の保護

際管理コードをいい，条約第8条に定める附属書第I章以外の附属書に適用される改正手続に従って，採択され，かつ，効力を生じた改正を含む」と定義され[37]，そして，ISMコードの目的は，「海上における安全，傷害又は人命の損失並びに環境，特に海洋環境及び財産の損害回避を確実にすること」[38]とされている。

　乗組員によるフェリー船の扉の閉め忘れにより転覆事故が発生した1987年の「ヘラルド・オブ・フリーエンタープライズ号事件」を契機としてこの規則が制定されたことに象徴されるように，この制度導入の背景には，表2の年表にあるような近年の海洋汚染事故が，船舶運航における人的過失に起因して多く発生していることから，そして，現実の船舶管理が，その船舶を登録した所有者でなく運航をまかされている専門の管理会社により行われることが多いことから，その対策には，船舶と旗国間のこれまでの規制のみでなく，船舶運航に実質的支配権を持つ陸上の管理会社をも含む規制のシステムを構築すること，そして特に，船舶の構造などハード面における規制のみでなく，運航管理というソフト面の規制が必要との認識がある[39]。

　図1はISMコード適用のスキームを単純化したものである。なお，この図は，船舶運航管理会社が船舶の旗国と異なる国において登録され所在している場合を示している。なぜなら，条約が想定したのはまさにそうした場合であり，そのことによって旗国による船舶の実効的管理がなされないことが問題とされたからである。旗国内に会社が存在している場合には，監査・適合書類発給等は，すべて旗国または旗国代行機関によって行われる。

　図1に示されているように，この条約上の権利・義務が帰属する主体は，旗国，船主（船舶所有者），旗国以外の締約国，そして会社である。従来の旗国主義のシステムの下においては，左の旗国と船舶との関係のみで，船舶の運航規

---

(37)　International Convention for the Safety of Life at Sea, 1974, Chapter IX, Management for the Safe Operation of Ship, Regulation 1- Definitions 1.

(38)　Resolution A.741 (18), International Management Code for the Safe Operation of Ships and for Pollution Prevention, Objectives. 1.2.1.

(39)　Pamborides, *supra* note (24), pp. 147-148, 工藤栄介「変質する船舶安全規制について——SOLAS条約94年改正のインパクト」『海運』1994年9月号（1994年）30-33頁。

◆ 第3章 ◆　国連海洋法条約と国際海事機関(IMO)における具体化

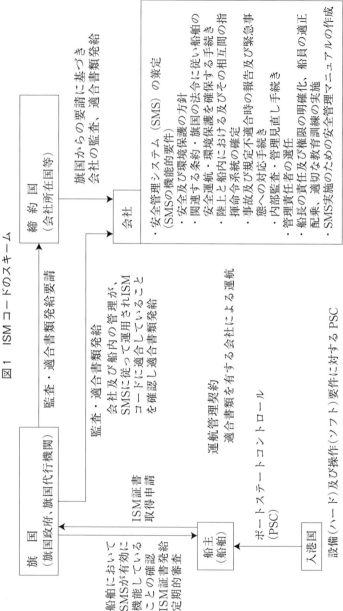

図1　ISMコードのスキーム

①会社が安全管理システムを策定する。
②旗国または旗国代行機関は、会社の策定したSMSがISMコードに適合しているかどうか審査し適合書類を発給する。
③船舶がSMSを確立し旗国による検査に合格すれば、安全管理証書(SMC)が発給される。SMCは船舶に置く。
④外国船舶は寄港地によるPSCを受ける。

◇第1節◇　船舶の通航権と海洋環境の保護

制がなされてきたが、この改正の革新的な点は、船舶の運航を管理する会社に直接条約上の責任を負わせたことである。すなわち、右の枠内にあるように、会社は自らが運航管理する船舶に関して、安全管理システムの策定や管理責任者の選任等を条約上義務づけられ、それに基づいて船主との運航管理契約を結ばねばならない。そして安全管理システムは、安全および環境保護の方針、あるいは関連する条約や旗国の法令[40]に従い、船舶の安全運航と環境保護を確保する手続きに従うこと、などの要件を満たすものでなくてはならない。旗国は、会社及び船舶に対して、それらの条約適合性を判断して、証書を発給することになっている。もっとも、旗国は、会社所在国等の締約国に対して、それらの証書の発給を旗国を代わって行うよう要請することができる[41]。

　ISM コードによる義務づけは SOLAS 条約付属書によりなされ、そして SOLAS 条約は旗国主義の原則を採用しているから[42]、また、会社の安全管理システム（SMS）が ISM コードに適合していることを証明する適合書類は旗国により（あるいはその承認に基づいて）発給されるとしているから、この改正

---

[40]　日本について、これらの強制規則は、「船舶の航行の安全若しくは人命の安全の確保又は海洋環境の保全に直接関係ある国内法及び条約」であるとして、「海検第4号」（平成10年1月13日付）により、以下のものがあげられている。
　1．国内法　(1)船舶安全法、(2)船員法（一部除外）、(3)船員災害防止活動の促進に関する法律、(4)船舶職員法、(5)海上衝突予防法、(6)海上交通安全法、(7)港則法、(8)水先法、(9)海洋汚染及び海上災害の防止に関する法律。
　2．条約　(1)SOLAS 条約、(2)SOLAS78 議定書、(3)SOLAS88 議定書、(4)LL66 条約、(5)LL88 議定書、(6)STCW 条約、(7)COLREG 条約、(8)MARPOL73/78 議定書、(9)ロンドン投棄条約、(10)以下の ILO 関係条約　a.海上ニ使用セラルル児童及年少者ノ強制体格検査ニ関スル条約（第16号）　b.船舶料理士の資格証明に関する条約（第69号）　c.船員の健康検査に関する条約（第73号）　d.船員の職業上の災害の防止に関する条約（第134号）　e.商船の最低基準に関する条約（第147号）（1部除外）。運輸省海上技術安全局・前掲注(23)258-259頁。なお、条約の略称については、表1を参照。
[41]　ISM コードについては、以下の文献を参照。Pamborides, *supra* note (24), pp. 149-153. 運輸省海上技術安全局・前掲注(29) 1-36頁。
[42]　SOLAS74 条約第2条は、「この条約は、その政府が締約政府である国を旗国とする船舶に適用する。」とし、第1条(b)は、「締約政府は……この条約の十分かつ完全な実施に必要な法令の制定その他の措置をとることを約束する。」として、旗国による条約の受諾と、旗国の国内法による条約の実施を明記している。

は，形式的制度としては，旗国主義を変更することを前提としていない。しかし，実態としては，この改正により，旗国主義の考え方を越える状況が出現していることは否定できないと思われる。それは第1に，旗国が外国にある管理会社の経営方針を問題とすることになること，(たとえば安全管理システムの策定で陸上における指揮命令系統を問題としていること) が条約上認められていることであって，これは，船舶に対する旗国の監督権の枠を越えるものではないか，ということである。第2に，条約では，旗国政府および旗国代行機関に加えて，旗国の要請に基づいて会社所在国政府が適合書類の発給をすることを予定していることである[43]。こうなると，実質的には旗国を介在させないで，つまり外国の会社と外国の政府により自国船舶の運航・管理がなされることになるのである。さらに，第3に，現実的な機能として，会社が国際基準に基づき安全管理システムを策定し，旗国がそれを承認せざるをえない状況が生じることである。荷主に対して運輸サービスを提供する船舶管理会社は，会社の方針の下に統一の管理マニュアルに基づいて船舶管理を行うのであって，船籍ごとに異なる管理を行うわけではない。その結果，船舶の旗国の受諾する条約や国内法にかかわらず会社の経営方針に基づきさらに会社所在国の政府の政策に基づいて，高い国際基準に基づく統一的管理がなされることは十分考えられることである[44]。こうして，この制度の導入により，旗国主義に基づく従来の管轄権の行使システムが実質的に変化しているように思われるのである。事実，この改正を審議した会議では，これは旗国主義を越えるものであるから付属書の改正でなく新しい条約にすべきとの主張が日本などによりなされたといわれている[45]。

---

(43) ISM code, *supra* note (38), 13.2.
(44) 便宜置籍船の存在理由の一つは，船舶の運航管理にかかる費用を国際基準以下に置くことにより削減しうることにあるが，実際の船舶管理会社に条約上の義務を負わせるこの制度は，国際基準を設定し実施することによりそのメリットを失わせることになり，結果として便宜置籍船の減少に寄与することになると思われる。
(45) 工藤・前掲注(39)33頁。

◇第1節◇ 船舶の通航権と海洋環境の保護

(4) 履行確保措置の強化

　以上は，船舶を実質的に運航・管理する民間の船舶管理会社に条約上の責任を負わせることにより海洋環境保護に関する条約規制の実効性を確保しようとする試みであるが，ここにおいて問題とされるのは，条約の違反を防止しその履行を確保する措置に関する問題である。そのような措置として，近年国際社会が採用してきた制度として，地域的システムに基づく寄港国監督（Port State Control; PSC）制度が存在する。

　船舶の航行規制と海洋環境保護に関するこれまでの条約，すなわち1973年海洋汚染防止条約やSOLAS条約等においても寄港国監督の制度は定められていた[46]。それは，入港した締約国船舶に対して，自国船についての条約違反の有無を確認する権限を締約国相互に容認すること，すなわち旗国の監督権限を補完するという性格を持つものであった。しかし，それは以下の二つの点において不十分なものであり，条約実施の手段としては十分機能するものではなかった。第1の点は，たとえば1974年のSOLAS条約第1章19規則，すなわち「船舶は，他の締約国の港において，……他の締約国の政府から正当に権限を与えられた職員の行う監督に服する。」との規定からも理解されるように，寄港国監督は，船舶の，締約国港において受認すべき義務として規定されており，国の厳密な意味での義務として規定されてはいない。そこで，締約国による監督が不十分にあるいは不統一になされることがあったのである[47]。第2の点は，監督の内容が，原則として証書の有効性の確認に留まるという条約上の限界があったため，条約規定全体にわたる遵守の有無についての十分な監督が不可能であるということである[48]。

　そこで，以上の問題点を克服し，条約に不適合な船舶（サブ・スタンダード

---

(46) (1) 1974年SOLAS条約第1章19規則，(2) 1966年LL条約第21条，(3) MARPOL73/78条約第5条，(4) 1995年STCW条約第10条。

(47) Tatjana Keseli, "Port State Jurisdiction in Respect of Pollution from Ships: The 1982 United Nations Convention on the Law of the Sea and the Memoranda of Understanding", *Ocean Development and International Law*, vol. 30, 1999, pp. 140-141.

(48) 村上暦造「MARPOL73/78とポートステートコントロール」『海保大研究報告』第31巻第2号（1985年）57-58頁。

◆第3章◆　国連海洋法条約と国際海事機関(IMO)における具体化

船)を排除するために，地域的な合意，すなわち了解覚書 (Memorandum of Understanding on Port State Control ; MOU) に基づいて寄港国監督を行うようになった。そのような MOU による寄港国監督は，1982 年のパリ MOU によるヨーロッパ地域が最初であるが，その後，ラテンアメリカ地域（ヴィーニャ・デル・マール協定，1992 年），アジア太平洋地域（東京 MOU，1993 年），カリブ海地域（カリブ MOU，1996 年），地中海地域（地中海 MOU，1997 年），インド洋地域（インド洋 MOU，1998 年），西部及び中央アフリカ地域（西部及び中央アフリカ MOU，1999 年），黒海地域（黒海 MOU，2000 年）において合意され実施されている[49]。監督の内容について，その対象となる条約[50]は地域において

---

(49) 2000 年現在の MOU の地域および参加国は以下の通りであって，八つの地域および 117 の国（地域を含む）を数える。(1) パリ MOU；ベルギー，カナダ，クロアチア，デンマーク，フィンランド，フランス，ドイツ，ギリシャ，アイスランド，アイルランド，イタリア，オランダ，ノルウェー，ポーランド，ポルトガル，ロシア，スペイン，スウェーデン，イギリス，(2) ヴィーニャ・デル・マール協定；アルゼンチン，ボリビア，ブラジル，チリ，コロンビア，キューバ，エクアドル，メキシコ，パナマ，ペルー，ウルグアイ，ヴェネズエラ，(3) 東京 MOU；オーストラリア，カナダ，中国，香港，フィジー，インドネシア，日本，韓国，マレーシア，ニュージーランド，パプア・ニューギニア，フィリピン，ロシア，シンガポール，タイ，バヌアツ，ベトナム，(4) カリブ MOU；アンギラ，アンチグア・バーブーダ，アルーバ，バハマ，バルバドス，バミューダ，英領バージン諸島，ケイマン諸島，キューバ，ドミニカ，ドミニカ共和国，セントルシア，スリナム，グレナダ，ジャマイカ，トリニダード・トバゴ，(5) 地中海 MOU；アルジェリア，キプロス，エジプト，イスラエル，レバノン，マルタ，パレスチナ，チュニジア，(6) インド洋 MOU；オーストラリア，バングラデシュ，ジブチ，エリトリア，インド，イラン，ケニア，モルジブ，モーリシャス，モザンビーク，ミャンマー，セーシェル，南アフリカ，スリランカ，スーダン，タンザニア，イエメン，(7) 西部及び中央アフリカ；ベニン，ケープベルデ，コンゴ，象牙海岸，ガンビア，ガーナ，ギニア，リベリア，モーリタニア，ナミビア，ナイジェリア，セネガル，シエラレオーネ，南アフリカ，トーゴ，(8) 黒海 MOU；ブルガリア，グルジア，ルーマニア，ロシア，ウクライナ，トルコ，なお，アメリカは単独での PSC の実施を表明している。(以上は，http://www.medmou.org/worldwide-PSC.htm，のデータ (2000 年 4 月) による。) なお，2018 年現在では，2004 年にペルシャ湾ガルフ地域が追加されたので，九つの地域となり，参加国（地域を含む）は 134 カ国となっている。この事実からも，今日 MOU による PSC が広範囲に実施されていることが理解されるであろう。

(50) たとえば東京 MOU では，対象となる条約は，以下にあげるものであって，発効し

◇第1節◇　船舶の通航権と海洋環境の保護

　若干の違いがあるものの，前出の表1にある条約が基本的にその対象とされており，それらについて各地域事務局により検査事項・方法マニュアルの作成や航行停止処分船の公表などの統一基準に基づき運用されているが，それらは各条約に定められた実施措置を上回る詳細さ・厳格さを持っている。

　なお，このMOU合意は「行政レベル，国家の海事当局間の合意」であって正式な条約ではない[51]。したがってそれは，国連海洋法条約第218条に規定する寄港国監督，すなわち公海上の違法排出に対する寄港国による執行手続とは基本的に異なるものであって，いわば非拘束的合意手続を条約の実施方法として導入する性格のものであるが[52]，現実にはこの手続は，IMO等により制定された個別具体化条約の実施をうながす方法として有効な役割を果たしているのである[53]。

かつその国の受諾しているものとされている。(1) LL66条約，(2) LL66/88議定書，(3) SOLAS74条約，(4) SOLAS74/78議定書，(5) SOLAS74/88議定書，(6) MARPOL73/78議定書，(7) STCW条約，(8) COLREG条約，(9) 1969年船舶のトン数の測度に関する国際条約，(10) 商船最低基準条約（ILO147号条約），*(Understanding on Port State Control in the Asia-Pacific Region, Section 2, Relevant Instruments, Memorandum of 2.1, 2.4.).* (2016年現在では，対象となる条約は，以上に加えて(11) 2006年海上労働条約，(12) 2001年船舶有害防汚方法規制条約（AFS条約），(13) 油汚染損害民事責任条約1992年議定書が追加されている。(*Annual Report on Port State Control in the Asia-Pacific Region 2016*, pp.1-2.))

(51)　たとえば，東京MOUの前文では，「この覚書は法的拘束力のある文書ではなく，当局に対して何らかの法的義務を課すことを意図していない」ことを明記している。また，Pamborides, *supra* note (24), p. 55を参照。

(52)　もっとも，MOUの法的性格については，それに条約と同様の法的拘束力を認める立場，そうした拘束力をまったく認めない立場，さらに，非拘束的合意であって国際法上の何らかの効果を認める中間的立場に別れる。この問題については稿をあらためて論じたい。この点については，Tatjana Keseli, *supra* note (47), pp. 141-143を参照。

(53)　Pamborides, *supra* note (24), p. 77. 東京MOUの年次報告書によれば，東京MOU参加国による2000年におけるPSCの実施状況は，(1) 検査対象船舶は16,034隻で全入港船舶の65パーセント，(2) 何らかの欠陥が認められた船舶は10,628隻であり，そのうち抑留にまで至った船舶は1,101隻であって抑留率6.87パーセント，(3) 指摘された欠陥数は58,435件で，救命設備，防火設備に関するSOLAS条約違反が全体の約35パーセントを占めるが，MARPOL73/78条約に関する欠陥も4876件で，全体の約8.3

◆第3章◆　国連海洋法条約と国際海事機関(IMO)における具体化

4　国連海洋法条約の発展(2)——特殊性格船舶の通航権をめぐる問題

次に，未解決のまま残され，発展が求められている問題として，特殊性格船舶の通航権を巡る問題を検討してみよう。

(1) 新しい航行規制要因の登場

特殊性格船舶とは，船舶の動力（原子力を動力としているか），船舶の種類（油・化学物質タンカーであるか），船舶の積載物（核物質，有害物質を積荷としているか）などを基準として，他の一般商船と区別して呼ぶ呼び方である。こうした区別は，ジュネーブ海洋法4条約の時点では存在しなかった。しかし，国連海洋法条約においては，その制定過程から，以上の船舶が海洋環境に対して重大な損害を及ぼす可能性を指摘して，それらの船舶の航行に関して特別の規制を求める主張が登場する。具体的には，以上の船舶の，沿岸国海域における通航に関して，沿岸国への事前の通告あるいは許可を求める主張である。

(2) 国連海洋法条約における解釈の対立

衆知のように，国連海洋法条約の解釈として以上の規制が可能であるかどうかについて対立がある。すなわち，それは，第1に，無害通航の意味に関する第19条1項と2項との関係をどう理解するか，また，第2に，特殊性格船舶について規定した第22条2項および第23条をどう理解するか，ということで

パーセントを占める(*Annual Report on Port State Control in the Asia-Pacific Region 2000,* http:www.tokyo-mou.org/)。（なお，2016年の年次報告書によれば，参加国による検査対象船舶は17,503隻になり，これは全寄港船舶の約71パーセントになること，その結果抑留された船舶は1,090隻であり抑留率3.44パーセントとなるが，この比率は年々減少していることが報告されている。）(*Annual Report on Port State Control in the Asia-Pacific Region 2016,* pp.12-13) 東京MOUは，パリMOUおよびアメリカ合衆国コーストガードとともにPSCを統一的に運用し結果を公表している地域機関であるが，この例からみても，PSCは関連条約の実施に有効に機能していることが理解されよう。なお，パリMOUにおけるPSCの実施状況を分析しそれを肯定的に評価するものとしては，Peter Bautista Payoyo, "Implementation of International Conventions through Port State Control: An Assessment", *Marine Policy,* Volume 18, Number 5, 1994を参照。

◇第1節◇ 船舶の通航権と海洋環境の保護

ある。

　第1の点について，規制を不可能とする解釈は，2項における列挙事項は，行為・態様別規制にかかるものであるから，1項の「沿岸国の平和，秩序又は安全を害しない限り」の規定も，2項において限定列挙された行為態様別基準において判断されるべきであり，したがって船種・積荷別規制は容認されないとする(54)。それに対して，規制を可能とする解釈は，2項は，沿岸国の立証を必要としない行為・態様別規制に関する「みなし規定」であり1項の例示ではないとして，あるいは，2項と1項を全く独立したものと考えて，いずれも，1項のみに基づいて，沿岸国の有害通航との判断により，船種・積荷に基づく規制であっても行いうるとする(55)。また，第2の点について，規制を不可能

---

(54) 中村洸「核積載軍艦の領海通過について」『法学教室』第13号（1981年）95-96頁。第19条はその1項において，「通航は，沿岸国の平和，秩序又は安全を害しない限り，無害とされる。」とし，2項において，「外国船舶の通航は，当該外国船舶が領海において次の活動のいずれかに従事する場合には，沿岸国の平和，秩序又は安全を害するものとみなされる。」として，(a)から(l)までのそれらの活動について列挙している。中村洸は，これらの規定を一体のものとしてとらえて，2項は，1項において「沿岸国の平和，秩序又は安全を害するものとみなされる行動を限定列挙している。」のであり，このことは「これら無害とされない行為に従事しない限り，艦船は，沿岸国の領海において無害通航権を行使する艦船と認めなければならない…ことを意味している。」とする。このように解釈するならば，船種・積荷に基づく規制は容認されないことになる。なお，小田滋も，「通航の無害性を喪失させる原因は第2項の規定するところであり，そこに規定されているものに抵触しない限りは，無害通航権を失うことはない。」として，同様な立場をとる。小田滋『注解国連海洋法条約・上巻』（有斐閣，1985年）109頁。

(55) 前者の主張として，山本草二「軍艦の通航権をめぐる国際紛争の特質」『船舶の通航権をめぐる海事紛争と新海洋法秩序』第1号（日本海洋協会，1981年）56頁，同『海洋法』（三省堂，1992年）126-127頁。後者の主張として，高林秀雄「核搭載艦船の入港差止請求」『ジュリスト・昭和63年重要判例解説』（有斐閣，1988年）252-253頁。山本は，1項と2項が同質のものであるとする解釈を退けて，「第2項は沿岸国の立証をまつまでもなく行為・態様別規制に関する『みなし規定』であり，第1項の例示ではない」から，したがって「第2項の列挙に入らない事由であっても，沿岸国がとくに自国にとり有害である旨立証し，かつ対外的にもそれが周知されている限り，従来どおり第1項により別途の規制ができる。」とする。また，高林秀雄は，領海条約第14条4項

◆第3章◆　国連海洋法条約と国際海事機関(IMO)における具体化

とする立場からは，第22条2項において，沿岸国は，領海を航行する船舶のうち，タンカー，原子力船および危険物積載船舶の通航に関して航路帯のみの通航を求めていること，および第23条においては，同様な船舶に対して，国際協定が定める文書携行および特別の予防措置をとることのみを求めていることから，それはそうした船舶の領海における無害通航権の存在を前提としているとの解釈が主張される[56]。これに対しては，第23条の規定は無害通航権を行使する船舶が遵守すべき義務を定めた規定であるからそれ自体が無害性認定の根拠となりえず，したがって同条がそうした船舶に最初から当然に無害通航権を認めているとする解釈はとりえないし，さらに同条の起草の経緯（そうした船舶の通航に関して事前の通告や許可を求める提案が認められなかったこと）を考慮してもそうした解釈をとりえないとの主張がなされている[57]。

「核兵器・危険有害物質」積載船舶の領海通航権について詳細に分析した田中則夫は，第1の論点について，第3次海洋法会議第2会期における無害性の判断基準を通航の態様にだけ求めるイギリスや東欧4カ国による提案が採用されず現行の1項と2項を並記する規定となった起草過程における経緯を重要視し，さらに結果の合理性をも判断して，1項と2項をそれぞれ別個の規定であるとし，後者の解釈，すなわち1項の規定に基づいて船舶の無害性を判断しうるとする立場をとっており[58]，筆者も同意見である。また，田中は，第2の

の解釈は，「特定の船舶の通航が無害通航に該当するか否かの判断は，沿岸国が合理的な基準の範囲内で決定できる。」とするのであるが，2項の規定にかかわらず，「1項でなお領海条約14条4の文言がそのまま残されているので，沿岸国が通航の性質に基づいて無害性を判定するという立場も維持できるものと解される。」とする。このように1項を独立したものと考える解釈をとるならば，1項の規定に基づいて沿岸国が有害通航と判断することにより，船種・積荷に基づく規制も可能となる。なお，1項と2項との関係について，杉原・前掲注(32)65-67頁を参照。

(56)　奥脇直也「『危険または有害性』を内在する外国船舶の領海通航」『海洋法事例研究』第1号（日本海洋法協会，1993年）57頁。また，小田滋も，第23条について，「本条に要求する以外の事前の通告，許可などは不必要と解される。」として同様の立場をとる。小田・前掲注(54)121頁。

(57)　田中則夫「『核兵器・危険有害物質』積載船舶の領海通航と無害性基準」『海洋法条約体制の進展と国内措置』第2号（日本海洋法協会，1998年）12-13頁。

(58)　田中・前掲注(57) 4-6頁。

◇第1節◇ 船舶の通航権と海洋環境の保護

論点についても，第23条の起草過程の分析からはそうした船舶の無害通航権の有無について結論を出しえず，また第19条に照らして考察したとしても特定の解釈を提示できるほどの根拠は十分見出せず，この問題は条約上は未解決のままに残されたとの見解を示している(59)。たしかに，軍艦におけるそれとは異なり，比較的新しい問題であり議論の蓄積の乏しい危険物積載船舶に関して，現行法の解釈から確定的な結論を導き出すことは困難といえるであろう。しかし，そうであるならば，無害通航権が沿岸国の領域的な主権の存在を前提にしてその制約要因として形成されてきたものであることを考えたとき，沿岸国の主権行使に新たな制約を求めることを主張する（船種積荷別規制はできないとして沿岸国の安全概念を限定する）ならば，その立場から明確な根拠を立証する必要があると思われるから，それを明示することのできない現時点においては，領海における規制が容認されるとの推定がより強く働くのではないかと思われる。

(3) 国家実行の相違

以上の解釈の対立を背景にして，国家実行も異なるものがある。以下に，それらが表明されたいくつかの場合を見てみよう。表3は，海洋法条約署名・批准に際しての宣言，および国内法等に現れる各国の実行についてまとめたものである(60)。

---

(59) 田中・前掲注(57)11-14頁。
(60) ここで取り上げる事例は領海における船舶の地位について言及しているものであり，経済水域，国際海峡，内水などはその対象としていない。また，それらについての出典は以下のとおりである。(1) 宣言は，国連の Division for Ocean Affairs and the Law of the Sea のホームページ掲載の資料（*Declarations or Statements upon UNCLOS Ratification*, http://www.un.org/Depts/los/index.htm）によった。(2) 国内法は以下のとおり。イエメン（*The Law of the Sea; National Legislation on the Territorial Sea, the Right of Innocent Passage and the Contiguous Zone*, U.N. 1995. p.419），イラン（*ibid.*, p.167），パキスタン（*ibid.*, p.256），アラブ首長国連邦（*ibid.*, p.399），フランス（*ibid.*, p.132），ブルガリア（*ibid.*, pp.63-64），ルーマニア（*ibid.*, pp.287-289），スペイン（ST/LEG/SER. B/16（Vol.I），8 May 1972, pp.50-53），ハイチ（*Law of the Sea Bulletin*, No.11, July 1988, p.13），リビア（*The Law of the Sea ; Practice of States at the time of entry into force of the*

◆ 第3章 ◆　国連海洋法条約と国際海事機関(IMO)における具体化

表3

	事前許可	事前通告	不要とするもの
宣言	イエメン(1982,1987)① オマーン(1982,1989) エジプト(1983) ジブチ(1991) マレーシア(1996)② サウジアラビア(1996)②	マルタ(1993)	タイ(1993)③ ドイツ(1994) オランダ(1996) イギリス(1997) ソ連・アメリカ(1989)④
国内法	ベネズエラ(1988) 象牙海岸(1988) イラン(1993) スペイン(1964)⑤ ハイチ(1988)⑥	パキスタン(1976) イエメン(1977)① リビア(1985)⑦ カナダ(1989) アラブ首長国連邦(1993)	フランス(1985) ブルガリア(1987) ルーマニア(1990)

① 1977年のイエメン法は事前通告を求めているが、1982年および87年の宣言では事前許可を求めている。
② マレーシアおよびサウジアラビアは、国連海洋法条約23条に規定する国際協定が締結され自国がその当事国になる時点まで、事前許可を求めるとしている。
③ 1993年2月のタイ外務省ステートメント
④ 1989年9月の両国外相共同声明附属書「無害通航に関する国際法規の統一解釈」
⑤ 1964年のスペイン法は、原子力船は無害通航権の例外とみなされるとする。
⑥ 1988年の国連あて口上書で、領海通航を禁止している。
⑦ 1985年のリビア法は、商船に対して日中に限り事前通告による通航を認めている。

　国連海洋法条約の制定過程においては軍艦の通航権が主要な対立点であったため、特殊性格船舶の通航権について言及する宣言や国内法は多いものではない。しかしそれでも、表3に見られるように、事前許可を必要とするもの11

United Nations Convention on the Law of the Sea, U.N. 1994, p.125）、ベネズエラ（Laura Pineschi, "The Transit of Ships Carrying Hazardous Wastes through Foreign Coastal Zones", F. Francioni, T. Scovazzi, (ed.), *International Responsibility for Environmental Harm*, Graham & Tortman, 1991, p. 312）、象牙海岸（*ibid.*, p.312）、カナダ（*ibid.*, pp. 312-313）。③ タイ外務省ステートメント（*The Law of the Sea ; Practice of States at the time of entry into force of the United Nations Convention on the Law of the Sea*, U.N. 1994, p.66）、米ソ統一解釈（28 *International Legal Materials* 1989, pp. 1444-1447）。

◇第1節◇ 船舶の通航権と海洋環境の保護

カ国，事前通告を必要とするもの6カ国，それらを不要とするもの9カ国をあげることができるのであって，この問題をめぐる国家実行の多様であることが理解されるであろう[61]。ただし，ここに見る国家実行は，各国の領海法の規定および領海に関する宣言に現れる限りであることを留保しておかねばならない。なぜならば，以下の例に見るように必ずしも国家実行相互に整合性がないと思われる場合も存在する。たとえば，フランスは1985年の法令[62]ではすべての船舶の無害通航権を容認している（海洋法条約第19条2項を，沿岸国の平和，秩序又は安全を害する場合であるとして例示列挙し，船種・積荷別規制を否定している）が，しかしフランス沖合の領海通過船舶について通報を義務づける法令[63]もあるのであって，このことは，同政府の，通報については無害通航権を否定するものではないとの理解を推定させる[64]。また，日本でも，領海および排他的経済水域に関する法令では船舶の無害通航権について特に規定され

---

[61] こうした国家実行については，以下の文献を参照。田中・前掲注(57)のうちの注(71)，坂元茂樹「原子力船及び危険又は有害な物質を運搬する船舶の無害通航権」『海洋法関係国内法制の比較研究』第1号（日本海洋協会，1995年）7-14頁，Laura Pineschi, *ibid*., pp. 311-315.

[62] Decree No.85/185 of 6 February 1985 regulating the Passage of Foreign Ships through French Territorial Waters, Art. 3, *The Law of the Sea; National Legislation on the Territorial Sea, the Right of Innocent Passage and the Contiguous Zone*, United Nations, 1995, pp.131-135.

[63] (1) Decree No.84/93 of the port-admiral for the Atlantic of II October 1993 regulating navigation in the "Off Ushant" TSS, the associated inshore traffic area and the fairways of Fromveur, Four, Helle and Raz de Sein. これは，以前の1978年12月14日付デクレを廃止し，（領海内にある）分離通航方式（TSS）の北東航路及び沿岸航路を使用しようとする船舶に，フランス沿岸当局への通報を義務付けている。(2) Joint prefectorial decree 326 Cherbourg/18/81 Brest of 13 May 1981 regulating navigation in the approaches to the French coast in the Channel and the Atlantic in order to prevent accidental marine pollution. このデクレは，危険物積載船舶に対するフランス領海に進入する6時間前に行うべき強制の船舶通報制度を定めており，通報は，当該船舶の識別情報に加え，フランス領海への進入地点および時間，直前の寄港地，目的地，積み荷，操船性及び航行能力の現状を明確にするものでなければならないとする。海上保安庁・前掲注(30)330-331頁。

[64] 田中・前掲注(57)19-17頁を参照。

◆ 第3章 ◆　国連海洋法条約と国際海事機関(IMO)における具体化

てはいないし，むしろバーゼル条約での宣言から見る限り（日本は，加入に際して，条約で通告・許可の対象となる有害廃棄物積載船舶の領海内通航の際の沿岸国への通告あるいは沿岸国の許可は不要との宣言を行っている）[65]あらゆる船舶の無害通航を容認していると考えられるが，しかし他方，「核原料物質，核燃料物質及び原子炉の規制に関する法律」第23条の2では，外国原子力船の本邦水域への立ち入りは運輸大臣の許可制としている[66]。このような一見したところ矛盾するように思われる事例の存在は，国家実行の分析は国内法相互ある

---

(65)　日本の1993年のバーゼル条約の加入に際して行った宣言は以下のとおり。

The Government of Japan declares that nothing in the Basel Convention on the Control of Transboundary Movement of Hazardous Wastes and Their Disposal be interpreted as requring notice to or consent of any State for the mere passage of hazardous wastes or other wastes on a vessel exercising navigational rights and freedoms, as paragraph 12 of article 4 of the said Convention stipulates that nothing in the Convention shall affect in any way the exercise of navigational rights and freedoms as provided for in international law as reflected in relevant international instruments.

(66)　原子炉規制法第23条の2について，坂元茂樹は，ここにいう許可は原則許可と見るべきであるから，わが国が「事前許可制」をとっていると解することはできないとする。（坂元・前掲注(61)15-16頁。）この規定の適用された事例を筆者は知らないが，これが原則許可といいうるためには，許可の基準が明確であり行政庁において裁量の幅が狭いものであることが必要とされよう。しかし，そこにおける四つの許可基準のうちの一つである，「原子炉が平和の目的以外に利用されるおそれがないこと。」の規定は，平和の概念がきわめて多義的であり，また実際にも多様な国家実行が存在する（たとえば宇宙空間の平和利用の内容をめぐる議論の対立を見よ）ことにかんがみると，必ずしも原則許可を前提とした規定であるとはいえないように思われる。また，たとえ原則許可でありいわゆる届出に近いものであるとしても，通告，許可も不要であるとしたバーゼル条約の宣言を見るとき，日本の政策の不整合であることは否めないであろう。（もっとも，有害廃棄物積載船舶と原子力推進船舶は異なる性格のものとの前提に立てば別である。）なお，筆者は，外国の危険物積載船舶の領海通航について，それが沿岸国の平和，秩序又は安全を害しない限り無害であるとする国連海洋法条約第19条1項に基づいて，沿岸国が事前許可制をとることは可能であるとする立場をとるので，原子炉規制法が国連海洋法条約に抵触するものではないとする坂元の結論には賛成である。（なお，国連海洋法条約第13部「海洋の科学的調査」第246条3項に定める「平和目的」の意味について考察したものとして，長田祐卓「海洋科学調査に対する外国人の参入条件」『新海洋法制と国内法の対応』第2号（日本海洋協会, 1987年）88-90頁を参照。）

◇第 1 節◇ 船舶の通航権と海洋環境の保護

いは国家政策全体との関連においてなされねばならないことを示している。したがって，ここでは，領海に関する法およびそれに関連する宣言のみの分析による，一般的傾向の指摘に留まる。

　同様な国家実行に関係するもう一つの事例について見てみよう。1996 年より行われている，核物質を輸送する船舶の沿岸国管轄権（領海・排他的経済水域）水域の通航規制に関する，IMO の特別諮問会議（Special Consultative Meeting: SCM）における議論(67)である。IMO は，すでに 1993 年に，核燃料等の海上輸送に関する規則（INF コード）を制定して，当該物質輸送に際しての特別な取扱要件等につき定めているが(68)，この会議は，「あかつき丸」プルトニウム輸送問題を背景に，核燃料およびその他の核物質の海上輸送に関連する事項の検討のため，1996 年に開催されたものである(69)。会議には，34 カ国および七つの国連専門機関等が参加したが，そこではソロモン諸島から INF コードの修正という形での提案が出された。それは，INF コード物質は本質的に危険なものであるからその輸送に際しては特別な注意が払われるべきであるとして，INF コード物質運搬船舶について，沿岸国当局に対する通告，協議，航路計画の設定などを義務づけることを内容とするものであった(70)。それに対しては 13 の参加国（アルゼンチン，オーストラリア，ブラジル，チリ，コロンビア，キューバ，インドネシア，アイルランド，メキシコ，ニュージーランド，南アフリカ，スペイン，ベネズエラ，）により原則的賛成が表明されていた。もちろ

---

(67) この議論については以下の文献を参照。Eugene R. Fidell,"Maritime Transportation of Plutonium and Spent Nuclear Fuel," *The International Lawyer*, Vol. 31, No.3, 1997, pp. 758-759. Raul A. F. Pedrozo, "Transport of Nuclear Cargoes by Sea", *Journal of Maritime Law and Commerce*, Vol.28, No.2, April, 1997, pp. 207-210.

(68) Code for the Safe Carriage of Irradiated Nuclear Fuel, Plutonium and High Level Radioactive Wastes in Flasks on Board Ships, IMO Assembly Resolution A. 748 (18), 4 Nov. 1993.

(69) MEPC 38/6/5, 17 April 1996.

(70) MEPC 38/20, p.17 ; Glen Plant,"The Relationship between International Navigation Rights and Environmental Protection: A Legal Analysis of Mandatory Ship Traffic Systems", Henrik Ringbom, (ed.), *Competing Norms in the Law of Marine Environmental Protection*, Kluwer 1997, pp.16-17.

◆第3章◆　国連海洋法条約と国際海事機関(IMO)における具体化

ん，それには反対をする国（イギリス，ドイツ，フランス，日本）もあり，結局この問題はここでは結論に至らず，IMOにおいて継続的討議事項とされている(71)。

同様な国家実行は，1989年の「有害廃棄物の国境を越える移動及びその処分の規制に関するバーゼル条約」の採択や批准に際しても確認することができる(72)。しかし，ここではこれ以上紹介する必要はないであろう。少なくとも，以上の事例から，特殊船舶の沿岸海域における通航規制について対立する国家実行が存在すること，さらにそこにおいて何らかの規制を主張する国が少なからぬ割合において存在することが確認できれば足りると思われるからである。

以上のように，特殊船舶の通航権に関する国連海洋法条約における解釈の対立は，その後の様々な国家実行においても解決されるには至らなかった。そこで注目されるのは，以下に見る，IMOにより導入された強制的船舶通報制度である。

(4) IMO 強制船舶通報制度

IMOにおいては，これまで海上衝突予防規則第10条やSOLAS条約第5章第8規則に基づいて，分離通航方式の採用や航路指定を行い，そのため船舶に情報提供を求めてきたが，それはすべて任意のものであった。しかし，1994年に，SOLAS条約第5章第8規則に1章が追加されることにより，そうした通報が沿岸国海事当局に対してなされることが船舶の義務とされた。すなわち，同規則(1)(h)は，船長に対して，「採択された船舶通報制度の要件を遵守し，各通報制度の規定に従って要求されるすべての情報を関係当局に通報しなけれ

---

(71)　Fidell, *supra* note (67), p. 759.

(72)　この点については以下の文献を参照。Pineschi, *supra* note (60), pp. 302-304. Iwona Rummel-Bulska,"The Basel Convention and the UN Convention on the Law of the Sea", *Competing Norms in the Law of Marine Environmental Protection - Focus on Ship Safety and Pollution Prevention*, Henrik Ringbom, (ed.), Kluwer 1997, pp. 98-101; 臼杵知史「有害廃棄物の越境移動とその処分の規制に関する条約（1989年バーゼル条約）について」『国際法外交雑誌』第91巻第3号（1992年）83-85頁，村上暦造「船舶航行と関係国への通報」『海洋法条約体制の進展と国内措置』第1号（日本海洋協会，1997年）49-52頁，田中・前掲注(57) 2-3頁，坂元・前掲注(61) 6-9頁。

◇第 1 節◇　船舶の通航権と海洋環境の保護

ばならない。」としている(73)。(2014 年の SOLAS 条約では,第 5 章第 11 規則となり,後者は同規則 7 となる。)

　この制度導入の目的は,「海上における人命の安全,航行の安全及び海洋環境の保護に貢献する」こと((1)(a))とされている。また,この制度は,「船舶通報制度に関する国際的な指針,基準及び規則を作成するための唯一の国際機関」とされる IMO に対して締約国が提案し,IMO により承認されることにより行われる((1)(b))。そうした通報制度が 1998 年 5 月現在適用されている海域は七つである(①オーストラリア,トリー海峡およびグレートバリアリーフ内側水路,②フランス,ウエサン島沖,③デンマーク沖,大ベルト海峡,④ジブラルタル海峡,⑤スペイン,フィニステレ沖,⑥マラッカ海峡,⑦地中海,ボンファチオ海峡)(74)。海域は必ずしも領海のみでなく,領海外の海域をも含む(たとえば②の場合は,フランス沿岸特定地点のレーダーから半径 45 海里の水域)(75)。それぞれの海域により具体的制度の内容は違いがあるが,①のオーストラリア海域の場合は,通報を求められる船舶は,全長 50m 以上の船舶あるいは,危険物積載船舶の場合は,大きさに関わらずすべての船舶となっている。海域を航行する該当船舶は,沿岸当局に対して船舶の位置,積荷,目的地などの報告を義務づけられている(76)。

---

(73) この改正については,村上・前掲注(72)52-54 頁を参照。また,条約については,運輸省海上技術安全局監修『1994 年海上人命安全条約』(海文堂,1997 年)622-625 頁を参照。

(74) 海上保安庁・前掲注(30)315-369 頁。2017 年 6 月現在では,強制的船舶通報制度が適用される海域は,23 に及ぶが,それらは本文にあげるほか,以下の通りである。フィンランド湾,グダニスクポーランド港水路,西ヨーロッパタンカー通報システム,カスケッツ沖沿岸海域,ドーバー海峡,バレンツ海,アイスランド南西沿岸,ポルトガル沿岸沖,アドリア海,パパハナウモクアケア沿岸国家モニュメント特別敏感海域(PSSA),ガラパゴス PSSA,グリーンランド海域,米国北東及び南東沿岸沖,中国,チェンシャン・ジオ岬,カナリア諸島。(IMO, *Ships' Routing, 2017 Edition, Part G, Section I, Mandatory Ship Reporting Systems*.)

(75) 海上保安庁,前掲注(30)328 頁。

(76) 海上保安庁前掲注(30)320-322 頁,Graham Mapplebeck, "Management of Navigation through Vessel Traffic Services", D. R. Rothwell & S. Gateman (ed.), *Navigational Rights and Freedoms and the New Law of the Sea*, Kluwer 2000, pp. 141-142.

◆第3章◆　国連海洋法条約と国際海事機関(IMO)における具体化

この改正規則によれば,「採択されたすべての船舶通報制度及び当該制度の遵守のためにとられる措置は,国連海洋法条約の関連規定を含む国際法の規定に合致していなければなら」ず,「本規則並びにこれに関連する指針及び基準は,国際法又は国際海峡の法制度に基づく締約国の権利及び義務を侵害するものではない。」とされている ((1)(i),(j))。また,そもそもこの規則は通報のみを求めるもので,許可や協議などを規定するものではない[77]。しかし,すでに見たように,特殊性格船舶の通航権をめぐって解釈の対立があり,また国家実行が大きく異なっている状況において,150カ国を越える加盟国を持つIMOにおいてこの制度が導入された現実的意義は大きく,海洋法条約において結論に至らなかった問題解決の一つの方向を示す事例として興味深く思われるのである。

5　おわりに

以上我々は,海洋環境保護の観点から見る船舶の通航権について,その歴史的な発展の過程に位置づけて検討し,国連海洋法条約体制の成立の意義とその後の展開について概観してきた。本節における作業は極めて一般的かつ概括的であり,検討すべき論点のほとんどは今後の課題として残されているけれども,さしあたりそうした検討からでも,今日の国連海洋法条約体制の下で,海洋環境の保護と船舶の通航権の問題に関しての個別条約における具体化や未解決問題の解決において一定の進展がある状況を確認することができたように思われ

---

(77)　こうしたSOLAS条約改正による強制船舶通航制度の導入の法的根拠については,それを国連海洋法条約が明確に規定していないのであるから,議論のあるところである。さらにそれは,1997年よりIMOにおいて強制化された航路指定方式（VTS）の導入とも共通する問題点を含む。しかし,この問題については稿をあらためて検討することとしたい。これについては,さしあたり以下を参照。Plant, *supra* note (68), pp. 25-27; *First Peport of the Comittee on Coastal State Jurisdiction Relationg to Marine Pollution* (Rapporteur, E. Franckx), ILA, *Report of the Sixty-Seventh Conference* (Helsinki), 1996, pp. 156-158 ; *Final Report of the Committee on Coastal State Jurisdiction Relating to Marine Pollution* (Rapporteur, E. Franckx, Assistant Raporteur, E. Molenaar), ILA, *Report of the Sixty-Ninth Conference* (London), 2000, pp. 450-454.

◇第1節◇ 船舶の通航権と海洋環境の保護

る。
　それでは，そうした現状をどのように評価することができるであろうか。まず，いえるであろうことは，海洋環境保護の概念は，船舶の航行を制約する基本的要因として現代海洋法において確立しているということ，そしてそのことは，伝統的海洋法における大原則であった公海自由原則とそれに基づく旗国主義を変更せざるをえない状況を生み出しているということである。すなわち，以上に見たような，船舶の航行について陸上の船舶管理会社に実質的な責任を負わせ管理すること，また，沿岸国に特定海域の航行について船舶の強制通報に基づく管理を行わせることは，船舶と旗国との関係のみで条約の履行を確保し海洋の秩序を維持してきたこれまでの原則を一歩踏み出すものであり，そのことは旗国主義の枠を実質的に越えざるをえないような結果をもたらしているのである。そして，このような旗国主義の修正・変更は，環境保護の要請が海洋法に導入されることに伴って必然的に生じざるをえない結果であるいえよう。公海自由の原則に基づいて，船舶と旗国との関係で海洋における秩序を形成してきた旗国主義は，船舶の自由な航行を保障することにより歴史の発展に貢献してきたが，環境保護という現代的要請を前にして必然的に変化せざるをえない，その端緒がここに現れていると思われるのである。
　さらに，このような海洋環境保護概念の確立の背景に，個別国家の利益を越える国際社会共通の利益の確保という観点の萌芽を見てとることができないであろうか。歴史的に見ると，船舶の通航権をめぐる海洋法制度は，沿岸国利益保護と国際航行の利益保護との対抗関係において形成されてきた。国際航行の利益は，海運国の利益とも言い換えることができるから，それは個別国家の利益の対抗関係において形成されてきたのである。もちろん，今日でもこうした制度形成要因が存在することを否定することはできない。特殊性格船舶の沿岸海域の通航権をめぐる議論は，そもそも沿岸国利益保護の観点からの主張であろうし，また，ISMコードをめぐる議論でも，それは先進国の海運会社がサブ・スタンダード船の排除の下に，主として途上国の海運会社を排除して自らの国際競争力を高めるという動機があり，またそうした効果があることは明らかであろう。しかし，そうであるとしても，今日の海洋環境保護をめぐる議論の背景には，個別国家の利益を越えた国際社会共通の利益保護の観点が存在す

◆第3章◆　国連海洋法条約と国際海事機関(IMO)における具体化

ることもまた否めないことと思われる。本節において見てきたように，国連海洋法条約においてその基本原則として環境保護概念が導入され，海洋環境保護に関して多元的管轄権制度とりわけ寄港国管轄権制度が導入されたこと，また，その後の個別条約における具体的制度の発展は，単に個別国家の利益の観点からのみでは説明しきれないものをそこに包含していると思われるのである。1972年の人間環境会議以降の国際社会における国際的／地球的環境保護の要請は当然海洋法の分野にも向けられているのであって，以上の海洋法における環境保護的観点の導入はそのような国際社会からの要請を反映したものということができるであろう。

　もちろん，今日，船舶航行を基本的に制約する要因として環境保護の概念は確立しているといっても，海洋法は環境保護の利益をすべてに優先するものとしているわけではない。それは，国際交通の促進や資源の衡平な利用などの多様に考慮されるべき利益のうちの一つであり，国連海洋法条約体制に象徴される現代の海洋法はそうした利益の妥協のうえに形成されているのである。したがって，船舶の通航権と海洋環境の保護をめぐる法制度が今後どのように形成され定着してゆくか，今後の国家実行等を通じたその発展が注目されるところである。

◇ 第 2 節 ◇ 海洋環境の国際的保護に関する法制度

◆ 第 2 節 ◆ 海洋環境の国際的保護に関する法制度

1 はじめに

　地球環境保護および保全のための国際法は，今日まず枠組条約あるいは傘条約において一般的な規範が制定され，その後個別条約で各締約国の具体的権利・義務を規定する方式が多くとられているが，このことは海洋環境保護の分野においても同様である[1]。いうまでもなく，ここにおいて枠組条約となるのは 1982 年に採択された国連海洋法条約である。国連海洋法条約は，これまで個別的にしか対応がなされてこなかった海洋環境保護に関する条約の中心となりうる国際社会の初めての普遍的合意として，すなわち初めてグローバルなシステムを形成したものとして，大きな意義を持つものである[2]。そこで本節では，まずこの国連海洋法条約の構造と特徴について簡単に見てみたい。

　国連海洋法条約に対応する個別条約による具体化は，現在多くの分野においてなされつつある。しかし，それらすべてについて検討を加えることは筆者の能力をはるかに越えるものであるので，本節では次に，その具体化の一例として，国際海事機関（IMO）における船舶起因汚染の規制に関する条約を取り上げ検討したい。特にそれを検討対象とする理由は，この分野が海洋における国際的取り組みが最も早くからなされてきたところであり，IMO におけるその条約の制定・改正という一般原則の具体化の経験を見ることは，そこに，単に海洋環境保護の問題に留まらない今日の環境問題一般につながるような問題もまた現われていると思われるからである。

　ところで枠組条約と具体化条約といってもその形成のされかたは一様ではない。通常は「オゾン層保護のための 1985 年のウイーン条約」と 1987 年のモン

---

(1) こうした合意形式がとられる理由については，村瀬信也「地球環境保護に関する国際立法過程の諸問題」大来佐武郎監修『地球環境と政治（中央法規，1990 年）』（講座〔地球環境〕第 3 巻）218-219 頁を参照。

(2) M. H. Nordquist, S. Rosenne, A. Yannkov, N. R. Grandy, *United Nations Convention on the Law of the Sea 1982, A Commentary,* Volume IV, Nijhoff 1991, pp. 3-4.

◆第3章◆　国連海洋法条約と国際海事機関（IMO）における具体化

トリオール議定書のように，先に枠組条約が制定され，その後それを具体化する規則が作成されるという関係になる。しかし，その逆の関係，すなわち具体化条約が先行しその後それを取り込む形で枠組条約が形成されるという場合もある。本節で例としてあげる IMO 条約と国連海洋法条約とはこのような関係にある。この場合でも，相互の関係は，国連海洋法条約におけるそれからの条約上の義務の逸脱を許容しないとの規定（第237条2項）や，IMO に対して権限ある国際機関として一定の役割を義務づけていることなどに見られるように[3]，異なるものではない。ただ当然のことながら，後者の場合には先行する具体化条約から枠組条約が影響を受けていることがあり，たとえば，国連海洋法条約には，公海措置条約や民事責任条約や海洋汚染防止条約などこれまでの IMO 条約を取り込んだ規定が存在しているし[4]，また今回，後で見るように，国連海洋法条約において国際基準主義の採用がなされたことも，IMO 的アプローチの枠組条約への実質的反映であるといえよう。

2　グローバルシステムの成立——国連海洋法条約における環境保全条項

(1) 構　造

国連海洋法条約中には，その前文から附属書に至るまで多くの環境保護に関する規定を見ることができるけれども，その中心が「海洋環境の保護及び保全」と題する第12部にあることはいうまでもない。第192条から第235条ま

---

(3) 船舶関係の基準設定に関して，IMO が「権限ある国際機関」であるとされることについて，さしあたり，C. P. Srivastava (Secretary-General of the IMO), "IMO and the Law of the Sea", E. D. Brown & R. R. Churchill (ed.), *The UN Convention on the Law of the Sea : Impact and Implementation, Proceeding of the Law of the Sea Institute Nineteenth Annual Conference,* University of Hawaii, 1985, p. 421 および *ibid.,* pp. 14-15 を参照．

(4) たとえば，「油による汚染を伴う事故の場合における公海上の措置に関する国際条約」（1969年）につき第221条，「油による汚染損害についての民事責任に関する国際条約」（1969年）および「油による汚染損害の補償のための国際基金の設立に関する国際条約」（1971年）につき第235条，また，後述の油濁防止条約や海洋汚染防止条約につき，第217条，第218条，第220条などを参照．*Ibid.,* C. P. Srivastava, pp. 419-420.

◇ 第 2 節 ◇ 海洋環境の国際的保護に関する法制度

での 44 カ条よりなる第 12 部の構造は，規制を中心として，一般原則，事前的措置，事後的救済，紛争解決に分けて理解することができ，以下にその内容につき簡単に見てみたい。

　まず一般原則としては，冒頭で海洋環境保護・保全義務が規定されており（第 192 条），それに基づいて，あらゆる汚染源すなわち陸上，大気，船舶，海底開発などを対象として具体的措置をとる義務を締約国に課している（第 194 条）。次に事前的措置としては，協力，技術援助，監視および環境影響評価がある。協力については第 197 条以下，この条約の具体化への世界的・地域的協力，損害の危険または発生の通報，汚染に対する非常時の計画策定，研究・調査計画ならびに情報および資料の交換等の義務が規定されており，技術援助については条約目的達成のための途上国に対するそれが（第 202 条），さらにモニタリングおよびアセスメントについてもそれぞれ規定されている（第 204 条，第 206 条）。

　規制は第 207 条以下最も詳細な条項を持つものであり，規則制定権と執行権の所在と限界について主に規定するものであるが，本条約では次のような原則に基づいている。すなわち，まず規制権者すなわち執行権者が，締約国と国際機関に分けられる。締約国による規制は，領域的原則，人的原則，そして寄港国原則に基づいてなされており，領域的原則とは，違反の発生場所および当該船舶の存在する場所（すなわち，領海，国際海峡，経済水域などの）に応じて，その領域を管轄する国による規制方式であり，この原則においては船籍は問われない。それに対し寄港国原則に基づく規制は，以上のいずれのつながりにもよらない，この条約で初めて採用された新しい規制方式である。もう一つの国際機関による規制とは，深海底制度における機構の，その活動に関するエンタープライズや合弁企業体に対する規制権を意味するが，これもこの条約で初めてとられた規則方式ということができる。それぞれを極めて単純化して見れば，まず規則制定の基準については，自国船については，国際規則・基準がその厳格性を担保するために課され，外国船については，逆に厳格に過ぎることのないよう，領海内や排他的経済水域内における国際規則・基準設定義務が，氷結海域を唯一の例外として課されている。また執行については，それぞれの規制原則に基づく執行方式が採用されており，特に船舶については，自国船に

◆第3章◆　国連海洋法条約と国際海事機関（IMO）における具体化

については海域を問わず旗国により，外国船による公海上の違反については寄港国により，さらに領海，経済水域内違反については沿岸国によるという，多元的な執行方式の原則がとられている。

　事後的救済については，「責任および賠償責任」と題する，国の環境上の義務を履行する責任およびその不履行による損害に対する国際法に基づいた損害賠償責任の存在と，自国管轄権下にある人から生じる環境汚染損害に関して，補償や救済のための法制度の確保，損害補償に関する現行国際法の実施と将来の発展への協力についての規定が（第235条），そしてさらに，執行措置から生ずる国の賠償責任についての規定も見られる。最後に，紛争解決については第12部に特別条項はないので第15部の一般規定によることになる。すなわち，当事国により紛争が解決されず，また調停等にも付されなかった場合には，第287条に定める手段を選択することになる。ただ，附属書VIIIによれば，海洋環境の保護および保全については，IMOの作成する専門家名簿による「特別仲裁」に付すことができることになっている。

(2) 特　徴

　国連海洋法条約の環境保護規定からは，さまざまな観点から，いくつもの特徴が指摘できると思われるが，ここではさしあたり，後でふれる船舶起因汚染規制との関連で次の4点をあげておきたい。

　その第1は，条約が「総合的アプローチ」を採用していることである。それは二つの意味においてであって，一つは，環境保全システムとして総合的であるということ，つまり単に規制のみでなく，すでにふれたような一般原則から紛争解決まで用意していることである。こうすることにより，全体として実効的な環境保全が可能となる。二つめは，海洋に対するあらゆる汚染源をその対象としていることであって，これまでは，限られた対象ごとの個別的対応しかなされてきていない。第2は，環境保全に対する国の一般的義務を設定しその観点から条約を構成しようとしていることである。従来の公海自由原則の下では，汚染は，個別条約で規制されない限りまた他国に対し直接的損害を与えない限り国の権利であった。しかし，条約では，この点で原則として海洋環境保全義務を置くという発想の転換が見られる。第3は，執行について従来の旗国

◇第 2 節◇ 海洋環境の国際的保護に関する法制度

に加え，沿岸国，寄港国に管轄権を付与する多元的な管轄権制度を採用していることであって，こうすることにより海洋汚染規制の実効性を確保しようとしているのである。第 4 には，締約国法令制定に際して国際基準主義が採用されていることがあげられる。それが果たす機能は二つあって，一つは，自国船につき旗国に厳格な立法をさせることにより規制の実効性を高めることであり，もう一つは，外国船につき沿岸国あるいは寄港国が高い基準を設定することにより，海運への阻害要因となることを回避することである。その際に，いわば国際法と国内法を媒介するものとしての，IMO 等の権限ある国際機関の果たす役割は大きいということができよう。

3 国際海事機関条約にみる規制の具体例——船舶起因汚染規制の変遷

次に，そうしたグローバルなシステムに対応する規制の具体例が，IMO 条約においてはどのように現れているか，表 1 は，船舶起因汚染規制に関する IMO における OILPOL および MARPOL 諸条約とその改正についてリストアップしたものである。それらの規制内容について見るまえに 3 点注意しておきたい。第 1 の点は，油濁防止条約の扱いであって，IMO が成立したのは 1958 年であるので 1954 年油濁防止条約には関与していないが，IMO はその成立の直後から同条約の事務局の役割を引き受けており，その後の改正はすべて IMO が関与してなされているので，同一の条約として扱うということである。第 2 の点は，73 年条約と 73／78 議定書との関係であって，前者は発効しておらず後者は発効しているけれども，73／78 議定書は 73 年条約を早期に発効させるために，附属書 II（後述のように有害液体物質に関する規制）の実施を一定期間免除したものであり，73 年条約の内容を取り込んだ形で議定書は作成されているということである。71 年改正も未発効であるが，その内容は 73 年条約にそのまま取り込まれているので，要するに 73／78 議定書には，油濁防止条約を含めてそれまでの条約の内容がすべて取り込まれているということになる。なお，同議定書は，船舶からの大気汚染物質を規制対象とする付属書 VI を追加する 1997 年の議定書により改正されている。第 3 の点は，73／78 議定書における議定書および附属書の改正についてであって，それらはし

◆ 第3章 ◆　国連海洋法条約と国際海事機関（IMO）における具体化

表1　IMO 船舶起因汚染規制関係条約と発効状況

	条約名（略称）	採択年	発効年月日
1	1954年の油による海洋の汚染の防止のための国際条約（油濁防止条約）	1954	1958.7.26
2	油濁防止条約の改正（62年改正）	1962	1967.6.28
3	油濁防止条約の改正（69年改正）	1969	1978.1.20
4	油濁防止条約の改正（71年改正）	1971	未発効
5	船舶による海洋汚染の防止に関する条約（73年条約）	1973	未発効
6	73年条約に関する1978年議定書（73／78議定書）	1978	1983.10.2 附属書Ⅰ－1983.10.2 附属書Ⅱ－1987.4.6 附属書Ⅲ－1992.7.1 附属書Ⅳ－2003.9.27 附属書Ⅴ－1988.12.31
7	73年条約に関する78年議定書を改正する1997年議定書（97年議定書）	1997	2005.5.19 付属書Ⅵ

ばしば改正されており，しかも一定期間（16ヵ月）後に発効しているが，これは，それらの改正について，黙示の受諾（tacit acceptance）という簡便な改正手続きが条約において採用されたからである。すなわち，73年条約第16条，73／78議定書第6条とも，条約本文の改正には，締約国の3分の2で，さらに世界の商船船腹量の50%以上の国による受諾が必要とされているが，議定書および附属書の改正には，採択の際に別段の決定がなされず，また一定の締約国による反対がなされない限り，10カ月以内の範囲内で決定される期間内に受諾されたものとみなされるとされている。そして，条約は受諾の後6カ月で発効するので，したがって16カ月後に発効することになる。73／78議定書が発効してからの議定書および附属書の改正には基本的にこの方式がとられている。

(1) 規制のシステム

次に，以上の条約に盛られた規制の内容について，(a)対象船舶，(b)対象

◇第 2 節◇ 海洋環境の国際的保護に関する法制度

物質, (c)排出禁止海域, (d)排出基準・方法, (e)設備・構造規制, (f)執行, ごとに変化の特徴的な点のみを見てゆくことにしたい。まず(a)対象となる船舶は, 油濁防止条約では 500 トン以上の海上航行船舶とされているが, 62 年改正では, それがタンカーについては 150 トン以上と拡大されている。そして 73 年条約になると, 対象が海洋運航のすべての船舟類として, 資源探査開発用のプラットフォームまでもその対象とされている。トン数制限はなくなっており, 適用除外になるのは軍艦と政府船舶のみである。つぎに, (b)対象物質は, 油濁防止条約では, 重質油およびその油性混合物とされているが, 73 年条約では, 油については附属書Ⅰで重質油に加え, ガソリン, ナフサといった精製油などすべての油を対象としており, また附属書Ⅱでばら済み有害液体物質, 附属書Ⅲで容器等収納有害物質, 附属書Ⅳで汚水そして附属書Ⅴで廃棄物として, 船舶から排出されるあらゆる汚染源をその対象としている。(c)排出禁止海域は, 油濁防止条約では, タンカーは沿岸 50 カイリ以内とされているが, タンカー以外には設定されていない。ただし双方ともアドリア海, 北海など特定の排出禁止海域は設定されている。この排出禁止海域は 69 年改正で大きな変化が見られ, それは, タンカー, タンカー以外とも対象として全海域に拡大されており, そのうえで沿岸 50 カイリ以内は, いかなる条件下でも排出が絶対的に禁止される海域とされた。それまでの特定の排出禁止海域は廃止され, それに代わって 71 年改正以降特別に強い規制がなされる特別海域が設定され, 73 年条約ではそれは附属書ごとに決められ, それ以降の改正において特別海域にいくつかの追加が見られる。次に(d)排出基準・方法については, 油濁防止条約では, タンカーは油または 100ppm 以上の油性混合物の排出が禁止とされ, タンカー以外にはできるだけ陸地から離れてというだけで規制がなされていない。しかし, 69 年改正では瞬間排出率の概念が導入され, タンカー, タンカー以外とも 1 カイリ 60 リットル以下とされ, またタンカーについては貨物容積に応じた総量規制の方向もとられている。そして, 73 年条約では, 対象物質ごとに異なる基準・方法が設定されているが, 油についていえば, 既存船と新造船とに分けた規制がなされていること, および油排出監視装置などの一定の設備の稼働が条件とされている点が新しいところである。排出基準は, その後の附属書の改正においてはさらに厳しくされている。(e)設

◆第3章◆　国連海洋法条約と国際海事機関（IMO）における具体化

備・構造規制は，油濁防止条約にわずかに設備規制がみられるが，初めて船体構造規制が現われるのは，71年条約においてのタンカーのタンクサイズと配置の制限に関してである。73年条約では，その対象物質別に規制を格段に強化し，油について見れば，船舶は油排出監視装置などの装備を義務づけられ，特に一定の新造タンカーに対し分離バラストタンクの設置義務が課せられたことが注目される。タンカーに対する規制は，73／78議定書においては，新造船，既存船ともさらに厳しくされ，これまでの規制に加えて原油洗浄装置やイナート・ガス装置（タンクに不活性ガスを充填する装置）などさらに多様な規制を行っている。そして，1992年の附属書Ⅰの改正では対象船舶のトン数の下限がさらに引き下げられたうえで，二重底（ダブルボトム）や二重船殻（ダブルハル）など一層厳しい構造規制が導入されていることが注目される。最後に(f)執行について，条約は旗国主義の原則をとっているけれども，その枠内での執行の強化を図ってきている。すなわち73年条約以降とられている方向の一つは，旗国による自国船検査の義務付けの強化であり，もう一つは，寄港国による検査権限の強化であって，明白な違反の存在する場合には，寄港国は違反船舶の出航停止措置もとることができるとされている。しかし，自国領海内違反を除いて，司法的措置をとることができるのは旗国のみであることに変更はない[5]。

(2) 規制の特徴

以上のIMO条約における規制の変遷をみる中から，特徴として2点をあげることができよう。第1は，70年代特に73年条約において，規制が総合的になりまた厳格になるということであって，それぞれの対象ごとに，規制は60年代のそれに比べ格段に強化されている。こうした70年代の変化を促した要因としては，まず，IMOの構成国の多様化があげられる。すなわち，IMOは政府間海事協議機関（IMCO）として1958年に成立したとき，当事国はわずかに28カ国であったが，それが1960年には44カ国，1970年には72カ国，

---

(5) IMOにおける船舶起因汚染規制のための諸条約のうち73／78議定書までについては，水上千之「船舶起因海洋汚染の国際的規制(1)」『金沢法学』26巻1号（1983年）69頁-109頁に詳しい．

◇ 第 2 節 ◇ 海洋環境の国際的保護に関する法制度

1980 年には 118 カ国となり，1992 年現在は 135 カ国となっている（2018 年現在 173 カ国）。こうした増加分はアジア，アフリカ，ラテンアメリカ等の新興国である非海運国が中心であり，それら諸国は，これまで海運国中心の利害調整機関との性格を持つ IMO に対し，海運振興や環境問題などに自らの利害を見出して参加したものである。IMO は，そうした構成国の多様化に対応して自ら規約の改正を行ってきており，1967 年と 1978 年には，理事会の構成国の枠を 16 カ国からそれぞれ 18 カ国，24 カ国に拡大し（2018 年現在 40 カ国）非海運国が参加しやすいようにしているし，同時に，海上安全委員会についても 1968 年には 18 カ国に拡大し，そして，1978 年には船腹量の基準を廃止してすべての加盟国で構成されるとしている。また，1982 年より IMO 内に正式な機関として設置された法律委員会および海洋環境保護委員会は，すべての加盟国をその構成国としている。こうした，70 年代以降の IMO の組織としての普遍化が，環境保護的観点を強調する非海運国の意見を IMO に反映させ，規制を促進する一つの要因となったことは否めないことと思われる。

しかしそうした要因のみでは，70 年代以降とりわけ近年の海運国，非海運国双方を含んだ，IMO における規制の強化の動きは説明できない。さらに加えてもう一つの変化の基本的要因としては，1972 年の国連人間環境会議での人間環境宣言や第 3 次国連海洋法会議での海洋環境保護の議論に見られるように，あるいは多くの NGO における運動にも見られるように，国際社会における海洋環境保護意識あるいは環境破壊に対する危機意識の高まりをあげることができるであろう。

次に，第 2 の特徴としてあげられることは，規制システムにおける重点が，船舶に対するいわゆるソフト面からハード面に移行していることである。71 年改正においてタンカーの船体構造規制が初めて現われ，73 年条約以降その方向がますます顕著となっているが，これは，IMO は規制の実効性を確保するために，船舶に対する運用における規制ではなくそもそも汚染を生ずることのないあるいはその可能性を少なくする規制の方向を選択したということであり，このことは IMO の汚染規制の歴史において新たな段階を画するものということができよう。しかし，IMO がこの領域に踏み込んだことは IMO に新しい問題を負わせることになる。

◆第3章◆　国連海洋法条約と国際海事機関（IMO）における具体化

　その問題の一つは，規則制定の際の困難さが増加するということである。すなわち，こうした規制は各国国内の海運や造船能力といった経済的・技術的状況と直接に関係することになり，それらの水準はもとより各国において均等ではないから，その利害対立がより顕著となり，統一的基準の達成に困難な要因となるということである。一例をあげよう。本年（1992年）の3月のIMOにおける附属書Iの改正に関する会議では，アメリカは一貫して二重船殻構造の義務付けを主張した。それに対し日本は中間甲板付二重船側（ミッドデッキ）構造を開発しそれを代替案として提示し，油流出防止効果は二重船殻に劣らずまた費用も安価であるとして多くの国の支持を得たのである[6]。しかしアメリカは最後まで反対し，その背景には以下の様な理由があったといわれている。すなわち，1990年にアメリカは国内法を制定しIMOにさきがけて同国寄港船舶に二重船殻構造を義務づけたが[7]，これは1989年のエクソン・バルディーズ号事故等いくつかの油濁事故を契機とする環境保護の世論の高まりを背景とするものであるけれども，同時にそれは，アメリカの造船業界にとっては，冷戦終結後の軍需用の艦艇需要の減少の中で業界に新規需要を喚起する絶好の機会と期待されていた。今回のIMOの会議には，アメリカの造船業界を背景にした議員がロンドンに乗り込み，自国代表に妥協しないよう圧力をかけたといわれている[8]。そうした中，日本が基礎技術を握る方式が承認されれば，新建造あるいは改造受注において，そうでなくても国際競争力のないアメリカ造船業界は不利な立場に立たされるわけで，アメリカの強硬な反対の背景にはこうした国内経済上の理由があったと考えられている[9]。結局会議では，両論併記の形で決着がみられたが[10]，アメリカはこれを不満として，条約上の手続きに基づいて異議申し立てを行なうことにより，この改正を受け入れない可

---

(6) PEPORT OF THE MARINE ENVIRONMENT PROTECTION COMMITTEE ON ITS THIRTY-SECOND SESSION（MEPC 32/20），pp. 16-23.

(7) Oil Pollution Act, 1990.（MEPC 30/Inf. 23）

(8) 『日本経済新聞』1992年3月4日朝刊．

(9) もっとも，日本政府およびミッドデッキ構造を開発した三菱重工は，それについての特許上の権利の主張を行わない旨IMOの第32回海洋環境保護委員会（MEPC）において表明しており，それはMEPCにおいて歓迎されている．（MEPC 32/20, p. 22）

(10) MEPC 32/20 ANNEX 6.

◇ 第2節 ◇ 海洋環境の国際的保護に関する法制度

能性も強いといわれている[11]（結果的には，アメリカは異議申立を行うことはなかった。）。

　問題の二つめは，条約の普遍化に関してである。すなわち，こうした規制は，船舶の運航や構造におけるコストを高め経済的負担を伴なうものであるだけに，それに対応しうる経済力のない国による条約加入をためらわせることになり，条約の普遍化を困難にする要因になるということである。これも一つの例をあげよう。表2⑴は，表1にあるIMOの汚染規制関係条約の当事国やその船腹量比をそれぞれ1992年および1991年現在で示したものである。

　それからも明らかなように，73／78議定書の附属書ⅠとⅡ，つまり油とばら積み有害液体物質について見ると，当事国は70カ国であるが，IMOの加盟国でありながらその当事国でない国も70カ国あり，IMOの加盟国は1992年現在135カ国であるから，約半数の国がこの条約を受け入れていない。船腹量比でみれば約90％が条約対象船舶となっているのであるから，このことは，わずかの船舶した持たない途上国を中心とする非海運国の多くが，この条約の当事国になっていないことを意味しており，その大きな理由が，規制の厳格さを吸収しえない国内経済構造にあることは考えられることである。

　なお，表2⑵は，73／78議定書および97議定書について，条約の当事国や船腹量比を，2018年現在で示したものである。それによると，前議定書付属書ⅠからⅤについての当事国はこの26年間に飛躍的に増加しており，またその船腹量比も96％以上をカバーしている。これはIMOが近年特に力を入れている途上国に対する技術援助や能力構築に向けた努力の成果を顕著に反映しているものと思われる。しかしなお，IMOの加盟国でありながら非当事国である国も依然として相当数存在しており，また，97年議定書付属書Ⅵの大気汚染対応についてはそれが顕著であり，規制の厳格さを吸収できない国内経済構造という要因が今なお存在することも否定できないように思われる。

　このように，今日，船舶起因汚染の規制をめぐる問題は，規制の総合化・厳格化とその重点のソフトからハードへの移行に伴い，国家の国内経済構造と直

---

(11) MEPCはコンセンサスによりこの修正を採択したが，アメリカはOil Pollution Act, 1990.との技術的相違の存在とその検討の必要を理由として，自らの立場を留保している．（MEPC 32/20, p. 23）

◆第3章◆　国連海洋法条約と国際海事機関（IMO）における具体化

接に関係する問題として，その中に困難な課題を抱えて登場しているように思われる。さきの温暖化防止条約交渉においても見られたけれども，一般原則を制定するときは比較的容易に合意が達成されても，国家に具体的義務を課す規則が規制されるときには，その個別利害の対立のゆえにいかに合意の達成が困難となるかの実例が，海洋汚染規制の分野においてもこのように現れているということができよう。

4　おわりに

本節では，IMO における海洋汚染規制の現段階についてその困難な側面を強調しすぎたかもしれない。ここで同時に評価しておかなければならないことは，そうした困難を抱えるにもかかわらず，IMO の規制のシステムは，枠組み条約を具体化する役割に一定の成果をあげてきているということである。IMO は，これまで見たように，グローバルシステムに応えて総合的かつ厳格な汚染規制システムを形成してきているし，また，それは国際社会において一定の受容も得ているように思われる。表2(1)からも明らかなように，油濁防止条約および71年と73年改正を取り込んだ73／78議定書も，附属書Ⅳを除いてすべて発効しているし，なかでも附属書ⅠとⅡについては，2018年現在世界の船腹量の約99.42パーセントをカバーしているのである。

しかし，それを評価したうえでもなお，以上に指摘した問題点が存在することもまた事実であろう。途上国は，先進国で減価償却の終った比較的船齢の高い小型の船舶を多く運航させており，また，統計によればこうした船舶において事故率が高いのであるから[12]，こうした条約に参加していない船舶を条約に取り込むことも重要と思われるし，また，アメリカのような国が国内的要因によって条約に参加しないことになれば，条約の普遍性と安定性に大きな影響を及ぼすことになる。これまで見てきたように，今日の船舶起因汚染規制をめぐる問題は結局のところ各国の国内経済構造の反映として現われているわけで

---

[12]　岸譲四郎「タンカー構造規制の動き」『海洋時報』第59号（1990年）26頁．萩原正彦「老齢化する『世界船腹』の実態──1990年ロイズ船舶統計によるバルクキャリアとオイル・タンカーの世界船腹分析」『海事産業研究所報』No. 310（1991年）69頁．

◇第2節◇ 海洋環境の国際的保護に関する法制度

表2(1) IMO船舶起因汚染規制関係条約当事国

	油濁防止条約(含1962年,1969年改正)	1971年改正条約		1973年条約	73／78議定書　附属書			
		グレートバリアリーフ	タンク		ⅠとⅡ(1)	Ⅲ(2)	Ⅳ(3)	Ⅴ(4)
署名国数	20	—	—	16	—	—	—	—
当事国数	68	28	27	19	70	47	39	52
船腹量比%	79.41	46.57	44.99	11.84	89.89	52.84	39.18	66.32
IMO加盟国である当事国数	68	28	27	19	65	44	36	49
IMO加盟国である非当事国数	67	107	108	116	70	91	99	86

(1) Ⅰ-油, Ⅱ-ばら積み有害液体物質　　当事国は1992年1月15日現在
(2) 容器等収納有害物質　　　　　　　船腹量は1991年6月30日現在
(3) 汚水　　　　　　　　　　　　　　IMO/MEPC32/2及び
(4) 廃棄物　　　　　　　　　　　　　1991年ロイド統計より作成

表2(2) IMO船舶起因汚染規制関係条約当事国

	73／78議定書　附属書				1997議定書
	ⅠとⅡ(1)	Ⅲ(2)	Ⅳ(3)	Ⅴ(4)	Ⅵ(5)
署名国数					
当事国数	156	148	142	153	89
船腹量比%	99.42	98.81	96.54	98.97	96.18
IMO加盟国である当事国数	156	147	142	152	89
IMO加盟国である非当事国数	17	26	31	21	84

(1) Ⅰ-油, Ⅱ-ばら積み有害液体物質
(2) 容器等収納有害物質
(3) 汚水
(4) 廃棄物　　　　　　　　　　　当事国・船腹量は2018年3月20日現在
(5) 大気汚染　　　　　　　　　　IMO Status of Conventions等より作成

◆第3章◆　国連海洋法条約と国際海事機関（IMO）における具体化

あるから，この問題の解決のためには，環境関係技術移転に関する協力や援助，さらに途上国の経済発展の問題などの解決が不可欠の前提となる。そうすると，これらはまさに今日地球環境保全の問題が直面している最も困難な課題の一つにほかならず，海洋環境保全をめぐる問題もその例外でないことがここに現われているように思われる。

　最後に，本節では，IMOは国連海洋法条約における権限ある国際機関として，枠組み条約を具体化する責務をいくつかの問題点や困難さをかかえつつも果たしてきている評価したけれども，いうまでもなく，IMO条約の実際の運用は締約国によりその国内法を通じてなされるのであるから，その最終的評価は，条約が各国内法でどの程度具体化されそしてそれがどのように機能しているかを見ることなしには下すことはできないといえるであろう。

第4章

民事責任と地球温暖化の防止

◇第1節◇ 油による汚染損害に対する責任および補償に関する国際制度

◆第1節◆ 油による汚染損害に対する責任および補償に関する国際制度

1 はじめに

　船舶からの油による海洋汚染に対処するための国際法制度は，大別して，船舶に対する油濁の防止や対応のための公法的規制と被害者に対する責任の履行という私法的規制とに分かれ，国際社会はそれぞれ独自の制度を形成してきた。これらはいずれも海洋環境の保護のためには欠くことのできない法的両輪ということができる。本節は，後者の私法的規制について検討の対象とするものである。

　被害者に対する責任を履行する主体については，国連海洋法条約第235条が「いずれの国も海洋環境の保護及び保全に関する自国の国際的義務を履行するものとし，国際法に基づいて責任を負う。」（1項）と規定していることからも，船舶の属する国自体または船舶に関係する私人が想定される。しかし，これまでの国家実行を見ると，船舶の旗国が自国タンカーからもたらされた汚染に対して賠償を行ったわずかな事例[1]は存在するが，船舶からの汚染は一般的には国家間請求の対象とされることはなく，関係する私人による民事賠償責任および補償の枠組みで処理されてきている[2]。そうであるから，上記第235条も，そうした処理がなされることを前提として，国に対して，海洋汚染損害に関する自国の法制度に従った迅速かつ適正な補償その他の救済のための手段の確保（2項），および，海洋汚染損害に関する賠償および補償を確保するため

---

(1) 1971年11月の新潟沖での油濁被害をもたらしたジュリアナ号事故においては，旗国であるリベリア政府は，自らの有責な行為が問題とされないにもかかわらず，2億円の賠償を支払った。See, G. Handl, "State Liability for Accidental Transnational Environmental Damage by Private Persons", *American Journal of International Law*, Vol. 74, 1980, pp. 546-547.

(2) P.W. Birnie & A. E. Boyle, *International Law and the Environment*, Oxford University Press 2002, p. 383., パトリシア・バーニー／アラン・ボイル（池島大策・富岡仁・吉田脩訳）『国際環境法』（慶応義塾大学出版会，2007年）437-438頁。

◆第4章◆　民事責任と地球温暖化の防止

の責任に関する国際法の実施と発展に協力し，適正な賠償および補償の支払いに関する基準および手続の作成のために協力すること（3項）を求めているのである[3]。

　本節では，はじめに，国際的な油濁損害に対する責任・補償に関して国際社会において形成されてきた制度をその改正経過とともに概観し，続いて，その制度をめぐる若干の問題についてふれた後で，制度の現時点における評価を試みることとしたい。

2　国際油濁責任および補償制度

(1)　伝統的制度と現行制度成立の背景
(i)　伝統的制度

　船舶の運航に伴い与えた損害に関して船舶の所有者（船主）の負う責任については，一般の不法行為責任と異なり，責任の制限制度がとられている。これは海運という高度に危険を伴う活動に従事する者を保護することにより，その活動を奨励するという趣旨を持つ。もちろんこれは油による汚染の場合に限定されるものではない。船主の責任を制限する方法に関する各国の立法は異なっており，それは大別して，責任の限度を金銭で画する人的有限責任主義と海産という物をもって責任を画する物的有限責任主義に分かれる。前者としては，船舶のトン数に応じて一定の計算式で責任限度額を設定する「金額主義」（英国主義）ならびに船舶および運送費を限度とする「船価主義」（旧米国主義）があり，後者としては，責任を海産に限定しそれのみに強制執行をすることができるとする「執行主義」（旧ドイツ主義）および事故後の海産すなわち本船および事故後の海産の価格を限度として責任を負うとする「委付主義」（旧フランス主義）があげられる[4]。こうした各国により異なる船主責任制度を国際的に

---

[3]　責任の性質に関する国連海洋法条約の起草過程における議論状況と到達点については，薬師寺公夫「国連海洋法条約における賠償責任諸条項の構成と問題点――国家の国際賠償責任と民事賠償責任の関連を中心に」香西茂＝山手治之＝林久茂編『海洋法の新秩序』（東信堂，1993年）408-409頁，410-416頁を参照。

[4]　戸田修三『海商法』（文眞堂，1987年）30-31頁，田中誠二『海商法詳論（増補版）』

◇ 第1節 ◇ 油による汚染損害に対する責任および補償に関する国際制度

統一したものが，1957 年の「海上航行船舶の所有者の責任の制限に関する国際条約」（船主責任制限条約）(5)である。同条約は，金額責任制限主義を採用した。同条約は，その後，「1976 年の海事債権についての責任の制限に関する条約」(6)として，および「1976 年の海事債権についての責任の制限に関する条約を改正する 1996 年議定書」(7)として，それぞれ改正されている。

(ii) 現行制度成立の背景

1967 年に英仏海峡で発生し英仏の沿岸に大規模な油濁被害をもたらしたトリー・キャニオン号事件は，石油の大量輸送時代を迎えて国際社会の直面する環境問題を世界に示した。伝統的な国際法は，こうした事態に対処しうる法制度を十分に備えておらず，国際社会はそのための新しい国際制度を必要とした(8)。海運の国際的規制に関する法制度を構築することを任務とする政府間海事協議機関（IMCO，1982 年より国際海事機関（IMO）と改称）は，この事故の後，ただちに法制度の整備に着手し，民事責任の問題においては，万国海法会の協力を得て(9)，被害に対する十分な救済を可能とするために，石油タンカーに対する事故の場合の求償権，責任の性質等に関する「油による汚染損害

　（勁草書房，1985 年）76-85 頁，村田治美『体系海商法（二訂版）』（成山堂，2005 年）126-129 頁，中村眞澄・箱井崇史『海商法』（成文堂，2010 年）86-89 頁。日本は，旧商法第 690 条で委付主義を定めていたが 1957 年の船主責任制限条約の批准に伴い，船主責任制限法を制定して金額主義の立場をとった。（戸田『海商法』33-34 頁）

(5) International Convention Relating to the Limitation of the Liability of Owners of Seagoing Ships, 1957. これについては，田中・前掲注(4)85-87 頁を参照。

(6) Convention on Limitation of Liability for Maritime Claims, 1976. これについては，水上千之「船舶起因油濁損害に対する民事責任(1)」『広島法学』第 11 巻第 1 号（1987 年）2-9 頁を参照。

(7) Protocol of 1996 to Amend the Convention on Limitation of Liability for Maritime Claims, 1976.

(8) Colin De La Rue & Charles B. Anderson, *Shipping and the Environment : Law and Practice*, LLP Reference Publishing 1998, pp. 7-13.

(9) 万国海法会における審議については，谷川久「油濁損害に対する民事責任に関する国際条約について」『海法会誌』復刊 15 号（1970 年）45-48 頁，柴田博「『一九六九年に成立した油濁損害の民事責任に関する国際条約』案について」『海法会誌』復刊 15 号（1970 年）を参照。

◆第4章◆ 民事責任と地球温暖化の防止

についての民事責任に関する条約」(1969年民事責任条約)」を採択した[10]。また，IMCO は，1971年には，油濁損害に対して被害者に基金による補償を行う「油による汚染損害の補償のための国際基金の設立に関する国際条約」(1971年基金条約) を採択している[11]。

油濁の民事的な対処に関する国際制度は，これまで，上記の民事責任に関する条約および補償基金に関する条約に加えて，補償に関する民間自主協定により形成され，機能してきている。以下では，それらの分野ごとに制度の概要を見てみたい[12]。

(2) 国際油濁責任制度
(i) 1969年民事責任条約

1969年民事責任条約は，1969年11月29日に採択され1975年6月19日に発効した。その目的は，船舶からの油の流出による汚染損害を被った者に対し適切な賠償を行うために国際的規則および手続を定めること（前文）である。

---

(10) International Convention on Civil Liability for Oil Pollution Damage, 1969. この条約の成立経過，条約採択会議の模様については，谷川・前掲注(9)に詳しい。また，IMCO は，この条約と同時に，油濁事故に際しての船舶に対する公法的規制に関する「油による汚染を伴う事故の場合における公海上の措置に関する国際条約」を採択しており，それについては，谷川久「油濁事故の際の公海上における介入権に関する国際条約」について(1)」『成蹊法学』第2号 (1969年)，水上千之「公海（領海以遠海域）の汚染事故と沿岸国の介入権」『金沢法学』第23巻第1・2合併号 (1981年) を参照。

(11) International Convention on the Establishment of an International Fund for Compensation for Oil Pollution Damage, 1971. この条約の成立，発効までの経緯については，谷川久「国際油濁損害補償制度の二十年」『成蹊法学』第28号 (1988年) に詳しい。

(12) 制度の全体について理解するためには以下の文献が有益である。藤田友敬「海洋環境汚染」落合誠一＝江頭憲治郎編『海法体系』(商事法務，2003年) 89頁以下，石油海事協会『タンカー油濁事故に関する国際油濁補償制度の解説（第8版）』(2006年)，Rue & Anderson, *supra* note (8), pp. 3-159, D. W. Abecassis ; *The Law and Practice relationg to Oil Pollution from Ships*, Butterworths 1978, pp. 172- 243; C. Wolfrum & C. Langenfled & P. Minnerop, *Environmental Liability in International Law : Towards a Coherent Conception*, Fedral Environmental Agency (Berlin), pp. 4-18.

◇第1節◇ 油による汚染損害に対する責任および補償に関する国際制度

① 適用範囲
(a) 対象船舶および油
　条約が対象とする船舶は，ばら積みの油を貨物として輸送している海上航行船舶および海上用舟艇である（第1条1項）。また，賠償責任の対象となる油とは，原油，重油，重ディーゼル油，潤滑油，鯨油等の持続性油であり，それらが船舶により貨物として輸送されている場合のみでなく，船舶の燃料タンクにある場合も含まれる（第1条5項）。

(b) 対象となる汚染損害
　対象となる汚染損害は，「油を輸送している船舶からの油の流出又は排出（その場所のいかんを問わない。）による汚染によってその船舶の外部において生ずる損失又は損害をいい，防止措置の費用及び防止措置によって生ずる損失又は損害を含む。」とされている（第1条6項）。船舶からの油の流出の発生した場所は自国管轄権下の海域に限定されず，公海海域をも含む。ここにおける防止措置とは，「汚染損害を防止し又は最小限にするため事故の発生後にとる相当の措置」とされている（第1条7項）。

(c) 対象領域
　この条約が適用対象とするのは，締約国の領域（領海を含む。）において生ずる汚染損害およびその防止措置である（2条）。したがってあくまで締約国領域に対する損害に限定されるのであって，公海などのそれ以外の領域に対する損害を対象としない。

② 責任
(a) 責任主体
　賠償責任の主体は船舶の所有者（船主）に一元化されている（第3条1項）。船舶の所有者とは，船舶の所有者として登録されている者，または，登録がない場合には船舶を所有する者である（第1条3項）。この条約上は，所有者以外の荷主，船舶運航者，国といった第三者の責任は想定されておらず，それは所有者が免責される場合でも同様である。また，特に所有者の被用者または代理人に対して賠償請求を行うことができないことが明記されている（第3条4項）。もっとも，所有者の第三者に対する求償権は害されない（第3条5項）。責任主体を船舶所有者に限定することについては，条約作成過程において，荷主ある

いは船舶運航者にするなどの多様な意見が出されたが，結局以上の合意が成立し[13]，そこには強制保険制度の実効性の確保という技術的要請があったとされる[14]。

(b) 責任の性質

事故の発生時における船舶の所有者は，その事故によりもたらされた油濁損害について，一定の免責自由に該当することを証明しない限り，故意・過失を要件とせず責任を負うとするいわゆる厳格責任がとられている（第3条1項）[15]。免責事由となるのは，当該汚染損害が，(a)戦争，敵対行為，内乱，暴動または例外的，不可避的かつ不可抗力的な性質を有する自然現象によって生じたこと，(b)損害をもたらすことを意図した第三者の作為または不作為によって生じたこと，(c)灯台その他の航行援助施設の維持について責任を有する政府その他の当局のその維持についての過失その他不法の行為によって生じたことである（第3条2項）。また，汚染損害が，専らまたは部分的に，汚染損害を被った者の作為若しくは不作為（損害をもたらすことを意図したものに限る。）または過失によって生じたことを証明した場合には，その者に対する責任の全部または一部を免れることができる。同じく，汚染損害が被害者の故意により生じた場合にも，責任は免除または軽減される（第3条3項）。

(c) 責任限度額

条約は，船舶所有者の責任を一定限度額に制限している。責任限度額は，一つの事故について，船舶のトンあたり2,000フランで計算した金額であって，その上限は2億1,000万フランである（第5条1項）。

ただし，事故が所有者自身の過失によって生じた場合には，責任制限を援用することができない（第5条2項）。また，所有者が制限の利益を享受するためには，第9条に基づいて訴えが提起される可能性のある裁判所その他の権限あ

---

[13] 谷川・前掲注(9)82-89頁。
[14] 谷川・後掲注(15)参照。
[15] 厳格責任が採用された背景には，汚染損害についての責任の強化という現代的潮流の他に，登録船主を責任主体としたために，過失を要件にした場合にはその責任の追求が困難になるという事情があるとされる。谷川久「油濁損害の賠償・補償制度について」『損害保険研究』(1997年)283頁，藤田・前掲注(12)92頁。

◇ 第1節 ◇ 油による汚染損害に対する責任および補償に関する国際制度

る当局に,事故の責任の限度額に相当する額の基金を形成しなければならない(第5条3項)。この基金を形成することにより,所有者は,これを唯一の担保財産として,自己の他の財産に対する債権者の権利行使を否認することができる(第6条1項(a)(b))。

(d) 強制保険

条約は上記の責任制限制度の導入と同時に,その支払いを確実なものとするために,所有者に対して賠償のための財産的保障を確保することを求めている。すなわち,締約国に登録されており,かつ,2,000トンを超えるばら積みの油を貨物として輸送している船舶の所有者は,自己の責任を担保するための上記責任限度額までの保険,銀行保証その他の金銭的保証を維持しなければならない(第7条1項)。締約国の権限ある当局により,保険その他の金銭的保証がこの条約に従って有効であることを証明する証明書が発行され,締約国はこのような証明書の発行されていない自国船舶の運航を許してはならない(第7条2項, 10項)。また,締約国は,自国登録船舶以外の条約対象船舶についても,それが自国の領域内の港や沖合施設を利用する場合には,自国の国内法令によって条約上の要件を満たす保険その他の保証が維持されることの確保を求めている(第7条11項)。

③ その他

その他,条約は,賠償請求手続きに関連して,賠償請求の訴えに関する管轄裁判所の規定(第9条),訴えの期間制限に関する規定(第8条),管轄権を有する裁判所が下した判決の他の締約国における承認に関する規定(第10条)などを置いている。

(ii) **1992年民事責任条約**[16]

1969年民事責任条約は,その後の条約の賠償限度額を超える被害をもたら

---

[16] Protocol to the International Convention on Civil Liability for Oil Pollution Damage, 1992. 1969年民事責任条約(71年基金条約を含む。)が改正された背景には次のような事情がある。1969年民事責任条約の成立後発生したいくつかの油濁事故は,条約体制の予想した賠償・補償限度額を大きく上回ったこと,さらにアメリカが賠償・補償限度額の低いことを理由として条約体制に加入しなかったことに対応するために,1984年に,限度額を大幅に引き上げる条項を盛り込む,1969年民事責任条約および1971年基金条

◆ 第4章 ◆　民事責任と地球温暖化の防止

す事故が発生したことに対応し賠償限度額を引き上げることを主たる目的として，1992年11月27日に改正された。正式名称は「油による汚染損害についての民事責任に関する国際条約を改正する議定書」である。同条約は1996年5月30日に発効した。以下では，主な改正点について見ることとする。

① 適用範囲

(a) 対象船舶

条約適用の対象となる船舶の定義が変更された。1969年民事責任条約では，船舶を「ばら積みの油を貨物として現に輸送している海上航行船舶及び海上用舟艇（種類のいかんを問わない。）」としているが，1992年民事責任条約では，「ばら積みの油を貨物として輸送するために建造され又は改造された海上航行船舶及び海上用舟艇（種類のいかんを問わない。）をいう。ただし，油及び他の貨物を輸送することができる船舶については，ばら積みの油を貨物として現に輸送しているとき及びその輸送の後の航海中（その輸送による残留物が船舶内にないことが証明された場合を除く。）においてのみ，船舶とみなす」（第1条1項）とする。これにより，対象船舶がタンカーなど油を輸送するための船舶，舟艇等に限定され，また，油輸送中以外の航行時に生じる汚染も対象にすることが明確化された。

(b) 汚染損害

汚染損害の定義が変更された。1969年民事責任条約では，汚染損害は「油を輸送している船舶からの油の流出又は排出（その場所のいかんを問わない。）による汚染によってその船舶の外部において生ずる損失又は損害をいい，防止措置の費用及び防止措置によって生ずる損失又は損害を含む。」（第1条6項）とし，「『防止措置』とは，いずれかの者が汚染損害を防止し又は最小限にする

約を改正する議定書が採択された。しかし，アメリカは結局この議定書を批准せず，自国法である1990年油濁法を制定した。1984年の議定書の発効要件はアメリカの加入を前提に定められていたため，同国の不参加により発効する可能性はなくなったことに伴い，同議定書の実質的内容はそのままにして，発効要件のみを緩和した1992年の二つの議定書が採択された。この経緯については以下の文献を参照。櫻井玲二「国際海事機関による油濁二条約の改訂」『海法会誌』復刊28号（1984年）7-9頁，石油海事協会・前掲注(12)20頁，D. Brubaker, *Marine Pollution and International Law*, Belhaven Press 1993, pp. 313-315.

◇第1節◇ 油による汚染損害に対する責任および補償に関する国際制度

ため事故の発生後にとる相当の措置をいう。」(第1条7項)とする。それに対して，1992年民事責任条約では，上記の文言にただし書きが付加され，「ただし，環境の悪化について行われる賠償(環境の悪化による利益の喪失に関するものを除く。)は，実際にとられた又はとられるべき回復のための合理的な措置の費用に係るものに限る。」(第1条6項)とされた。これは，1969年民事責任条約の下で行われたいくつかの賠償の事例において，損害の範囲とその算定基準をめぐって対立が生じたことに対応してなされた改正である。この点については，3(2)においてあらためて言及する。

(c) 事故の定義

1969年民事責任条約では，事故は「いずれかの出来事又は同一の原因による一連の出来事であって，汚染損害をもたらすもの」(第1条6項)とされ，汚染損害の発生が要件とされていたが，1992年民事責任条約では，それに「汚染損害をもたらす重大なかつ急迫した脅威を生じさせるもの」が追加されており(第1条8項)，それにより，結果の発生に至らなくてもそれを防止するためにとった措置もこの条約の対象となることが明記された。

(d) 条約適用区域

条約の適用される区域は，1969年民事責任条約では，「締約国の領域(領海を含む。)」(第2条)とされていたが，1992年民事責任条約では，その後の排他的経済水域の確立に伴って，排他的経済水域ないしそれを設定していない締約国については領海の基線から200カイリまでの水域が追加された(第2条(a))。なお，事故の発生地あるいは措置のとられた場所が上記区域である必要はなく，いずれの条約においても，それらの区域に対する汚染損害を防止し最小限にすることを目的とするものであれば，公海上においてとられた措置でもその対象になる(第2条(b))。

② 責任

(a) 船主責任限度額

船主による責任限度額が増額された。1969年民事責任条約の改正の主たる要因の一つとして，事故の際の被害額の増大に条約が対応していないことがあげられるが，1992年民事責任条約では以下のとおり規定された。すなわち，5,000トン以下の船舶については300万SDRであり，5,000トン以上の船舶

◆ 第4章 ◆ 民事責任と地球温暖化の防止

については，5,000トンを超える1トンあたり420SDRが加算される。ただし，その上限は5,970万SDRとなる（第5条1項）(17)。この補償限度額は，2000年10月に開催されたIMO法律委員会において，補償限度額を約50パーセント増額する決議が採択され，同決議が2003年11月1日に適用されることにより，以下のとおり引き上げられた。すなわち，(i)5,000トン以下の船舶は451万SDR，(ii)5,000トン超の船舶は5,000トンを超える1トンごとに631SDRを加算，(iii)ただし8,977万SDRを上限とする(18)，である。

(b) 船主責任制限阻却事由の厳格化

次に，船主の責任制限事由が厳格化されたことがあげられる。1969年民事責任条約では，「事故が所有者自身の過失によって生じた場合には，一の制限を援用することができない。」と規定していたが（第5条2項），1992年民事責任条約では，「所有者は，汚染損害をもたらす意図をもってまたは無謀にかつ汚染損害の生ずるおそれがあることを認識して行った自己の行為（不作為を含む。）により汚染損害の生じたことが証明された場合には，この条約に基づいて自己の責任を制限することができない。」（第5条2項）とされた。したがって，この規定の下では，船主の責任の制限が否定されることの証明は極めて厳格なものとなっている。

(3) 国際油濁補償制度

すでにふれたように，国際的な油濁に対処する条約体制において特徴的なのは，上記の加害者の損害賠償を規定する民事責任に関する条約に加えて，国際的な基金を形成して損害を補償する条約体制がとられたことである。

上記の民事責任に関する条約は，船舶所有者のみを責任の主体とし，しかも責任限度額や責任制限が設定されていることにより，必ずしも十分な被害者救済を保障するものではない。そこで，責任の所在にかかわらず，そうした条約

---

(17) 1969年条約における金額のフラン表示は，1976年11月19日に採択された議定書（Protocol to the International Convention on Civil Liability for Oil Pollution Damage of 29 November 1969）により，SDR表示に変更された。その経緯については，谷川久「海事条約におけるSDR条項について」『海法会誌』復刊23号（1979年）を参照。

(18) 落合誠一「国際的油濁賠償・補償制度の新展開」『ジュリスト』No. 1253（2003年）164頁，石油海事協会・前掲注(12)22頁。

◇ 第1節 ◇ 油による汚染損害に対する責任および補償に関する国際制度

による船舶所有者からの賠償を受けられない場合に，輸送される油についての利害関係者（荷主）による基金を条約により設立して補償を行うというものである。

　この補償のための基金条約は，民事責任条約と一体のものとして理解される。基金からの支払いは，民事責任条約による賠償を前提として，その下で汚染損害を受けた者が十分な支払いを受けることができない場合について行われる。したがって，基金条約の締約国は民事責任条約の締約国であることが前提とされている。また，条約の統一的運用の必要から，条約の適用範囲，汚染損害の概念等については民事責任条約と基本的に同一の意味を持つものとして制定されている。

　（i）1971年基金条約

　1971年基金条約は，油による汚染損害の被害者に対して，輸送する油について利害関係を有する者（荷主）の負担において十分な補償が行われることを目的とし，民事責任条約を補足するものとして制定された（前文）。同条約は1971年12月18日に採択され，1978年10月16日に発効した。

　① 補償

　（a）適用対象

　この条約が適用されるのは，1969年民事責任条約と同様に，「締約国の領域（領海を含む。）において生ずる汚染損害及びそのような損害を防止し又は最小限にするためにとられる防止措置」（第3条1項）である。

　（b）補償がなされる場合

　補償がなされるのは，(i)船主が免責されて1969年民事責任条約の下で責任が生じない場合，(ii)1969年民事責任条約の下で責任を負う船主に十分な資力がなくまた同条約に基づき提供される保険その他の金銭上の保証が十分でない場合，(iii)損害が，1969年民事責任条約または他の国際条約に基づく船主の責任を超える場合である（第4条1項）。ただし，基金は，(i)汚染損害が，戦争，敵対行為，内乱，暴動によって生じたとき，または，軍艦あるいは国により所有し運航される船舶で，政府の非商業的役務に使用されている船舶から生じたとき，(ii)損害が一または二以上の船舶による事故により引き起こされたものであることを債権者が証明できなかったときは免責される（第4条2項）。また，

◆第4章◆　民事責任と地球温暖化の防止

汚染損害が，被害者の意図的に行った作為もしくは不作為またはその者の過失によって生じたことを証明すれば，基金はその者に対する補償の義務の全部または一部を免れる。ただし，防止措置に関する補償についてはその義務を免れない（第4条3項）。

(c) 補償限度額

基金の補償額は，1969年民事責任条約による船主賠償額との合計で，4億5,000万フランを限度とする（第4条4項(a)）。ただし，この限度額は，基金の総会における決定により，9億フランを限度として増額することができる（第4条6項）。

② 請求手続

(a) 裁判管轄権

基金に対する補償請求訴訟は，1969年民事責任条約第9条に規定する裁判所，すなわち汚染損害が発生した締約国の裁判所に対して提起することができる（第7条1項）。訴訟が提起された裁判所は，その後の基金に対する訴訟について排他的管轄権を有する。当該裁判所の属する国が基金条約に加盟していない場合には，基金の本部のある国（英国）の裁判所か，あるいは基金条約の締約国で1969年民事責任条約の第9条に規定する管轄裁判所（損害発生地の裁判所）に提訴することができる（第7条3項）。また，基金は，船舶の所有者・保険者に対する訴えについても，当事者として参加することができる（第7条4項）。

(b) 補償請求権の除斥期間

補償請求権は，損害発生から3年以内に訴えを提起しなければ消滅する。ただし，いかなる場合でも，事故発生から6年を経過した後は，訴えを提起することができない（第6条1項）。

③ 基金への拠出

(a) 拠出義務者

基金への拠出は，締約国の港または受入施設において年間15万トン以上の拠出油（原油および重油）を受け取った者によりなされる（第10条）。

(b) 締約国の義務

締約国は，基金への拠出義務の履行を確保し，拠出義務者によるその義務の

◇ 第1節 ◇ 油による汚染損害に対する責任および補償に関する国際制度

効果的な履行のための国内法に基づく適当な措置をとらなければならない（第13条2項）。また，締約国は，この条約に基づく自国領域内の拠出義務者による義務を自ら引き受けることを宣言することができる（第14条1項）。締約国は，年間15万トン以上の拠出油を自国の領域内で受けとった者および受取量について事務局長に報告しなければならない（第15条2，3項）。

(ii) **1992年基金条約**

1971年基金条約は，1969年民事責任条約が1992年に改正されたのに伴って，同じく1992年に改正された。改正の背景には，1992年民事責任条約におけると同様に，汚染事故による損害額が旧条約の下での予想をはるかに超えるに至り，十分な被害者救済を確保する必要が生じたことがあげられる。1992年基金条約は1996年5月30日に発効した。以下，主な改正点のみとりあげる。

① 基金限度額の増額

基金の補償限度額が，1992年民事責任条約に基づき支払われる賠償額との合計額1億3,500万SDRを上限として，引き上げられた。（第4条4項(a)(b)）ただし，この額は，この条約の上位3カ国の締約国により受け取られた拠出油の合計が6億トン以上となる期間に生じた事故については，2億SDRとなる（第4条4項(c)）。

この補償限度額は，2000年10月に開催されたIMO法律委員会において，補償限度額を約50パーセント増額する決議[19]が採択され，同決議が2003年11月1日から適用されることにより，上限額2億300万SDRに引き上げられた。

② その他の改正点

1992年基金条約は1992年民事責任条約と一体のものとして適用される。したがって，1992年民事責任条約で変更された，船舶の定義，油の定義については，本条約においても適用される（第1条2項）。また，条約の適用地域の拡大および適用対象についても同様である（第3条）。

---

(19) H. Descamps, R. Slabbnick, H. Bocken, *International Documents on Environmental Liability*, Springer 2008, pp. 71-72.

◆第4章◆　民事責任と地球温暖化の防止

(iii) 追加基金議定書

1999年12月12日にフランス沖合で発生したエリカ号事故および2002年11月13日にスペイン沖合で発生したプレステージ号事故は，その被害総額が1992年民事責任条約，1992年基金条約の補償限度額をはるかに超えることが予想されたため[20]，EU諸国を中心として追加の基金を創設する主張が強まり，EUは独自の基金を創設する動きも見せた。それに対して，IMOはEU独自の地域的対応がとられることがこれまでの国際的制度の存続を脅かすとの危惧からすみやかに対応し，2003年5月16日に1992年民事責任条約および1992年基金条約の賠償・補償額にさらに上乗せする補償を行う「1992年の油による汚染損害の補償のための国際基金の設立に関する国際条約の2003年の議定書」[21]（追加基金議定書）を採択した。同議定書は，2005年3月3日に発効した。

① 議定書の概要

(a) 目的および構造

議定書は，1992年基金条約の下での補償限度額を超える汚染損害について補償を提供することを目的としており（第4条），この制度に加入できるのは1992年基金条約の締約国である（前文）。したがって，条約の適用区域，補償対象となる油濁損害等，条約の構造は，1992年民事責任条約と基本的に同様である。

---

[20] 1992年民事責任条約および1992年基金条約の下での支払い上限は1事故あたり1億3,500万SDRであり，それはエリカ号事故の場合には1億8,500万ユーロに相当した。それに対して基金に対する補償請求は2億800万ユーロであった。また，プレステージ号事故の場合には，それは1億7,200万ユーロに相当し，それに対してフランス，スペイン，ポルトガルによる請求総額は，9億4,400万ユーロであった。See, *International Oil Pollution Compensation Funds,* Annual Report 2005, pp.74-75（Erika），pp. 100-102, p. 105. See also, Juan L. Pulido,"Compensation by the Coastal States - The Prestide Disaster" J. Basedow & U. Magnus(ed.), *Pollution of the Sea - Prevention and Compensation,* Springer 2007, pp. 152-153.

[21] Protocol of 2003 to the International Convention on the Establishment of an International Fund for Compensation for Oil Pollution Damage, 1992.

◇第1節◇ 油による汚染損害に対する責任および補償に関する国際制度

(b) 限度額

追加基金による補償の限度額は，1992年民事責任条約および1992年基金条約による補償を含んで，7億5,000万SDRである（第4条2項(a)）。会議においては，ヨーロッパ諸国の主張する8億SDRから日本，韓国，オーストラリア等の主張する4億SDRまで限度額に差があったが，結局上記の額となり，この額は米国の油濁法の下での補償水準とほぼ等しいものとなった[22]。

(c) 拠出義務者

基金の拠出者は，各締約国において年間の総量15万トン以上の油を受け取った者とされた（第10条1項(a)(b)）。ただし，この議定書の締約国は，最小限100万トンの油受取量があるものとみなされる（第14条）。議定書作成会議においては油受取人のみでなく船主にも拠出義務を課すことも検討されたが，結局採用されなかった。その結果補償制度全体における油受取人の負担リスクが大きく増加することとなったため，議定書採択時に，船主の負担割合の見直しを含み1992年民事責任条約および1992年基金条約の全体的な見直しを行うことを求める決議が採択された[23]。

(d) 拠出金のキャッピング

年間の油受取量に応じて定められる一の締約国の年次拠出金の総額は，この議定書に基づく年次拠出金の総額の20パーセントを超えないとの，拠出金の上限を定める経過規定が設けられており，この規定は，この議定書の全締約国の年間油受取量の総量が10億トンに達する日またはこの議定書の発効後10年の期間が経過した日のいずれか早い日まで適用される（第18条）。この規定は，条約体制上最大の拠出国である日本が，さらに負担が増大することを懸念して強く主張して実現したものである[24]。

(4) 民間自主協定

油濁責任に対する賠償・補償については，上記の国際条約とは別に，民間による補償制度がある。そのような制度としてこれまで存在したものとしては，

---

[22] 落合・前掲注(18)165-166頁。
[23] 落合・前掲注(18)167頁。
[24] この経緯については，落合・前掲注(18)166-167頁。

◆第4章◆　民事責任と地球温暖化の防止

「油濁責任に関するタンカー船主間自主協定」[25]（TOVALOP）および「タンカーの油濁責任に対する臨時追加補償制度に関する契約」[26]（CRISTAL）があり，現行の制度としては，「小型タンカー油濁補償協定」[27]（STOPIA）および「タンカー油濁補償協定」[28]（TOPIA）がある。以下，ごく簡単にそれらの概要を述べよう。

(i) TOVALOP と CRISTAL

1969年民事責任条約および1971年基金条約とも，すでに述べたように国際社会の要請に基づき急ぎ採択されたが，それぞれ発効要件を満たすまでは相当の期間を要することが予想された[29]。そこで，両者は，海運業界および石油業界による両条約が発効し機能するまでのつなぎとして，その間の被害者に対する賠償・補償を確保することを目的として作成されたものである[30]。

TOVALOP は，上記の民事責任条約に対応するものであって，TOVALOPの加入者が所有または裸用船しているタンカーからの油流出事故に伴う汚染損害について一定の限度において補償するものである。これまでのP&I保険が船主の事故に対する法的責任の存在を前提としているために，過失責任主義をとっている国ではこの保険の適用がなかったが，これはP&I保険ではカバーされない無過失責任損害についても補償することを目的とする。協定の基本的な概念，構造等は，民事責任条約と類似している。

CRISTAL は上記の基金条約に対応するものであって，石油を輸送しているタンカーからの汚染事故について，荷主の拠出金によって，一定の限度において追加補償を行うものである。基金条約が発効し，世界の広い地域をカバーするまでの間，暫定的に採用されたものであり，その基本的な概念，構造等は基

---

(25) Tanker Owners Voluntary Agreement Concerning Liability for Oil Pollution.
(26) Contract Regarding an Interim Supplement to Tanker Liability for Oil Pollution.
(27) Small Tanker Oil Pollution Indemnification Agreement.
(28) Tanker Oil Pollution Indemnification Agreement.
(29) 1969年責任条約が発効したのは，成立から6年後の1975年6月19日であり，1971年基金条約が発効したのは，成立から7年後の1978年10月16日である。
(30) TOVALOPおよびCRISTALの成立の背景および内容については，谷川・前掲注(11) 47-50頁，61-66頁参照。See also, Rue & Anderson, *supra* note (8), pp. 15-16, 19-20.

◇ 第 1 節 ◇ 油による汚染損害に対する責任および補償に関する国際制度

金条約に類似している。

TOVALOP は 1969 年に，CRISTAL は 1971 年にそれぞれ適用され，その後にいくどかの改正を経て 1997 年 2 月まで存続したが，1997 年に 1969 年民事責任条約および 1971 年基金条約加盟国が増加したことにより終了した[31]。

(ii) STOPIA と TOPIA

一度は終了した民間自主協定が復活した背景には，上述の 2003 年追加基金が油受取人のみの負担で創設されたことにより，船主の負担との不均衡に対する不満が石油産業等の荷主側より出されたことがあげられる。これに応えるため，海運業界側より，国際 P&I 保険グループによる，かつての TOVALOP に類似する，以下の二つの自主的追加補償制度が導入された[32]。

二つの協定とも，1992 年民事責任条約，1992 年基金条約および 2003 年追加基金議定書の下で確立された油濁補償に関する油受取人の負担を軽減することを目的として，船主の分担額の増額を行うための機構を設立することを意図したものである。この機構は，国際グループ加盟 P&I クラブに参加しているタンカー船主の間における法的拘束力を持つ協定として設立されるものであり，私人間契約としての性格を有する。したがって，これは，1992 年民事責任条約および 1992 年基金条約の下での法的権利に影響するものではなく，油流出事故の被害者は，1992 年基金および追加基金に対して現在有する権利を引き続き享受する。そのためこの機構は，事故に関与した船主が求償者に責任制限額を超過する金額を直接支払うのではなく，追加基金に対して補償を支払うことを規定する。1992 年基金は，STOPIA および TOPIA の当事者ではないが，両機構とも，1992 年基金に対して，参加船主に対するこの協定に基づき訴訟を提起する法的拘束力のある権利を付与している[33]。

STOPIA は追加基金が発効した 2005 年 3 月 3 日に適用されたが，その後 2006 年 2 月 20 日に改正され，TOPIA と同時に適用された（両協定とも 2017 年に改正）。STOPIA において当事者となりうるのは，29,548 トン以下の船舶

---

(31) 藤田・前掲注(12)102 頁。

(32) STOPIA について，See, R. Wolfrum, "Maritime Pollution – Compensation or Enforcement?", Basedow & Magnus(ed.), *supra* note (20), pp. 137-150.

(33) STOPIA & TOPIA Explanatory Note.

であって，当該船舶の保険を引き受けるクラブによりその保険契約規定に従って当事者とされた船舶の所有者である。当該所有者が所有するこの条約の適用対象となる船舶は，自動的にこの機構に加入する（Ⅱ(B)）（Ⅲ(B)(C)）。それに対し，TOPIAにおいては，協定当事者となりうる船舶として，トン数制限は附されていない。（Ⅲ条(B)）

また，1992年基金への補償について，事故により加入船が油濁損害を起こし，当該船舶の参加船主に責任条約に基づく責任が発生し，1992年基金が1992年基金条約に基づき補償を支払ったかあるいは支払うことが予想される場合には，当該船主は1992年基金に対して補償する義務を負うが，補償金額は，STOPIAにおいては最大限2,000万SDRが上限である（Ⅳ条（A）（C））のに対して，TOPIAにおいては追加基金が支払う金額の50パーセントとされている（Ⅳ(C)）。

3　若干の検討

以上概観したように，現在では，油濁損害に対して，民事責任条約，基金条約，追加基金議定書の三つの条約により賠償および補償がなされ，さらに，追加基金に対しては，STOPIAおよびTOPIAの船主側の二つの民間自主協定により，基金が支払う補償金の一部について船主から補塡を受けるというシステムがとられている。以下では，そうしたシステムにおける特徴およびその運用に関する二つの問題点について言及してみたい。

(1)　損害費用負担の原則と方式

（ⅰ）油濁損害に対する被害者を救済する費用をどのような原則でどのように負担するかについて，条約システムは興味あるアプローチをとっている。すなわちそれは，汚染者（原因者）負担と受益者負担の二つのアプローチを，そして，条約による国家間の合意と民間の自主的な協定によるアプローチを複合させていることである。

（ⅱ）民事責任条約においては，汚染者としての賠償責任の主体は船舶の所有者（登録船舶所有者，登録がないときは船舶の所有者）に一元化されており，そ

◇第1節◇　油による汚染損害に対する責任および補償に関する国際制度

れ以外の荷主，船舶運航者，旗国などは想定されていない。それは，所有者が免責される場合でも同様である。また，特に所有者の被用者または代理人に対して賠償請求を行うことができないことが明記されている。このように，責任が船舶の所有者に一元化されることについては，条約作成過程において荷主や船舶運航者などに対象を拡大すべきとの意見が出され対立したが，結局妥協が成立し，そこには強制保険制度の実効性の確保という技術的要請があったといわれている(34)。しかし，現在の用船形態を考えると，このように所有者に責任を一元化すること，とりわけ船舶運航者の責任を問わないことは，汚染者負担の原則からは問題となるように思われる(35)。特にそれは，所有者の責任について責任限度額が設けられていることを考えれば，被害者救済の観点からも問題が生じるのであって，汚染者負担の原則が今日多くの環境条約において明記・具体化されており，国際法上の一般原則であるとさえいわれていることを考えると，所有者以外に責任主体を設定することはあらためて検討されてよいように思われる(36)。

　(iii) 油濁賠償，補償のシステムにおいて興味深いのは，以上の船舶の所有者による賠償に加えて，基金条約を制定して，受益者において被害者への補償を確保する制度がとられたことである。これは，一つには，民事責任条約が基本とする船舶所有者による賠償が十分なものではなく，また一つには，船舶の所有者に対する金銭的な負担を軽減するという目的を持つのであるが，この利害関係人において損害に対する費用が負担されるべきであるという制度の導入は，石油会社などの荷主の資力を背景として，被害者救済に大きく資するものであった。荷主が汚染者として共同責任を負うかどうかは別として，このような受益者負担の原則を条約制度として導入することにより汚染者による負担と並行させて被害者救済や環境保護の体制を構築したことは，条約システムの実効

---

(34) 谷川久「責任集中覚書」『成蹊法学』第46号（1998年）122-123頁，谷川・前掲注(15)282-283頁，藤田・前掲注(12)93頁。
(35) 亀井利明「海上油濁事故と船主責任」『海運』575号（1975年）20頁。
(36) 汚染者負担の原則の国際法上の位置及びその評価に関しては，松井芳郎『国際環境法の基本原則』（東信堂，2010年）308-313頁を参照。また，バーニー／ボイル・前掲注(2)，107-111頁を参照。

◆第 4 章◆　民事責任と地球温暖化の防止

性の確保の観点から，極めて意義あるものである。

（ⅳ）加えて興味深いのは，以上の条約制度に加えて，民間の自主協定という方式により，補償を行う体制をとっていることである。これは，すでに終了した TOVALOP と CRISTAL とともに，現行の制度である STOPIA および TOPIA が存在する。特にアメリカが民事責任条約および基金条約の当事国となっていない状況においては，それはアメリカの関係船舶の参加による賠償・補償制度の構築という現実的効果を持つものであって，その意味は大きいといえよう[37]。

(2) 対象となる「汚染損害」について

（ⅰ）民事責任条約および基金条約において賠償・補償の対象となる汚染損害とはいかなるものを含むかが，条約の実行上および解釈上の問題となってきた。そうした汚染損害は，①人的または健康上の損害，②財産上の損害，③環境損害の結果として生じる観光業や漁業などに従事する者の純粋経済損失（pure economic loss），④海洋の生態系や美的価値に対する損害といった環境それ自体の損害（damage to the environment per se）の四つに区分することができ，これまで前三者については賠償・補償の対象とされてきたが，最後のカテゴリーがそこに含まれるか否か，含まれるとしたらどの範囲でそれが算定されるかということである。

（ⅱ）1969 年民事責任条約は，「汚染損害」について，「油を輸送している船舶からの油の流出または排出（その場所のいかんを問わない。）による汚染によってその船舶の外部において生ずる損失または損害をいい，防止措置の費用および防止措置によって生ずる損失または損害を含む。」（第 1 条 6 項）とし，「防止措置」について，「いずれかの者が汚染損害を防止しまたは最小限にするため事故の発生後にとる相当の措置をいう。」（第 1 条 7 項）としているが，この条約の下で，基金からの支払いをめぐって，「環境それ自体の損害」が含まれるか否か問題となった。

（ⅲ）それが初めて顕在化したのは，フィンランド，スウェーデン，ソ連に大

---

[37]　谷川・前掲注(15)285-286 頁。

◇第1節◇　油による汚染損害に対する責任および補償に関する国際制度

きな被害をもたらした，1979年のアントニオ・グラムシ号事故である。被害者であるソ連政府の請求に対してリガの裁判所は天然資源に対する損害とその回復費用を損害として認定し，ソ連法に基づいて環境損害を算定した[38]。また，1985年の地中海におけるパトモス号事故に際して，イタリアにより1969年民事責任条約第1条6項に基づいて海洋動植物相に対する損害が請求され，一審のメシーナの裁判所は，イタリアは経済的損失を被っておらず，動植物相に対する損害は無主物であるから補償の対象にならないとして基金の主張に添う形で請求を棄却したが，二審のメシーナの控訴裁判所は，一転して，環境の持つ経済的価値の減少は請求の対象であり，損害額の認定が困難であることは補償を行わない理由とはならないとして基金の主張を退けて請求を認容した。さらに，1991年のヘブン号事件においても，イタリア政府は海洋動植物相に対する損害を一つの理由として補償請求を行い，ジェノアの裁判所は，汚染損害に対する基金の主張を退けて，イタリアに対する損害を認定した。[39]

(iv) 1969年民事責任条約の下で，上記のような環境損害についての請求に関する事件が多く発生したので[40]，締約国は「汚染損害」についてより厳密に定義する必要性を認識し，1992年民事責任条約第1条6項においては，その定義にただし書きを付加し，汚染損害とは以下のものをいうとした。

　(a) 船舶からの油の流出または排出（その場所のいかんを問わない。）による汚染によってその船舶の外部において生ずる損失または損害。ただし，環境の悪化について行われる賠償（環境の悪化による利益の喪失に関する

---

[38] 基金は，この判決に対して，汚染損害の評価は経済的モデルに基づいてなされてのみ受入れることができることを決議しており，また，1981年には，基金の設置した「環境それ自体の損害」について検討するWGが，請求は数量化可能な経済的損失についてのみ補償が可能であるとしている。谷川久「油濁損害の賠償・補償の範囲」『企業と法』（有斐閣，1995年）342-343頁．See, D. Ibrahima, "Recovering Damage to the Environment per se Follwing an Oil Spill: The Shadows and Lights of the Civil Liability and Fund Conventions of 1992", RECIEL 14(1)2005, pp. 66-67．

[39] この経緯については，See, Ibrahima, *ibid.*, pp. 67-68. なお，この事件においては基金による補償がなされたが，それが環境それ自体の損害に対して支払われたものであるか否かは明確にされずex graciaに基づき解決された。

[40] Ibrahima, *ibid.* p. 68．

◆第4章◆　民事責任と地球温暖化の防止

ものを除く。）は，実際にとられたまたはとられるべき回復のための合理的な措置の費用に係るものに限る。（傍点筆者）

　(b)　防止措置の費用および防止措置によって生ずる損失または損害

(v)　このように，1992 年民事責任条約における定義では，環境損害は含むが，それは実際にとられたまたはとられるべき回復のための合理的な措置として，1969 年民事責任条約においては規定上は明確ではなかった回復可能性の有無および合理的な措置という基準を新しく付加している。この定義の下では，「環境それ自体の損害」は原則として補償されないが，それが回復のための費用であり，合理的なものであれば，例外的に補償されるということになる[41]。この回復のための措置についての補償基準の導入は，環境に対する損害額の算定を容易にする効果を持ち，また，すでに国際法上あるいは各国の不法行為法上確立している原状回復義務を具体化するものとして積極的に評価しうる側面を持つといえよう。しかし，他方，回復可能性を要件にすることは，損害が回復不能である場合（たとえば，それが大規模・広範囲であるとか資源の希少性ゆえに回復不能な場合）には賠償・補償の対象にならないという結果にもなりうる[42]。さらに，合理性の基準については，1992 年民事責任条約には言及されておらず，その判断をめぐっては被害者，締約国，基金などにおいて異なる可能性がある。このことは，賠償・補償に関する現行の条約体制が，たとえばWTO のパネルのような自らの紛争解決機関を持たず，紛争が生じた際の裁判管轄権を損害発生地国の裁判所に付与し，その判決の締約国における効力を認

---

(41)　1992 年国際油濁補償基金は，2004 年 10 月に総会で採択され 2007 年 6 月に改正された「補償請求の手引書」において，補償の対象となる汚染損害として，①清掃及び防止措置，②所有物の損害，③間接損害，④純粋経済的損失，⑤環境損害の五つをあげている。そして，補償請求が認められる一般基準として，(i) 費用，損失及び損害は実際に発生したものであること，(ii) 費用は合理的かつ正当と判断される対策に関するものであること，(iii) 費用，損失及び損害は，油濁によるものであること，(iv) 費用，損失及び損害と油濁との間に密接な因果関係があること，(v) 定量的に算出できる経済的損失であること，(vi) 適切な証拠に基づく請求であること，をあげている。(*International Oil Pollution Compensation Fund 1992, Claims Manual* : December 2008 Edition.)

(42)　高村ゆかり「国際法における環境損害——その責任制度の展開と課題」『ジュリスト』No.1372（2009 年）86 頁。

◇ 第1節 ◇ 油による汚染損害に対する責任および補償に関する国際制度

めていることにかんがみれば，今後も問題となりうることであると思われる。(43)

4　おわりに

　1957年の船主責任制限条約やその後の改正条約として，船舶起因損害の民事責任に対処する一般的な条約は持っていたが，油濁事故における民事責任についての特別な条約を持たなかった国際社会は，1967年のトリー・キャニオン号事件を契機として，1969年民事責任条約および1971年基金条約によりはじめてその制度を形成した。同条約は，賠償および補償額の増加などその後の時代状況に適合するための幾度かの改正を経て今日に至っている。また，以上の国際条約とは別に，民間による自主協定という形での，油濁に対処するための国際的合意が形成されてきている。今日では，油濁事故に対処するための国際的体制は，民事責任条約，基金条約そして民間自主協定の三層の構造として，複合的に制度形成がなされている。

　以上の諸条約・協定の状況を見ると，2018年3月2日現在，1992年民事責任条約の締約国は，137カ国であり，1992年基金条約の締約国は115カ国そして追加基金条約の締約国は31カ国であって，アメリカを除く世界の船舶登録国および石油輸入国のほとんどがその締約国となっている。また，民間自主協定については，2008年から2009年の間にSTOPIA機構への参加資格を持つ船舶で，STOPIA 2006に加入しているものは5,451隻であり，非加入の船舶は248隻であって，その加入比率は95.6％であった。また，TOPIA 2006の関係船舶でTOPIA機構に加入していない船舶は皆無であり，加入率100パーセントである(44)。このように，諸条約・協定の普遍性は，現在十分確保されているということができる。さらに基金の運用について，1971年基金は1978年10月16日に設立されてから2010年10月22日までに107件の油濁事故を取り扱い，その支払い総額は3億3,200万ポンドであり，また，1992年基金

---

(43)　Ibrahima, *supra* note（38）pp. 69-70.
(44)　IOPC Funds, *Annual Report* 2008, pp. 43-44.

◆第 4 章◆　民事責任と地球温暖化の防止

は，1996 年 5 月 30 日に基金が設立されてから 2010 年 10 月 22 日までに 35 件の油濁事故に関係し，その支払い総額は 2 億 3,800 万ポンドであった(45)。そこでは，過去の大きな油濁事故を含む多くの事件について，民事責任条約の責任限度額を超える部分について，基金より補償している多くの事例がみられる。本節は，民事責任に関する国際法制度について概観しその若干の問題点について指摘することを主たる目的としており，その制度の機能・有効性に関する検討を行うものではない。しかし，以上の事実からでも，今日形成されている賠償・補償スキームが有効に機能しており，被害者の救済や海洋環境の保全に貢献していることは確認できるように思われる。

　もちろん現在の国際制度について問題が指摘されないわけではない。それは，たとえば，石油の最大の輸入国であるアメリカがこの制度に参加していないことである。アメリカは，かつてはこの制度への参加を模索したこともあったが(46)，その後自国独自の 1990 年油濁法(47)を制定し，国際制度とは一線を画している。責任や補償の制度は国際的に統一された運用が望ましいことはいうまでもなく，アメリカやその他の国の参加による国際制度の普遍性を高める努力が必要であろう(48)。また，制度そのものについても，3 でも若干ふれたように，船舶所有者と荷主による責任分担の妥当性や対象となる環境損害の範囲など今後検討されるべき点があるように思われる。いずれにせよ，その制度形成以来半世紀を経て国際社会に定着した民事責任・補償制度の今後について注目して行きたいと思う。

---

(45)　IOPC Funds, *Incidents Involving the IOPC Funds* 2010, pp. 44-97.

(46)　1984 年議定書の批准をめぐるアメリカ国内での議論については，See, W. Chao, *Pollution from the Carriage of Oil by Sea : Liability and Compensation,* Kluwer 1996, pp. 222-229.

(47)　1990 年油濁法に関しては，東京海上火災保険株式会社船舶損害部（谷川久監修）『アメリカ合衆国油濁法の解説』（保険毎日新聞社，1993 年），落合誠一「油濁事故損害賠償・補償のあり方への基本的考察」『日本海法会百年記念論文集第 1 輯』（日本海法会，2001 年）167-176 頁，拙稿「1990 年アメリカ合衆国油濁法について」『法政論集』第 149 号（1993 年）を参照。See, Rue & Anderson, *supra* note (8) pp. 177-221, See also, Chao, *ibid.,* pp. 230-262.

(48)　Chao, *ibid.,* p. 215.

◇第2節◇　国際海運からの温室効果ガス(GHG)の排出規制

◆　第2節　◆　国際海運からの温室効果ガス(GHG)の排出規制
——国際海事機関(IMO)と地球温暖化の防止——

1　はじめに

　地球温暖化を防止するために，大気中に放出されるCO_2の総量をいかに削減するかが，現在の国際社会の直面する重要な課題であることはいうまでもない。国際海事機関（IMO）による2014年の報告書によれば，2007年から2012年までを平均した海運からのCO_2の排出は，世界の年間排出総量の3.1パーセントであり，そのうち国際海運からの排出は2.7パーセントとされている[1]。海運からのCO_2の排出は今後の経済発展に伴って大きく増大することが予測されており，それは2050年までには，今後の削減対応策に従って，2012年比で50パーセントから250パーセントまでの増加とされている[2]。このことは，海運部門におけるCO_2排出の削減に向けての対策をとることの高い必要性を示している。

　「気候変動に関する国際連合枠組条約の京都議定書」（京都議定書）は，締約国に対してCO_2を含む温室効果ガス（GHG）の具体的な削減義務を課したが，国際海運からのGHGの削減に関しては，その第2条2項で「付属書Ⅰに掲げる締約国は，国際民間航空機関及び国際海事機関を通じて活動することにより，航空機用及び船舶用の燃料からの温室効果ガス（モントリオール議定書によって規制されているものを除く。）の排出の抑制又は削減を追求する。」と規定し，IMOにおいて検討されるべき課題としている。また，IMOは，「海洋法に関する国際連合条約（UNCLOS）」に基づき「権限のある国際機関」として，船舶からの汚染を防止する義務を課されている。

　本節は，地球温暖化を防止するための国際海運からのGHGの排出規制に関する国際社会の委託に対してIMOがどのように対応してきたかについて検討

---

[1]　IMO Doc., Third IMO GHG Study 2014 - Executive Summary, MEPC 67/6, 1 July 2014, p. 8.

[2]　*Ibid.*, p. 13.

◆第4章◆　民事責任と地球温暖化の防止

するものである。はじめに，この問題に関する IMO の役割と基本原則について確認した後に，IMO における排出規制レジームについて，「船舶による汚染の防止のための国際条約」（MARPOL 条約）の付属書の改正として成立したものと今なお検討中の問題について分けて，それぞれの現状と問題点について見ることにしたい。

2　国際海運からの GHG 排出規制に関する IMO の役割と基本原則

(1) IMO の成立と発展

　国際社会において重大な問題となりつつあった船舶航行の安全と海洋汚染に対処するために 1948 年の国連海事会議において政府間海事協議機関（IMCO）の創設が採択された[3]。IMO は 1982 年に IMCO の名称を変更してその役割を引き継いだものである。IMO 憲章[4]の第 1 条は，その目的として，「国際貿易に従事する海運に影響するすべての種類の技術的事項に関する政府の規制及び慣行の分野において，政府間の協力のための機構となること」および，「海運業務が世界の通商に差別なしに利用されることを促進するため，政府による差別的な措置及び不必要な制限で国際貿易に従事する海運に影響のあるものの除去を奨励すること」をあげ，そのことを通じて，「海上の安全及び航行の能率に関する事項並びに船舶による海洋汚染の防止及び規制に関する事項についての実行可能な最高基準が一般に採用されることを奨励すること」をあげている。ここには，海運に対する規制が通商に対する差別的措置の適用とならないことを確保したうえで，海上安全の確保と海洋汚染の防止に貢献するために，IMO の役割を協議的・技術的事項に限定しようとする意図を見ることができる[5]。

---

(3)　G. P. Pamborides, *International Shipping Law : Legislation and Enforcement*, Kluwer Ant. N. Sakkoulas Publishers 1999, pp. 79-80.

(4)　Convention on the International Maritime Organization (IMO Doc. A. 358(IX) of 14 November 1975)

(5)　Alan Khee-Jin Tan, *Vessel-Source Marine Pollution : The Law and Politics of International Regulation*, Cambridge Univ. press 2006, p. 75.

◇ 第 2 節 ◇ 国際海運からの温室効果ガス(GHG)の排出規制

　IMCO から IMO への変更は，世界経済の拡大に伴う国際海運の発展を背景として，その任務・役割を拡大する必要からである。成立当時には総会，理事会そして海上安全委員会で構成されていた組織に加えて，新しく海洋環境保護委員会（Marine Environmental Protection Committee : MEPC），法律委員会，技術協力委員会を発足させた。そうした組織的変更の背景にある要因として，その主要な役割としてきた海上安全の確保に加えて，1967 年のトリー・キャニオン号事件の発生や 1972 年の国連人間環境会議の開催に見られるような，国際的な海洋環境保護の要請があるといえよう[6]。IMO は，この時期に海洋環境の保護に関する多くの条約の改正，採択を行っているが，その主要な役割を果たしているのが，すべての加盟国で構成される MEPC である。本節で検討する国際海運からの GHG 排出規制について審議も主に MEPC において行われている。

(2) IMO の役割と基本原則
　以上の IMO の組織的性格に関連して，国際海運からの GHG 排出の規制に関する IMO の役割に関して二つの異なる見解が存在する。一つの見解は，IMO の役割は京都議定書に基づくとすることである。すなわち，京都議定書第 2 条(2)は，「気候変動に関する国際連合枠組条約」（United Nations Framework Convention on Climate Change : UNFCCC）付属書 I に掲げる締約国に対して，IMO を通じて活動することにより船舶用の燃料からの GHG 排出の削減を求めているのであるから，IMO は UNFCCC の原則に基づいて条約の作成を行うべきとする。もう一つの見解は，IMO の役割・権限は，IMO 条約第 1 条(A)にある「機関の目的」および UNCLOS 第 211 条，212 条にある「権限ある国際機関」としての地位に基づくとするものである。この IMO の役割に関する異なる見解は，IMO の条約作成作業において依拠すべき原則の相違に結びつく。すなわち，前者によれば，GHG 排出の規制は，UNFCCC 第 3 条 1 項に規定する「共通だが差異のある責任」（Common But Differentiated Responsibility : CBDR）」

---

[6] *Ibid*., pp. 76-81 ; James Harrison, " Recent Developments and Continuing Challenges in the Regulation of Greenhouse Gas Emissions from International Shipping," *Ocean Yearbook* 27, 2013, p. 361.

◆第4章◆　民事責任と地球温暖化の防止

原則に基づいてなされるべきであり，したがって付属書Ⅰ，Ⅱ国とそれ以外の諸国（に属する船舶）とは義務の相違があるべきであるとし，後者によれば，規制は，IMO や UNCLOS が原則としてきた「差異のない取り扱い」（No More Favorable Treatment：NMFT）の原則に従ってなされるべきであり，国籍にかかわらず規制は船舶に対して一律になされるべきであるとする。前者は主として途上国により後者は先進国により主張されているが，この基本的対立は，IMO の審議におけるさまざまな側面において現れており，たとえば後述する MARPOL 条約付属書Ⅵの改正においては，船舶に対する一律適用とする後者の原則が，コンセンサスではなく多数決により採択されている[7]。

　船舶からの GHG 排出の規制に関する IMO の作業において，CBDR 原則と NMFT 原則を統合することは可能であろうか。松井芳郎は CBDR の根拠について検討した後で，CBDR 原則から，二つの法的帰結，すなわち「発展途上国に有利な『二重基準』の採用」と「先進国による発展途上国の持続可能な発展への援助」が導かれるとする[8]。IMO における NMFT 原則は，前者の法的帰結の観点から問題とされ，特にそれは，いわゆる便宜置籍船の存在という実施の実効性の観点から船舶規制への導入が困難とされるが[9]，後者の法的帰結については，IMO においてすでに導入されつつあるように思われる。先進国に対する「差異のある責任」を具体化するものとしての，途上国に対する財政的，技術的援助の問題は，IMO における多くの議論や提案において現れている[10]。そうした中で注目されるのは，2013 年 5 月の第 65 回 MEPC にお

---

(7)　後述 3 (1) を参照。

(8)　松井芳郎『国際環境法の基本原則』（東信堂，2010 年）177 頁。Lavanya Rajamani, *Differential Treatment in International Environmental Law*, Oxford Univ. Press 2006, p. 191; Yubing Shi, "The Challenge of Reducing Greenhouse Gas Emissions from International Shipping：Assessing the International Maritime Organization's Regulatory Response," *YIEL* Vol. 23, No. 1 (2012), p. 138.

(9)　D. Aydin Okur, "The Challenge of Regulating Greenhouse Gas Emissions from International Shipping and the Complicated Principle of 'Common but Differentiated Responsibilities'," pp. 45-46, at http://webb.deu.tr/hukuk/dergiler/dergimiz13-1/2-deryaaydinokur.pdf (as of March 7, 2016).

(10)　後述 4 (3) 表 1 提案参照。

◇第2節◇ 国際海運からの温室効果ガス(GHG)の排出規制

いて採択された「船舶のエネルギー効率の改善に関する技術協力と技術移転の促進」と題する決議[11]である。この決議は，MEPC における京都議定書に規定される CBDR 原則の適用を求める途上国とそれに反対する先進国の対立を妥協させるものとして南アフリカにより提案されたものであるが，そこでは，IMO 条約における NMFT 原則と UNFCCC の CBDR 原則がともに考慮すべき原則とされており，それに基づいて，加盟国に対して，とりわけ途上国に対するエネルギー効率技術の移転への支援・協力や途上国の能力構築への支援がなされるべきこと等が言及されている。この決議においては，これまでと同様に，財政的支援や知的財産権を含む技術支援は加盟国の法的義務とはされていないが，しかし，これまでの基本的に対立してきた NMFT 原則と CBDR 原則が，今後の IMO の作業において考慮されるべき原則として同一の決議において初めて明記されたことは，CBDR 原則と NMFT 原則を統合させる，IMO における今後の作業の方向性とその進展を予測させるものである[12]。

3 IMO と GHG 排出規制レジーム

(1) レジームの形成過程[13]

船舶からの GHG の排出を規制する問題は，IMO において 1980 年代後半より議論されていたが，その作業が実際に開始されたのは，1997 年のことであ

---

(11) IMO Res. MEPC. 229(65), "Promotion of Technical Co-operation and Transfer of Technology relating to the Improvement of Energy Efficiency of Ships," *Report of the Marine Environment Protection Committee on its Sixty-fifth Session*, MEPC 65/22, 24 May 2013, Annex 4.

(12) Yubing Shi, "Greenhouse gas emissions from international shipping : the response from China's shipping industry to the regulatory Initiatives of the International Maritime Organization," pp. 17-18, at http: //ro. uow. edu. au/cgi/viewcontent. cgi?article=2190&context=lhapapers (as of June 29, 2016).

(13) IMO における審議経過については，次の文献も参照。Stathis Palassis, "Climate change and shipping," R. Warner & C. Schofield (ed.), *Climate Change and the Oceans: Gauging the Legal and Policy Currents in the Asia Pacific and Beyond*, Edger Elger 2012, pp. 212-220; Shi, *supra* note (8), pp. 138-145.

◆第4章◆　民事責任と地球温暖化の防止

る(14)。1997年のMARPOL会議は，船舶からの大気汚染物質の排出を規制する条約付属書VIを改正する議定書(15)を採択することにより，IMOの大気汚染防止の分野における貢献の新しい分野を開いたが，同時に同会議は，国際海運からのGHG排出の問題に関する「船舶からのCO_2排出」と題する決議8を採択した。同決議は，IMOに対して，UNFCCC事務局と協力して，船舶からのGHG排出の現状を調査し，MEPCに対してGHG排出削減の可能な戦略を検討することを求めるものであった(16)。

2000年には，決議8に基づく措置として，「船舶からのGHG排出に関する研究」(17)がIMOの第45回MEPCに提出された。この報告書は，海運が他と比較して最もエネルギー効率的な輸送手段であるとしたうえで，技術的および操作的措置の導入によるGHG排出削減の可能性を指摘していたが，同時に，今後の海運に対する需要の増大を考えればそれらは限られた効果しかなく，技術的措置のみでは今後の予想される排出の増加に対応することは不可能であることを指摘していた(18)。

2003年には，IMOは，「船舶からの温室効果ガスの削減に関するIMOの政策および実行」と題する総会決議(19)を採択した。同決議は，MEPCに対して，国際海運から排出されるGHG排出の削減を達成するために必要なメカニズムを特定し，発展させることを求めるものであるが，その検討の際の優先事項として，(a)GHGの排出基準の設定，(b)船舶からのGHG排出を示す効率指標についての測定方法の策定，(c)船舶からのGHG排出効率指標を適用するガイドラインの策定，(d)船舶からのGHG排出を規制する，技術的，操作的お

---

(14) IMO Doc., Main events in IMO's work on limitation and reduction of greenhouse gas emissions from international shipping (October 2011), p. 3.
(15) Protocol of 1997 to amend the International Convention for the Prevention of Pollution from Ships, 1973, as modified by the Protocol of 1978 relating thereto.
(16) IMO Doc., Main events in IMO's work on limitation and reduction of greenhouse gas emissions from international shipping (November 2008), para. 2.
(17) IMO Doc., Study of Greenhouse Gas Emissions from Ships (31 March 2000).
(18) *Ibid.*, pp. 8-9.
(19) IMO Res. A. 963 (23), IMO Policies and Practices related to the Reduction of Greenhouse Gas Emissions from Ships.

◇ 第 2 節 ◇ 国際海運からの温室効果ガス(GHG)の排出規制

およびに市場的な解決方法についての検討、をあげていた。また、同決議は特に MEPC に対して、国際海運に従事する船舶からの GHG 排出の報告の仕組の検討、その作業計画の策定、そして、この問題に関する IMO の政策および実行に関して継続して検討しそれを公表することを求めていた。この決議を受けて、MEPC においては、法的文書採択に向けての本格的な交渉が開始されることになった[20]。

2006 年の第 55 回 MEPC は、「国際海運からの CO_2 排出の制限または削減の達成に必要なメカニズムを特定しおよび発展させるための作業計画」[21]を採択した。この作業計画に基づいて、国際貿易に従事する船舶からの GHG 排出を検討する技術的手法、運航的手法、市場的手法の三つの側面からの検討が開始された。

続いて 2008 年の第 57 回 MEPC は、デンマーク、マーシャル諸島および海運業界団体から提案された「GHG 排出削減対策に関する基本原則」[22]を圧倒的多数の賛成で採択し、9 原則を IMO における将来の議論の基本とすることに合意した。それは、(a) GHG 総排出量の削減に実効的であること、(b) 拘束力を持ち、すべての旗国に平等に適用されること、(c) 削減の費用効果が高いこと等である((d)～(i)は省略)。この(b)の原則に対しては、いくつかの代表(中国、インド、ブラジル、バルバドス、南アフリカ、ベネズエラ)は、京都議定書の CBDR 原則に反しているとして反対の立場を表明した[23]。

その後の MEPC においては、審議の進展状況を考慮して、技術的、操作的措置と市場的措置とを区別し、前者についての審議を先行させた。そして、そ

---

(20) 吉田公一「国際海事機関における船舶の温室効果ガス排出規制の動向」『日本マリンエンジニアリング学会誌』第 45 巻 6 号(2010 年) 2 頁。

(21) IMO Doc., Work Plan to identify and develop the Mechanisms needed to achieve the Limitation or Reduction of CO2 Emissions from International Shipping, *Report of the Marine Environment Protection Committee on its Fifty-fifth Session*, MEPC 55/23, 16 October 2006, Annex 9.

(22) IMO Doc., Future IMO regulation regarding greenhouse gas emissions from international shipping, MEPC 57/4/2, 21 December 2008.

(23) *Report of the Marine Environment Protection Committee on its Fifty-seventh Session*, MEPC 57/21, 7 April 2008, pp. 47-48..

◆第4章◆ 民事責任と地球温暖化の防止

の後,第59回MEPCにおける合意された文書のIMOにおける回章[24]を経て,2011年の第62回MEPCにおいて,MARPOL条約付属書Ⅵ「船舶による大気汚染の防止のための規則」に第4章「船舶のエネルギー効率に関する規則」を追加する改正[25]が,賛成49,反対5（ブラジル,チリ,中国,クウェート,サウジアラビア）棄権2（ジャマイカ,セント・ビンセント・グレナディーン）で採択された[26]。同改正は2013年1月1日に発効した。

(2) レジームの成立──MARPOL条約付属書の改正

以上見たように,船舶からのGHG排出規制の問題は,これまでIMOのMEPCにおいて技術的措置,操作的措置および市場的措置の3点において検討されてきたが,2011年7月の第62回MEPCにおいて,MARPOL条約付属書Ⅵ「船舶による大気汚染の防止のための規則」に第4章「船舶のエネルギー効率に関する規則」を追加する改正として,前2措置についてのみ採択された。この改正は,技術的措置すなわちエネルギー効率設計指標（Energy Efficiency Design Index：EEDI）を用いた船舶の省エネ性能の明示と規制値への適合,および,操作的措置すなわち船舶エネルギー効率管理計画書（Ship Energy Efficiency Management Plan：SEEMP）を用いた省エネ運航の促進をその骨子として,個々の船舶のエネルギー効率を改善することにより国際海運からのGHG排出量を低減することを目的としている。以下には,それぞれの内容について紹介し,その意義と問題点について述べる。

---

(24) IMO Doc., Interim Guidelines on the Method of Calculation of the Energy Efficiency Design Index for New Ships, MEPC.1/Circ. 681, 17 August 2009; IMO Doc., Interim Guidelines for Voluntary Verification of the Energy Efficiency Design Index, MEPC.1/Circ. 682, 17 August 2009.

(25) IMO Res. MEPC. 203(62), Amendments to the Annex of the Protocol of 1997 to amend the International Convention for the Prevention of Pollution from Ships, 1973, as modified by the Protocol of 1978 relating thereto (Inclusion of regulations on energy efficiency for ships in MARPOL Annex VI).

(26) *Report of the Marine Environment Protection Committee on its Sixty-second Session*, IMO MEPC 62/24, 26 July 2011, p. 57.

◇ 第2節 ◇ 国際海運からの温室効果ガス(GHG)の排出規制

(i) 技術的措置[27]

EEDIは，船舶に対して最小限の燃費効率指標の達成を義務づけるものであり，そうすることにより船舶からのGHG排出を抑制することを目指すものである。

適用対象となる船舶は，400トン以上の船舶であるが，もっぱら旗国の主権・管轄権下にある水域で航行する船舶，および，ディーゼル電気推進機関，タービン推進機関またはハイブリッド推進機関を持つ船舶は除外される。また，主管庁は，400トン以上の船舶であっても，自国船舶に対するEEDI規則の適用を排除することができるが，2017年以降に建造契約が結ばれる，あるいは，2019年以降に引渡しがなされる船舶についてはその対象とならない（第19規則）[28]。

EEDI規制は，以上の船舶であって，新造船および一定の改造がなされた既存船に対して適用される。該当する船舶は，IMOが作成するガイドライン[29]に従って，船舶に固有の，エネルギー効率について見積もられる船舶の能力を示し，その算定に必要な情報およびその過程を示す技術ファイルを伴う，「算出されたエネルギー効率目標（到達EEDI）」を作成しなくてはならない。EEDIの認証は，IMOの他の条約で定める通常の船舶検査と同様，主管庁または主管庁により正当に権限を与えられた機関により行われる（第20規則）。

以上の到達EEDIの計算・認証に加えて，第21規則は，ばら積み貨物船，タンカー，コンテナ船などの船舶で一定の大きさ以上のものに対して，削減率が規制値（要求EEDI）以下であることを義務づけている。要求される削減率は，新造船の建造契約年あるいは既存船の改造年に応じてフェーズ1から4まで段階的に定められており，たとえば，ばら積み貨物船について2013年1月

---

(27) technical measures
(28) MARPOL条約付属書VI第4章の第19規則のこと。以下本章に引用する「規則」は同様。
(29) MEPCは，2012年に，「新船のためのエネルギー効率設計指標(EEDI)の算定の方法に関するガイドライン」を採択した。IMO Doc., 2012 Guidelines on the Method of Calculation of the Attained Energy Efficiency Design Index (EEDI) for New Ships, Res. MEPC. 212(63), 2 March 2012.

◆第 4 章◆　民事責任と地球温暖化の防止

1 日から 2014 年 12 月 31 日までに造船契約が締結される船舶（フェーズ 0 船舶）の場合は，削減率は 0 であり，2025 年 1 月 1 日以後に建造契約が締結される場合（フェーズ 4）では，削減率は 30 パーセントとなる。このように，2013 年以降の新造船（改造船）は，要求 EEDI を満たすことが求められ，その レベルが段階的に強化されるため，将来的に船舶は燃費性能の優れたものに順次入れ替わることが期待される。

(ii) 操作的措置[30]

SEEMP は，船舶の運航上の工夫により GHG 排出を削減することを目指すものであり，船舶の操作上のエネルギー効率を改善するためのメカニズムを導入するものである。SEEMP は既存船を含むすべての船舶を対象とするが，それは船舶に限定したものではなく，広く海運会社のエネルギー管理計画をも含む。第 22 規則は，船舶は，その安全管理システム（SMS）の一部となりうる固有の SEEMP を船内に備えることを義務づけており，SEEMP は IMO が作成するガイドラインを考慮して作成されるべきものとしている。

MEPC は 2012 年に「船舶エネルギー効率管理計画の策定に関するガイドライン」[31]を採択した。ガイドラインは，SEEMP は，船舶のエネルギー効率化を，「計画」，「実施」，「モニタリング」，「自己評価・改善」の四つの段階を通じて目指すものであるとしている。第 1 段階の「計画」は，船舶のエネルギー使用の現状と船舶のエネルギー効率化のための方策を決定するものである。ここには，船舶個別の措置（たとえば，速度の最適化，ウェザールーティング，船体メンテナンスなど），会社固有の措置（修理造船所，船主，船舶運航者，用船者，荷主，港湾および交通管理機関を含む様々な関係者などによる連携・調整），人材開発（陸上および船上の関係人員の研修），目標設定が含まれる。最後の目標設定は任意とされており，したがって目標やその結果を公表する必要はなく，会社も船舶も外部機関による査察を受けることはない。続いて，第 2 段階の「実施」は，船舶および会社は，実施すべき措置を特定した後に，エネルギー管理の手順，役割の決定および個人への割り当てについて決定し，実施するシ

---

(30)　operational measures

(31)　IMO Doc., 2012 Guidelines for the development of a Ship Energy Efficiency Management Plan (SEEMP), Res. MEPC.213(63), 2 March 2012.

◇第2節◇ 国際海運からの温室効果ガス(GHG)の排出規制

ステムを樹立しなくてはならない。ガイドラインによれば，SEEMPは，そうした措置の実施の方策とその責任者について明記しなくてはならず，また，各措置の実施の期間（始期と終期）は明示されねばならない。ガイドラインは，また，何らかの理由で実施されなかった措置について後の検討のために記録することを推奨している。第3段階としてガイドラインは，確立された方法により国際標準を用いての（エンジン効率運転指数（Energy Efficiency Operational Indicator : EEOI）やそれ以外の手段による）船舶のエネルギー効率の定量的モニタリングがなされるべきとしており，データ収集の手順や責任者の割り当てを含むモニタリングシステムを構築すべきであるとしている。また，モニタリングは，船員の不必要な管理負担を避けるため，油記録簿など従来から要求されているデータを利用して陸上の人員が行うべきとしている。ガイドラインは最後の第4段階「自己評価および改善」において，1から3段階までのとられた措置の有効性について自己評価し，次期の計画においてとられる措置の改善に反映させるための手順を策定し，定期的に実施することを求めている。

　ガイドラインにおいて特徴的なのは，以上の4サイクルのSEEMPの枠組みおよび構造についての提示とともに，「船舶の低燃費運航を実現するためのベストプラクティスに関するガイダンス」の項を設けて，輸送系統全体の効率の追求は，船主／船舶運航者の責任の範囲内だけで行うことはできず，個々の航海の効率に関与すると思われる多くの関係者（船舶の特性に関しては設計者，造船者，エンジン製造者など，個々の航海に関しては用船者，港湾，船舶の運航管理機関など）が個別または共同で効率改善のための措置を自身の業務に取り入れることを検討すべきであるとして，一連の効率化措置を特定して，関連の当事者に対して，それらの措置の導入の検討を求めていることである。そうした措置は，三つのカテゴリーに分けることができる。第1のカテゴリーは，技術上および操作上の措置であって，ウェザールーティング，速度の最適化，最適バラスト，船体・推進システムのメンテナンスなどであり，第2のカテゴリーは，物流および航海計画の改善であって，最適航路の選択，ジャストインタイム入港，船体管理の改善などであり，第3のカテゴリーは，港湾に関連する措置であって，荷役作業の改善，港湾における船舶のエネルギー管理などがあげられる。

241

◆第4章◆　民事責任と地球温暖化の防止

(ⅲ) 両措置の導入に対する評価

　MARPOL 条約付属書 VI を改正して船舶に対し EEDI および SEEMP を義務づけたことは，国際海運からの GHG の排出の法的規制をはじめて実現したものとして，大きな意義を持つ[32]。EEDI および SEEMP というエネルギー効率化規制の導入による GHG 削減可能性について分析する IMO の報告書によれば，EEDI および SEEMP の規制により，かなりの GHG 削減効果があることが指摘されており，CO_2 の削減を燃料価格で換算すれば，2020 年には約 500 億米ドルとなり，2030 年には 2000 億米ドルとなるとされている。他方，EEDI に必要とされる費用は段階的に増加するが，それほど大きいものではなく，燃料にかかる費用を換算すれば，EEDI および SEEMP による GHG 排出削減措置の導入は，船舶業界にとり経済的にも健全なものとされている[33]。特に，EEDI および SEEMP で要求される基準の適用について，結果の適合性を求め方法の如何を問わない「方法の自由」が認められていることは，船舶業界の費用適合的な技術導入に対する強いインセンティブとなり，それは両基準の実施される可能性を高めるものであって，機能するメカニズムとなりうるといえよう[34]。

　以上の EEDI および SEEMP 導入に関する積極的な評価とともに，いくつかの問題点も指摘されている。その第 1 は，適用対象となる船舶がさまざまに限定されていることである。すなわち，EEDI および SEEMP とも，適用対象となる船舶は 400 トン以上とされており，また，限定は付されているが，旗国が自国船に対するそれらの適用を免除できるとしていること，さらに，EEDI について，新造船がその対象とされており既存船を含まないこと，および，新造船においても一定の種類の船舶がその対象とされていることである[35]。こ

---

(32) James Harrison, "Recent Developments and Continuing Challenges in the Regulation of Greenhouse Gas Emissions from International Shipping," *Ocean Yearbook* 27 (2013), p. 375.

(33) IMO Doc., Assessment of IMO Mandated Energy Efficiency Measures for International Shipping : Estimated CO2 Emissions Reduction from Introduction of Mandatory Technical and Operational Energy Efficiency Measures for Ships, MEPC 63/INF. 2, Annex, 31 October 2011, pp. 6-8.

(34) Shi, *supra* note (8), p. 151.

◇第 2 節 ◇ 国際海運からの温室効果ガス (GHG) の排出規制

れらの適用除外船舶の存在がどれだけ削減効果を妨げるかは今後の検証を待たねばならないが，それらが実効性を妨げる可能性を有することが危惧されている[36]。

　第 2 は，SEEMP は，既存船，新造船を問わずすべての船舶に対して保持を義務づけており，IMO はそのためのガイドラインを作成しているが，第 22 規則は，ガイドラインを考慮することを求めるのみで，その遵守を法的義務としていないことである。このことは船主に対してとるべき措置を広範な裁量の下に置くことを意味する。IMO の報告書は，SEEMP の強制化は，船舶会社に対して操作上の措置によるエネルギー削減活動の重要性を認識させる手続き上の枠組みを提供したが，SEEMP において特定のエネルギー効率目標設定やモニタリング措置を備えていないことは，その実効性を減じるものであり，さらに SEEMP を促進させる措置が必要としている。そしてその一つの方策として，EEOI または同様な履行指針 (performance indicator) の促進または強制化が必要であるとしているが[37]，SEEMP の履行状況を見ながら，その法制化を含めた制度整備の検討が必要とされよう[38]。

　第 3 は，EEDI および SEEMP の実施の問題である。第 62 回 MEPC での MARPOL 条約付属書 VI の改正は，IMO における通常の方式であるコンセンサスではなく，多数決により採択された。提案は，賛成 49, 反対 5, 棄権 3 で採択された[39]。MEPC における審議においては，中国，ブラジル，チリなどから，EEDI および SEEMP の一律の強制化が，UNFCCC の採用する CBDR 原則に反することを理由として，一貫した反対があった。改正された

---

(35)　IMO Doc., Second IMO GHG Study 2009, MEPC 59/4/7, 9 April 2009, p. 6.

(36)　Doris Koenig, "Global and Regional Approaches to Ship Air Emissions Regulation : The International Maritime Organization and the European Union," Harry N. Scheiber & Jin-Hyun Paik (ed.), *Regions, Institutions, and Law of the Sea*, Nijhoff 2013, p. 328 ; Shi, *supra* note (12), p. 15.

(37)　IMO Doc., *supra* note (33), pp 7-8, para 12. 9-10.

(38)　Md. Saiful Karim, "Reduction of Emissions of Greenhouse Gas (GHG) from Ships," *Prevention of Pollution of the Marine Environment from Vessels*, Springer 2015, p.111.

(39)　*Report of the Marine Environment Protection Committee on its Sixty-second Session*, IMO MEPC 62/24, 26 July 2011, p. 57.

◆第4章◆　民事責任と地球温暖化の防止

付属書 VI の適用をめぐっては，旗国による拒否があっても，それが UNCLOS 第 222 条の「一般的に受け入れられた国際規則・基準」として，あるいは，MFNT 原則による寄港国における検査の対象として履行が義務化されるかという問題があるが，一貫した反対国の存在は今後の条約の統一的運用に影響する可能性がある[40]。

4　市場的措置（MBM）――未解決の問題――

市場的措置（Market-Based Measures：MBM）は，先に述べた技術的，操作的措置とは異なり，市場メカニズムにより国際海運からの GHG 削減を追求する方法であって，汚染者負担原則（Polluter-Pays Principle：PPP）に基づいて，汚染者（船舶所有者や船舶運航者など）に GHG 排出の経済的インセンティブを与えることにより，排出削減を図る方策である[41]。それは，技術的・操作的措置を第1世代の削減措置というのに対して，第2世代の削減措置といわれるように，船舶規制の分野においては比較的新しい概念であるので，IMO においてこの問題は，これまで多くの論議を呼んでおり，今なお結論に至っていない。

IMO は MBM の検討が不可欠であることについては，これまで様々な機会に指摘してきている。2000 年の「船舶からの GHG 排出の研究」と題する IMO の報告書は，今後の海運に対する市場の需要の増大を考えれば，技術的措置のみでは船舶からの GHG の排出の増大を防止することは不可能であり，MBM の検討が不可欠であると指摘していた[42]し，それに続く，2009 年の「第2次 IMO GHG 研究」と題する報告書も，MBM は環境効果および費用対効果の優れた政策手段であり，このような施策により，対象となる大量の GHG の排出を大幅に抑制するとともに，海運部門における技術的および操作的措置の利用を促進し，他部門における排出を相殺することも可能となる，としていた[43]。さらに，IMO において 2011 年に提出された，「国際海運に関す

---

(40) Harrison, *supra* note (32), p. 376 ; Shi, *supra* note (11), pp. 16-17.
(41) Shi, *supra* note (8), p. 154.
(42) IMO Doc., *supra* note (17), p. 8.

る強制的エネルギー効率措置の評価」[44]は、EEDI および SEEMP の規制により大きな CO_2 削減が期待されるが、2010 年レベルでの海運からの CO_2 全体の排出の大幅な削減は、世界の海運の増大に伴う排出の増大を考慮すると、二つの手段のみでは不可能であるとして、MBM の検討の不可欠であることを示唆している。

　以上のように IMO における MBM の検討の必要性は早くから認識されていたが、IMO における GHG をめぐる審議は、第 1 世代の削減である、技術的・操作的措置が先行した。そして、2011 年に、それらについて合意が成立した後、第 2 世代の規制である MBM の問題が重要な残された課題となった。以下では、MBM をめぐる IMO における議論の現状を、(1)これまでの経緯、(2)導入の是非をめぐる議論、(3)諸提案の順に検討してみよう。

(1) MEPC における検討の経緯

　以上に述べたように、GHG 排出に関して MBM を検討する必要性は IMO において早くから指摘されていたが、法的文書作成に向けての具体的な作業が開始されるのは、第 55 回 MEPC においてである。第 55 回 MEPC は、船舶からの GHG 削減に関する IMO の政策と実行についての検討を求める IMO 決議[45]に基づく措置として、GHG 排出に対処するための技術的、操作的および市場的措置について第 59 回 MEPC までに検討することを求める作業計画を採択した[46]。MEPC においては作業計画のうち、技術的・操作的措置に関する検討が先行したが、第 58 回 MEPC においては、五つの提案[47]に基づいて、

---

(43) IMO Doc., Second IMO GHG Study 2009, MEPC 59/4/7, 9 April 2009, p. 6.

(44) IMO Doc., *supra* note (33), p. 8.

(45) IMO Doc., *supra* note (19).

(46) *Report of the Marine Environment Protection Committee on its Fifty-fifth Session*, MEPC 55/23, 16 October 2006, para. 4.27 ; IMO Doc., Work Plan to Identify and Develop the Mechanisms needed to Achieve the Limitation or Reduction of CO2 Emissions from International Shipping, MEPC 55/23, Annex 9.

(47) MEPC 58/4/22 (Denmark), MEPC 58/4/23 (Australia), MEPC 58/4/25 (France, Germany and Norway), MEPC 58/4/19 (IBIA), MEPC 58/4/21 (IMarEst), MEPC 58/4/39 (WWF).

◆第4章◆　民事責任と地球温暖化の防止

排出量取引システム，燃料への課金，その他の複合的なスキームに基づくMBM制度についての検討がなされた。そこでは，多くの代表は，京都議定書の第2条2項の完全な承認に基づきCBDRの問題が解決されるまで，何らかのMBMを導入することには反対していた。一方，他の代表は，MBMは高度に複雑な問題でありまたその発展の初期段階にあるので，さらなる情報と検討が必要であるとの見解を述べた。そこで，MEPCは，この問題についてのより詳細な検討を第59回MEPCにおいて行うこととした[48]。第59回MEPCにおいては，MBMの具体化に関する国および海運業界からの多くの提案に基づいて，MBMメカニズムの中心的問題である，増大する船舶からの排出に対する他部門との相殺（オフセット）について，および，より燃料効率的な船舶に対して投資を行う海運業界のインセンティブについての詳細な議論が行われた。さらに，MBMの基金について，それがたとえば途上国における他部門での排出削減活動への使用の可能性といった，使途に関する議論も行われた[49]。また，MBMに関する作業を2011年7月まで延長する作業計画が合意された[50]。

　第60回MEPCにおいては，今後のMBMに関する議論の進め方について，加盟国やオブザーバーの専門家で構成される「MBMの実施可能性に関する検討および影響評価に関する専門家会議」を設置し，そこでこれまでに提案された文書について検討し，その結果を次期第61回MEPCに報告することが合意された。MEPCは，今後の作業について，諸提案を10の主要なものに分類し，それらについて，途上国の海事部門に対する影響を優先事項としつつ，GHG削減の実現可能性および世界貿易や海運関連産業などに対する影響評価の観点から検討するという方法をとることに合意した[51]。専門家会議は，その作業

---

(48)　*Report of the Marine Environment Protection Committee on its Fifty-eighth Session*, MEPC 58/23, 16 October 2008, pp. 37-39.

(49)　*Report of the Marine Environment Protection Committee on its Fifty-ninth Session*, MEPC 59/24, 27 July 2009, pp. 44-50.

(50)　*Ibid.*, Annex 16, Work Plan for further Consideration of Marked-based Measures, MEPC 59/24/Add.1.

(51)　*Report of the Marine Environment Protection Committee on its Sixtieth Session*, MEPC 60/22, 12 April 2010, pp. 35-40.

◇第2節◇ 国際海運からの温室効果ガス(GHG)の排出規制

を,環境,海運および海事,行政および法律,貿易・発展および途上国の四つの任務部会を設置して行っている⁽⁵²⁾。なお,ブラジル,中国,キューバ,インド,サウジアラビアは,UNFCCC の COP16 の終了するまで MBM の作業を延期することを主張している[53]。

第61回 MEPC では,専門家会議より提出された,MBM の実行可能性および影響評価に関する最終報告書[54]に基づいて集中的議論が行われた。その報告書で,専門家会議は,10の提案を対象として,それらを海運部門内における排出削減を目指すものと基金を設立し他部門との相殺による排出削減を認める方式とに大別して分析し,それぞれの特徴的な点について比較検討した[55]。報告書は,提案は十分に詳細なものではなく,その完成度において異なるので,現時点において完全な評価は困難であるとし,最終的な政策評価を可能とするためには,さらに詳細な情報を必要とすると結論した[56]。また,第61回 MEPC においては,インドより,MBM が,WTO の無差別原則に反すること,課金提案は国際貿易に悪影響を及ぼすこと,UNFCCC の CBDR 原則に反すること,排出量取引制度(Emission Trading System: ETS)の有効性が未知数であること等を理由とする,および,中国より,MBM が理論上および原則的に不適切であること等を理由とする,異論が提出された[57]。

第62回 MEPC 以降の MBM に関する議論は,主に,MBM の導入に関するとりわけ途上国に対する影響評価,MBM 諸提案の統合へ向けての検討,

---

(52) IMO Doc., Full report of the work undertaken by the Expert Group on Feasibility Study and Impact Assessment of possible Market-based Measures, MEPC61/INF. 2, 13 August 2010, p. 6.
(53) *Report of the Marine Environment Protection Committee on its Sixtieth Session*, MEPC 60/22, 12 April 2010, para 4.66.
(54) IMO Doc., *supra* note (52).
(55) *Ibid.*, pp. 6-16.
(56) *Report of the Marine Environment Protection Committee on its Sixty-first Session*, MEPC 61/24, 6 October 2010, pp. 47-48.
(57) IMO Doc., Statement by the Delegations of India and China on the Report of the Expert Group on Market-based Measures to reduce GHG Emissions from the Maritime Sector, *ibid.*, Annex 8, pp. 1-4.

◆第 4 章◆　民事責任と地球温暖化の防止

MBM より発生する基金収入とその使途，国際海運の削減目標，MBM と WTO 規則との関連，UNFCCC の作業との関連を巡り行われているが，MEPC の報告書から見る限り，実質的な進展は見られない。

(2) MBM 導入の必要性をめぐる議論

　MBM は環境上の外部不経済を克服する手法として多くの国において導入されてきたものである。それは汚染者に対してその排出を削減するインセンティブを与えるものであるが，主に三つのタイプ，すなわち，環境税（拠出），排出量取引スキーム，責任規則に区分される[58]。海運の分野においてもその排出の削減を行うために，GHG 基金や排出量取引制度などの手段を用いて GHG 排出の外部的費用を内部化する案が考えられてきている[59]。

　しかしながら，そこでまず問題となったのは，国際海運からの GHG 削減のために MBM を導入する必要性・適切性についてである。MEPC において，中国，インド，ブラジルなどの途上国は，MBM の各国による提案に対してのみでなく，MBM を導入すること自体に反対した。その反対理由は三つに分けることができる。第 1 は，MBM の持つ不確実性であって，炭素市場の排出削減に対する有効性および国際海運からの排出の算定が不確実であること，さらに，船舶に対する炭素税の賦課の輸出産業および海運産業や世界貿易の将来の発展に対する影響が不明確であることをあげる[60]。第 2 は，MBM の持つ基本的な理論上の問題である。グローバルなアプローチをとる現在の MBM 提案の実施には，すべての参加国間における同一あるいは同様のレベルの経済的および技術的な発展の達成，一定の政治的権力の集中，適切な協力を確保するための共通する中心的制度の存在といった，競争上のゆがみを防止するためのいくつかの前提条件が必要であるが，現在の提案にはそれらが欠如しているため，MBM の実施は途上国を極めて不利な立場に置くことになるとする[61]。

---

(58) IMO Doc., Scientific study on international shipping and marked-based instruments, MEPC 60/INF. 21, 15 January 2010, p. 14.

(59) Shi, *supra* note (8), p. 156.

(60) IMO Doc., Uncertainties and Problems in Market-based Measures, Submitted by China and India, MEPC 61/5/24, 5 August 2010, p. 2; IMO Doc., *supra* note (57), pp. 1-2.

◇第 2 節◇ 国際海運からの温室効果ガス(GHG)の排出規制

　第 3 は，MBM の原則上の問題である。すなわち，現在の MBM 提案のほとんどが，船舶に対する NMFT 原則を強調し，UNFCCC の CBDR 原則を無視しており，それは京都議定書の第 2 条 2 項に基づく IMO への委託に反している。それは先進国と途上国間の歴史的な責任と能力を考慮しないことにより，途上国にとって不利益をもたらす結果となる(62)。さらに，途上国は，MBM 提案のいくつかは WTO の依って立つ，最恵国待遇，内国民待遇，輸出および輸入に関する手数料および課徴金，輸出・輸入産品に対する数量制限の禁止の原則などに反するとする。それによれば，たとえば，ジャマイカによる寄港国課金に関する提案は，締約国の港に寄港するすべての船舶に当該航海において消費された燃料の総量に基づいて排出課金を課すことを想定しているが，排出される汚染物質の総量は船舶の種類および運航方法等により異なるので，それらを無視した一律の課金は，個別の船舶に対する差別的取り扱いになり，それは，1994 年の GATT 第 1 条に規定される一般的最恵国待遇に違反することになる(63)。

　これに対して，多くの先進国および NGO は，表 1 で見るようにそれぞれの内容については違いがあるものの，MBM の導入自体には賛成している。その背景にある理由として，IMO のこれまでの報告書でも指摘されていたように，国際的な海上貿易の今後予想される増大を考えれば，現在合意されている EEDI および SEEMP に基づく手法のみでは，国際海運からの GHG 排出の有効な削減には十分ではなく，したがって，それらを補うものとして，何らかの MBM 措置の導入が必要とする共通認識があるといえよう(64)。

　以上の通り，MBM の導入の必要性・適切性をめぐっては，依然として基本的対立が存在している。先にも述べたように，2012 年以降，MEPC において MBM における議論が停滞している理由は，一つには，こうした基本的対立の存在に求められるといえよう。しかし，MBM の問題は，二つの観点から，今

---

(61) *Ibid*. MEPC 61/5/24, p. 3.
(62) IMO Doc., Market-Based Measures – inequitable burden on developing countries, submitted by India, MEPC 61/5/19, 2 August 2010, p. 3.
(63) IMO Doc., *supra* note (57), pp. 3-4.
(64) Shi, *supra* note (8), p. 157.

◆第 4 章◆　民事責任と地球温暖化の防止

後進展していく可能性があるように思われる。一つは，GHG 排出規制に関して，海運界を取り巻く客観的事情である。地球温暖化対策は，世界的な緊急課題とされており，そうした中で有力な排出源である海運界の削減への貢献は益々求められているところである。IMO においては，すでに技術的・操作的措置において規制を導入しており，それが有効な手段であることは認識されているが，同時に，増大する国際海運を背景として，それのみでは十分な GHG 排出削減を達成することはできず，MBM 措置を導入することが不可欠であることは，すでに述べたように IMO の報告書においてもしばしば言及されているところである。そうした必要性の観点から，何らかの MBM 措置の導入が不可避であることは国際社会の共通認識になりつつあるように思われる[65]。もう一つは，以上の共通認識を背景として，CBDR 原則を導入した形での MBM を構築することにより，途上国と先進国の対立を解決することが可能であるように思われることである。MBM が CBDR 原則を考慮して制度化されるべきことには MEPC において一般的な支持があり[66]，以下の表 1 に見られるように，多くの提案においても CBDR 原則に関する言及がなされている。また，途上国における MBM に対する批判は，そもそもの必要性に対する否定とともに，具体的提案が CBDR 原則を反映していないことにある[67]。そのように考えると，CBDR 原則を導入した形での MBM 制度の構築は今後十分可能であるように思われるのである[68]。

(3) MBM に関する諸提案

以上見たように，MBM をめぐっては，その必要性や提案の適切性をめぐって異なる意見が存在しているが，同時に，すでに MEPC においては多くの提

---

[65]　大坪新一郎「国際海運の温暖化対策──IMO における全世界一律の新規制の構築」『運輸政策研究』Vol. 14 No. 4 (2012 年) 56 頁。

[66]　*Report of the Marine Environmental Protection Committee on its Fifty-eighth Session*, MEPC 58/23, 16 October 2008, p. 38, para 4.45.

[67]　IMO Doc., *supra* note (60), p. 4, para. 9.

[68]　この点については，前述 2 (2)を参照。Also see, Yubing Shi, "Reducing greenhouse gas emissions from international shipping : Is it time to consider market-based measures?" *Marine Policy* 64 (2016), pp. 125-127.

◇第2節◇ 国際海運からの温室効果ガス(GHG)の排出規制

案が提出され審議されており，今後の議論はそれらを基礎にしてなされると思われるので，それらについて以下に検討してみよう。

はじめに，主な提案の要点について示せば，以下の通りである。

表1

制度名称	提案国等	制度概要（グルーピング）
燃料油課金制度 (GHG Fund)	キプロス， デンマーク， マーシャル諸島 ナイジェリア IPTA (MEPC 60/4/8)	国際GHG基金を設立し船舶が購入した燃料に対して課金する。UNFCCCまたはIMOにより国際海運からの排出総量目標を設定し，それを上回る排出は，主に承認された排出削減クレジットを購入することにより相殺（オフセット）する。相殺にかかる資金は上記基金による。拠出金は，船舶用燃料供給事業者または船舶所有者を通じて徴収される。残余の基金はUNFCCCを通じた削減活動およびIMOの枠内での研究開発および技術協力に使用される。（グループB）
	CSC (MEPC 64/5/8)	船舶の速度と関連させたGHGまたは補償基金を設立する。IMOまたはMBMにより設定される承認された排出削減目標に適合するように，各船舶の型および大きさに対応する平均的目標速度を設定し，それ以上の平均的速度の船舶は，追加的速度課金を支払う。基金収入は他部門との相殺のために使用される。（グループA）
寄港国課金	ジャマイカ (MEPC 60/4/40)	IMOでの合意に基づき，加盟国が自国港へ入港した船舶に対し，その航海により消費された燃料の総量に基づいて課金を徴収する。これは，船舶の型式や運航方法あるいは燃料の種類と関連させることなく（課金率は船舶の種類に応じて設定される），また，船舶の所有者や運航者あるいは用船者ではなく，船舶に対して直接に課金することにより，CO_2の海上で

◆ 第4章 ◆ 民事責任と地球温暖化の防止

		の排出を削減することを目的とする。現在大部分の船舶の運航は先進国によりなされており、世界の海運貿易の大部分が先進国間で行われているので、負担は主に先進国によりなされることになり、CBDR 原則に沿っている。(グループ B)
貿易と発展に関するペナルティー	バハマ (MEPC 60/4/10) (GHG-WG 3/2)	MBM は、貿易へのペナルティーであり、貿易制限となってはならず、途上国の利益に反する。操作的、技術的措置のみが CO_2 の排出削減を可能とするので、一定の強制的な削減基準を示して、その方策がとられるべきである。何らかの費用の賦課は、国際海運による CO_2 排出に対する寄与と均衡していなければならない。寄与は、EEOI データ等を利用して収集され報告される。削減が求められるのは個々の船舶に対してであり加盟国にではない。また、途上国は貿易と発展に対するペナルティーを科せられることはない。(グループ A)
排出量取引制度 (ETS)	ノルウェー (MEPC 60/4/22)	国際海運からの排出に関して海運セクターの排出総量(キャップ)を設定する。各船は排出量に相当する排出権提出が義務づけられ、排出枠を毎年度オークションによりまたは他セクターの排出量取引市場を通じて獲得する。船舶は、排出枠を超える排出をする場合は枠の購入を義務づけられ、超えない場合には余分の排出枠を売却できる。適用対象となるのは、一定の大きさ以上の国際貿易に使用される船舶からの化石燃料の使用による CO_2 の排出であるが、途上国や小島嶼国に向けての航海などの限定された例外を規定する。設置される国際機関は、オークション収入を途上国支援、船舶効率改善の研究開発等に活用する。(グループ B)
	イギリス (MEPC 60/4/26)	ノルウェー ETS 提案と以下の2点において異なる。排出枠を設定する方式(グ

◇第2節◇ 国際海運からの温室効果ガス（GHG）の排出規制

		ローバルなオークションではなく各国のオークションにおいて決定）および排出総量を設定する方法（長期的な削減の計画に基づき設定）。（グループB）
	フランス（MEPC 60/4/41）	海運ETSにおけるオークションの方式について詳細を提示している。それ以外は基本的にノルウェー提案と同様である。（グループB）
効率改善インセンティブ・スキーム	日本 （MEPC 60/4/37） （MEPC 64/5/2） WSC （MEPC 60/4/39）	海運セクターからのCO_2の直接の削減を目指す。国際GHG基金を設立し、すべての船舶より徴収する拠出金を管理する。拠出金の額は、船舶の燃料消費／購入量および船舶の効率が特定の基準に達していない程度に基づき決定される。その後、エネルギー効率管理に優れた船舶に対して拠出金を還付または減免する。拠出金は、途上国の温暖化対策、低排出船の研究開発等に使用される。（グループA）
船舶効率クレジット取引制度	アメリカ （MEPC 60/4/12）	海運セクターからの排出削減を目指す。既存船を含みすべての船舶にIMOのEEDI基準に基づく強制的エネルギー効率基準を設定し、その遵守を義務づける。船舶がその基準を達成できなかった場合には、当該基準を達成している船舶との間で「効率クレジット」の取引による達成を認める。効率基準は、新しい技術や方式が導入されるに伴い厳格化される。この制度は、貨物の移動量であるトン・マイル基準に基づく削減を行うものであり、海運セクターの全体の排出目標を設定して行うものではない。（グループA）
途上国への還付メカニズム	IUCN （MEPC 60/4/55）	この制度は、CBDR原則の実現を目指して、MBM導入に伴う途上国に対する財政的悪影響を排除し、途上国をより有利な立場に置くことを目的とする。具体的制度は、他のMBM基金提案あるいは排出量取引制度提案のいずれかと統合して

◆第4章◆　民事責任と地球温暖化の防止

		形成される。国際海運の利用は，燃料の販売量，船舶の登録数または船主数ではなく，輸入量に関係するので，GHG排出のコストの国の負担額は，その国の輸入量と比例させることにより計算する（たとえば，イギリスは世界の5パーセントを輸入しているので，排出は5パーセントと算出される。また，アフリカ諸国は合計で3パーセント以下となる。）UNFCCCのCBDR原則に基づいて，途上国はMBMで負担した費用と同額を無条件で受領するので，結果的に収益は先進国の利用者からのみ徴収されることになる。還付金を除く残りの収益は，UNFCCCの資金メカニズムを通じて，途上国の気候変動対策および海運部門の排出削減技術対策支援に利用される。（グループA，B）

　IMOにおけるMBMに関する提案は，大別して(1)燃料油課金制度，(2)寄港国課金制度，(3)貿易と発展に関するペナルティー制度，(4)排出量取引制度，(5)効率改善インセンティブ制度，(6)効率クレジット制度，(7)途上国への還付メカニズム制度の，七つの種類に分けることができる。MBMに関するIMOでの作業を進展させるために開催された，2011年の「船舶からのGHG排出に関する第3回会期間会合」においては，これら提案を，削減が行われる場所に基づいて，国際海運分野からの排出削減に焦点をあてた制度（グループA）と，国際海運分野のみでなく他の排出分野からの排出権の購入を認めることにより削減を行う制度（グループB）の二つに区分して作業を進めることが合意され[69]，それらの，メリット，デメリットに関する議論も行われた[70]。本節においては，そうした区分の基本的な重要性を認識しながらも，諸提案についてさらに細分化して，(1)環境課金関係提案，(2)排出量取引関係提案，(3)ハイブリッド型提案の三つに区分し，その概要と特徴について以下に見て

---

(69)　IMO Doc., Report of the third Intersessional Meeting of the working group on greenhouse gas emissions from ships, MEPC 62/5/1, 8 April 2011, p. 17, para. 3.39.

(70)　*Ibid*., pp. 17-18, Annex 4, 5.

みよう[71]。

(i) 環境課金関係提案

　環境保護のために船舶に対して課金を行う提案としては，キプロス，デンマーク，マーシャル諸島，ナイジェリア，およびIPTAによる，「船舶からのGHG排出に関する国際基金」と題する共同提案[72]，および，ジャマイカによる寄港国課金制度[73]，そして，バハマの，貿易および発展に関するペナルティー提案[74]をあげることができる。以上の提案とも，船舶が購入／消費した燃料に対して課金するものであるため，排出当事者に対して，その負担を軽減するために燃料の消費を削減するというインセンティブを与えるものである。

　この３案うち，GHG基金提案が最も国際的注目を集めた。この提案は，国際GHG基金を設立し，船舶のGHGの排出高に応じて拠出金を課すものである。拠出金の額は，国際的なCO_2価格と排出総量により決定される。拠出金は，強制的であり，各船舶の燃料消費量に対して徴収されるので，その点においては，燃料に対する課税と異ならない。提案において特徴的なのは，UNFCCCまたはIMOが国際海運からのCO_2の総排出量を決定し，それを上回る排出に対しては，基金を使用して海運分野以外の他分野から排出量を購入することにより，排出を相殺できるとすることである。この点に関して，他分野との相殺を認めることは，海運が相対的に費用効果の高い輸送手段であることを考慮すると，地球環境全体に排出されるGHGの効果的削減につながらない結果となることが危惧されている。基金については，排出量購入以外に，IMOにおける船舶GHG削減対策に加えて，UNFCCCの枠組みを通じてのGHG削減活動に利用されるとして，CBDR原則に対する配慮が示されている。

---

(71) Shi, *supra* note (8), p. 161.
(72) An International Fund for Greenhouse Gas emissions from ships, MEPC 60/4/8, 18 December 2009.
(73) Achieving reduction in greenhouse gas emissions from ships through Port State arrangements utilizing the ship traffic, energy and environment model, STEEM, MEPC 60/4/40, 15 January 2010.
(74) Market-Based Instruments : a penalty on trade and development, MEPC 60/4/10, 13 January 2010 ; NEED AND PURPOSE OF AN MBM, GHG-WG 3/2, 22 December 2010.

◆第 4 章◆　民事責任と地球温暖化の防止

制度導入に係る行政的費用については IMO の評価によれば比較的安価であることが指摘されている(75)。

　ジャマイカより提案された寄港国課金提案は，加盟国が自国に寄港した船舶に対して，その航海により消費された燃料の総量に基づいて一律の課金を課すものである。技術的にはこの方式は実施が容易であり，航海に伴う排出の総量を対象とするので，汚染者負担原則と一致するものである。しかし，この方式には二つの難点が指摘されている(76)。一つは，この提案は船舶の燃料消費量のみに基づいて課金するものであり，船舶の燃料消費の効率性について全く無視していることであって，そのことは船舶の効率性の改善のインセンティブとはならず，結果として海運の輸送手段の優位性を高めることにはならない。もう一つは実施に伴う問題であって，この方式が機能するには各港における統一基準に基づく実施がなされることが前提となるが，条約に参加しない国（港）が存在するとき，船舶は負担を回避するためにその港への寄港を選択し，結果として課金を回避する船舶の発生する可能性が高まることである。

　バハマから提案された「貿易と発展におけるペナルティー」提案は，船舶からの GHG 排出を海上貿易に対するペナルティーとみなして，その賦課は，国際海運からの GHG 排出に見合ったものでなければならないとする。そのために，同提案では，EEOI や船舶に設置する検出装置を使用して排出統計を収集し，それらを旗国や有権的機関に通報し，それに基づき課金を算出する。しかしその基本的指標である EEOI がすべての船舶において設定することが予定されておらず，また，EEOI 基準も設定することが困難であるとされているので，その実現可能性が問題とされている(77)。

(ii) 排出量取引制度（ETS）

　ヨーロッパ諸国からは三つのグローバルな排出量取引に関する提案がなされている。GHG の排出量取引制度は，京都議定書において導入され現在ではさ

---

(75)　IMO Doc., *supra* note (52), p. 14.
(76)　Shi, *supra* note (8), pp. 162-163.
(77)　Harilaos N. Psaraftis, "Market-based measures for greenhouse gas emissions from ships : a review," *WMU J Marit Affairs* (2012) 11, p. 221, at　http://link.springer.com/article/10.1007/s 13437-012-0030-5 (as of May 10, 2016)

◇第2節◇ 国際海運からの温室効果ガス（GHG）の排出規制

らに EU 諸国において導入されているが，これを国際海運における GHG 排出規制に導入しようとするものである。

ノルウェー提案(78)は，国際海運からの GHG 排出に関して，海運分野の総排出可能量（キャップ）を設定し，それに基づき各船舶に対して自船の排出量に相当する排出枠を毎年度オークションによりまたは他分野の排出量取引市場を通じて獲得することを義務づける。そして，船舶は，自らの排出枠を超える排出をする場合は不足分の購入をしなくてはならず，超えない場合には余分の排出枠を売却できるとするものである。イギリス提案(79)，フランス提案(80)とも基本的にノルウェー提案と同様であるが，前者は排出枠を設定する方式および排出総量を設定する方法において，後者は，海運 ETS におけるオークションの方式について詳細を提示する点で異なるものである。以上のように，同制度は，国際海運からの排出量の上限を決定し，それに基づき過不足する排出量を他分野を含めて取引をすることにより調節することを認めるものであり，グローバルな GHG 排出削減を確実に行うことを可能とするものである(81)。

しかし ETS 制度に対しては以下のような問題も指摘されている。一つは，ETS 制度が他セクターと統合した GHG 排出規制の方式を導入していることである。海運は，GHG 排出に関しては，他の排出を行っている産業に比べて極めて費用対効果に優れた部門であるが，その質的優位性を評価することなく，他部門との取引を容認することは結果的に非効率的な GHG 排出を認めることになるのではないかということである。この観点からは，少なくとも，運輸部門における海運の優位性を評価した排出規制がなされるべきであるとする(82)。

さらにもう一つは，この制度の実施における問題点であって，現在の提案の下では，規制の対象とならない船舶が発生することにより，規制の実効性を損

---

(78) A further outline of a Global Emission Trading System (ETS) for International Shipping, MEPC 60/4/22, 15 January 2010.

(79) A global emissions trading system for greenhouse gas emissions from international shipping, MEPC 60/4/26, 15 January 2010.

(80) Further elements for the development of a Emissions Trading System for International Shipping, MEPC 60/4/41, 15 January 2010.

(81) Shi, *supra* note (8), p. 164 ; Psaraftis, *supra* note (77), p. 223.

(82) *Ibid.*, Shi, p. 164.

◆第4章◆　民事責任と地球温暖化の防止

なうことおよびそれに伴う競争上のゆがみが発生するということである。規制の実効性を確保するためには，例外なくすべての船舶に一律の規制を行うことが望ましいが，これらの提案では，このスキームの対象外である二つの例外が規定されている。一つは適用対象となる船舶が一定トン数以下とされていること，また，小島嶼国との間の航海が排出規制の対象とされていないことである。前者は，事務負担の増大の回避，そして後者は途上国貿易を例外とするCBDR 原則の導入を目的とするが，しかしこれは，現実に相当多数の船舶からの排出を容認する結果となり，かつ，船舶運航者や所有者による意図的な規制逃れを誘発し，それにより規制の実効性を阻害することになることが危惧されている[83]。

(iii) ハイブリッド型提案

第3のカテゴリーに属する提案として，ハイブリッド型提案とよばれるものが存在する。それは，日本による効率改善インセンティブ・スキームおよびアメリカの船舶効率クレジット制度，そして国際自然保護連合（International Union for Conservation of Nature：IUCN）によるリベート・メカニズム制度であって，ハイブリッド型とは，前2提案が，船舶のEEDIをその構想に取り込んでいること，また，IUCN提案が，他のMBMとの組み合わせにより構築可能であることを意味する[84]。

前2提案はいずれも海運分野のみによる排出削減を目指しており，日本提案[85]は，国際GHG基金を設立し，そこにおいて船舶より燃料消費／購入量および効率基準などに基づき拠出金を徴収する。アメリカ提案[86]は，すべての船舶に強制的エネルギー効率基準を設定し，効率基準を達成している船舶と達成していない船舶との間で効率クレジットの取引を認める。両提案に共通す

(83) Psaraftis, *supra* note (77), p. 226.
(84) *Ibid*., pp. 221-222.
(85) Consideration of a market-based mechanism : Leveraged Incentive Scheme to improve the energy efficiency of ships based on the International GHG Fund, MEPC 60/4/37, 15 January 2010 ; Draft legal text on the modified Efficiency Incentive Scheme (EIS), MEPC 64/5/2, 28 June 2012.
(86) Further details on the United States proposal to reduce greenhouse gas emissions from international shipping, MEPC 60/4/12, 14 January 2010.

◇第 2 節◇ 国際海運からの温室効果ガス(GHG)の排出規制

るのは，どちらも効率基準を達成する船舶に対して利益を与えることであり，効率基準を評価する基準としてEEDIが提案されていることである。環境に適合的な船舶（good performance ship）に対して利益を与えることにより，排出削減を促すインセンティブとなることが期待されており，環境保護的指向を明確にする提案といえよう。しかし，この提案においては，効率基準を判定する手段としてのEEDIについて問題が指摘されている。一つは，EEDIの低いことは必ずしもGHG排出の低いことにつながらないことである。低いEEDIはエンジン出力の小さい船舶を意味するのであって，そうした船舶が荒天において安全運航のために一定のスピードを維持するためには大きなエンジンの船舶（高いEEDI）よりも排出が増加することになる。こうした場合にはEEDI測定が適切に機能しない[87]。もう一つは，両提案とも，EEDIは新造船および既存船双方に適用されるものとしているが，現在のところEEDIについては既存船への適用を想定しておらず，現実にMARPOL条約の付属書Ⅵにおいても既存船への適用は除外されていることから[88]，提案の実現にはかなりの困難が伴うであろうことが予測される[89]。

IUCNによる提案[90]は，CBDR原則の実現のために，MBM導入に伴う途上国に対する悪影響を排除し，途上国をより有利な立場に置くことを目的とするものであって，具体的には他のいずれかのMBM制度と統合することにより形成される。国際GHG基金提案に基づけば，すべての船舶はGHG排出に対して課金されるが，GHG排出の国の負担額はIMFの統計などを利用することにより貿易の輸入量（輸入額の世界シェア）に基づき計算される。その結果，先進国に比較して輸入量の少ない途上国は基金より返金され，さらに，残りの基金はUNFCCCを通じて途上国の気候変動対策や，海運部門の技術支援対策などに使用されるので，途上国は，この提案の下では，負担が完全に免除されるのみでなく，さらに利益を得ることになる。この提案はCBDR原則を最も

---

[87]　Psaraftis, *supra* note (77), p. 222 ; Shi, supra note (8), p. 165.

[88]　MARPOL条約付属書Ⅵ第4章第21規則，22規則

[89]　Psaraftis, *supra* note (77), p. 222.

[90]　A rebate mechanism for a market-based instrument for international shipping, MEPC 60/4/55, 29 January 2010.

◆ 第 4 章 ◆　民事責任と地球温暖化の防止

よく反映するものであり途上国にとり魅力的なものといえよう。この提案は詳細なものではなく基本的なアイデアの段階に止まるが，問題点としては，この制度は，従来のGHG基金やETSの管理費用に加えて，輸入量に基づく基金の配分を行うものであり，それらに係る運営コストが極めて大きくなる可能性が指摘されている[91]。さらに，リベートの根拠になる途上国の輸入量の価格による算定，そしてそのデータの正確性や信頼性の問題も困難な課題となるであろうことが指摘されている[92]。

5　お わ り に

地球温暖化を防止するために，国際海運に従事する船舶から排出されるGHGを削減することは，国際社会にとり長年の課題であった。その課題に対処することを国際社会から委託されたIMOが，2011年にMARPOL条約付属書VIを改正してEEDIおよびSEEMPという船舶の燃料効率化措置を締約国に課したことは，国際社会にとっても，またIMOにとっても画期的なことであった[93]。この措置の導入により，海運業界は，強制的なGHG排出のスキームを設定した初めての産業部門となった[94]。2009年のIMOの報告書によれば，EEDIおよびSEEMPの強制化により排出量は現状レベルと比較して最小25パーセントから最大75パーセントまで削減されることが予測されている[95]。もちろん，すでに述べたように，両措置については制度上あるいは運用上のいくつかの問題点が指摘されていることも明らかである。付属書の改正は2013年1月1日に発効したばかりであり，それらの実施状況とその評価は今後の検証を待たねばならないが，両措置の導入が地球温暖化の防止に向けて

---

[91]　Shi, *supra* note (8), p. 165-166.
[92]　*Ibid.*, p. 166.
[93]　Okur, *supra* note (9), p. 39.
[94]　Stathis Palassis, "Climate change and shipping," Robin Warner & Clive Schofield (ed.), *Climate Change and the Oceans : Gauging the Legal and Policy Currents in the Asia Pacific and Beyond*, Edward Elger 2012, p. 228.
[95]　IMO Doc., *supra* note (35), p. 6.

◇ 第 2 節 ◇ 国際海運からの温室効果ガス(GHG)の排出規制

の海運界の大きな一歩であることは否定されないであろう。

　他方，IMO で検討されたもう一つの方策である MBM については議論は進展していない。IMO では，今後の想定される国際海運の増加とそれに伴う船舶からの GHG 排出量の増大にかんがみて，以上の燃料効率化措置では不十分であり MBM の導入が不可欠であるとの基本的認識の下に，2011 年の上記合意がなされて以降，MBM に集中した審議を行っている。そして，MBM については，各国や NGO などによる多くの提案が提出されており，IMO では専門家会議を構成して，審議を進めるべく諸提案に対するメリットやデメリットの検討を行っている。しかし，多様な MBM 提案を一つにまとめる試みは現在のところ成功しておらず，その基礎には導入される MBM の依って立つ基本原則，すなわち，UNFCCC の CBDR 原則や，IMO や UNCLOS の MNFS 原則また，WTO の MFN 原則などについての理念的対立が存在している。文中にも触れたように，IMO においては，こうした対立を解消して MBM 制度の合意をめざす努力が現在続けられているところである。

　船舶の安全運航と環境の保護を目的とする国連の専門機関である IMO は，国際社会の発展に伴って様々にその役割を増大させてきているが，船舶を通じた地球温暖化の防止を検討する機関として現在最も適切なものであることはいうまでもない。海運という，世界の物流の大部分を支え，他部門と比較して燃料の費用対効果に最も優れている部門の特性を失うことなく，地球温暖化防止という環境上の要請に対応することのできる国際制度の構築に向けて，IMO が今後一層の役割を果たすことを期待したい。

索引

◆ あ 行 ◆

油記録簿 …………………………………… 47
安全管理システム（SMS）……… 172, 174, 240
アントニオ・グラムシ号事故 ……………… 226
エネルギー効率設計指標 ………… 238-243
エリカ号事故 ……………………………… 220
沿岸航行船舶 ……………………………… 14
沿岸国管轄権 ………… 58, 66, 98, 134, 136
エンジン効率運転指数 …………………… 241
汚染者負担原則 ………………… 244, 256
汚染損害 …………………………… 226-228
温室効果ガス ……………………… 231-261

◆ か 行 ◆

海運国 ……………………………… 50, 85, 86
海上安全委員会 ……………………… 50, 57
海上衝突予防規則 ………………………… 167
海上人命安全条約（SOLAS条約）
 ……………………… 167, 170, 175, 186
海水油濁防止条約（1954年条約, OILPOL
 条約）……………………… 43, 55, 59, 87
海底平和利用委員会 →国連海底平和利用委員会
海洋汚染防止条約（1973年条約, MARPOL
 条約）……………………… 44, 104, 192
 ——付属書Ⅵ …………………… 243
海洋汚染防止73/78議定書
 ……………………………… 164, 169
海洋汚染防止97年議定書 ……………… 164
海洋環境保護委員会 …………………… 233
海洋起源汚染 ……………………………… 12
海洋航行船舶 ……………………………… 14
海洋投棄規制条約 ……………………… 104
海洋法会議 →第三次国連海洋法会議
海洋法4条約 ……………………………… 155
核燃料等の海上輸送に関する規則（INF
 コード）………………………………… 185
管理者資格 ………………… 98, 102, 119
危険物積載船舶 ………………………… 181
寄港国課金（制度）………… 251, 254, 256
寄港国管轄権 ……………… 57-66, 134-136

気候変動枠組条約 ……………………… 233
旗国管轄権 …………………………… 49, 131
旗国主義 ……………… 44-51, 53, 84, 86, 130
技術的措置 ………………………… 238, 239
規制基準 …………………………………… 18
キャッピング …………………………… 221
共通だが差異のある責任原則 …… 233, 234, 237
京都議定書 ……………………………… 231
漁業保存条約 …………………………… 151
具体化条約 ……………………………… 192
軍　艦 …………………………………… 15, 16
群島水域 ………………………………… 159
厳格責任 ………………………………… 212
原子力船 ………………………………… 180
行為・態様別規制 ………………… 179, 180
公海自由の原則 ………… 51, 151, 154, 158
公海条約　→公海に関する条約
公海措置条約　→公法条約
公海に関する条約 ………………… 151, 156
公法条約 …………………… 44, 52, 132
効率改善インセンティブ制度 …………… 254
効率クレジット制度 …………………… 254
航路指定 …………………………… 167, 186
小型タンカー油濁補償協定 ……………… 222
国際安全管理規則 ………………… 170, 173
国際海峡 ………………………………… 159
国際海事機関 …………………………… 130
 ——強制船舶通報制度 …………… 186
 ——憲章 …………………………… 232
 ——条約 …………………………… 192
国際基準主義 …………… 108, 115, 119, 143
国際基準を考慮した国内基準主義
 ……………………… 108, 113, 119, 143
国際自然保護連合 ……………………… 258
国際P&I保険 …………………………… 223
国際油濁責任制度 ………………… 210-216
国際油濁補償制度 ………………… 216-221
国内基準主義 ……………… 108, 119, 143
国連海底平和利用委員会 ………… 87, 89
国連海洋法条約 … 5, 130, 144, 158, 193-196, 231
国連人間環境会議 ………………… 157, 233
コルフ海峡事件判決 …………………… 102

263

索 引

◆ さ 行 ◆

最恵国待遇……………………………249
差異のない取扱い原則………………234
サブ・スタンダード船………………175
市場的措置………………………238, 244
私法条約…………………………………44
ジュネーブ海洋法条約……………89, 152
深海底原則宣言………………………127
深海底制度………………………………89, 91
新国際経済秩序………………………128
人類の共同財産………………………127
政府間海事協議機関………38, 43-53, 85-88,
　　　　　　　　　　　131, 155, 167-170
　　──憲章第1条……………………86
世界貿易機関…………………228, 247
責任限度額……………………212, 216
接続水域………………………………51
設備構造規制…………………………170
1954年会議……………………………43
1954年条約………………………17, 43, 46
1969年ブリュッセル会議……………44
1969年民事責任条約…………………210
1971年基金条約………………210, 217
1973年会議………………………44, 134
1973年議定書……………………44, 84
1973年条約………………………44, 82
1990年油濁法………………………6, 230
1992年基金条約………………………221
1992年民事責任条約…………………215
船種(積荷別)規制…………………159, 181
船主責任制限条約……………………209
船舶エネルギー効率管理計画書…238, 240
船舶効率クレジット制度……………258
船舶測度…………………………………27
操作的措置………………………238, 240

◆ た 行 ◆

第1次海洋法会議……………………155
第3次(国連)海洋法会議……………45, 88
大陸棚条約……………………………90, 151
多元的管轄権……………………139, 144
タンカーの油濁責任に対する臨時追加補償
　制度に関する契約…………………222
追加基金議定書………………………220

伝統的国際法…………………………51
特殊性格船舶……………………153, 178
特別敏感海域…………………………188
途上国への還付メカニズム制度……254
トリー・キャニオン号事件…51, 132, 209, 233
トルーマン宣言………………………151
トレイル溶鉱所事件判決……………102

◆ な 行 ◆

内国民待遇……………………………249
二重船殻(構造)…………………169, 200
二重底(構造)…………………………169
燃料油課金制度………………………254

◆ は 行 ◆

排出許容基準………………………20, 83
排出禁止海域………………………20, 169
排出量取引制度…………………247, 254
排他的経済水域…………99, 161, 162, 193
ハイブリッド型提案…………………258
廃油処理施設……………………………48
パトモス号事故………………………227
非拘束の合意…………………………177
プレステージ号事故…………………220
分離通航方式…………………………186
ヘブン号事件…………………………227
ヘラルド・オブ・フリーエンタープライズ号
　事件…………………………………171
便宜置籍船………………………55, 133
貿易と発展に関するペナルティー制度……254
北極海汚染防止法………………………96

◆ ま 行 ◆

民間自主協定……………………221-224
無害通航権………………………181, 183
免責事由………………………………212

◆ や 行 ◆

油水分離装置……………………19, 27, 169
油濁責任に関するタンカー船主間自主協定
　………………………………………221

◆ ら 行 ◆

陸上起源汚染……………………………12
リベート・メカニズム制度…………258

264

索引

了解覚書……………………………………… 176
領海条約……………………………………… 151
連邦油濁法　→1990年油濁法

◆ わ 行 ◆

枠組条約……………………………… 153, 192
ワシントン会議……………………………… 5
ワシントン条約草案………………………… 6

◆ 欧 文 ◆

AFS条約　→船舶有害防汚方法規制条約
CBDR原則　→共通だが差異のある責任原則
CRISTAL　→タンカーの油濁責任に対する臨時追加補償制度に関する契約
EEDI　→エネルギー効率設計指標
EEOI　→エンジン効率運転指数
ETS　→排出量取引制度
GHG　→温室効果ガス
IMCO　→政府間海事協議機関
IMO　→国際海事機関
INFコード　→核燃料等の海上輸送に関する規則
ISMコード　→国際安全管理規則
IUCN　→国際自然保護連合

MARPOL73/78議定書　→海洋汚染防止73/78議定書
MARPOL97議定書　→海洋汚染防止97年議定書
MARPOL条約　→1973年条約，海洋汚染防止条約
MBM　→市場的措置
MEPC　→海洋環境保護委員会
MOU　→了解覚書
NMFT原則　→差異のない取扱い原則
OILPOL条約　→1954年条約，海水油濁防止条約
PPP　→汚染者負担原則
PSSA　→特別敏感海域
SEEMP　→船舶エネルギー効率管理計画書
SMS　→安全管理システム
SOLAS条約　→海上人命安全条約
STOPIA　→小型タンカー油濁補償協定
TOPIA　→タンカー油濁補償協定
TOVALOP　→油濁責任に関するタンカー船主間自主協定
UNCLOS　→国連海洋法条約
UNFCCC　→気候変動枠組条約
WTO　→世界貿易機関

〈著者紹介〉

富岡　仁（とみおか・まさし）

　1949 年　　　群馬県生まれ
　1972 年　　　中央大学法学部卒業
　1976 年　　　名古屋大学大学院法学研究科修士課程修了
　1979 年　　　名古屋大学大学院法学研究科博士後期課程単位取得退学
　1979 年-1982 年　名古屋大学法学部助手
　1984 年-1988 年　相愛大学人文学部学部講師
　1988 年-1998 年　東北学院大学法学部助教授・教授
　1994 年-1995 年　エディンバラ大学客員研究員
　1998 年-2015 年　名古屋経済大学法学部・大学院法学研究科教授
　2011 年-2015 年　名古屋経済大学法学部長
　2015 年　　　名古屋経済大学名誉教授
　2017 年　　　名古屋経済大学副学長

〈主要著・編書〉

『女性法学のすすめ』共編著（法律文化社，1989 年）
『国際環境法（P・バーニー，A・ボイル）』共訳書（慶應義塾大学出版会，2007 年）
『現代国際法の思想と構造Ⅰ・Ⅱ』共編著（東信堂，2012 年）
『国際環境条約・資料集』共編（東信堂，2014 年）
『21 世紀の国際法と海洋法の課題』共編著（東信堂，2016 年）
「1990 年アメリカ合衆国油濁法について」『法政論集』第 149 号（1993 年）
「フィリピンの群島宣言と群島水域制度」栗林忠男=杉原高嶺編『海洋法の主要
　事例とその影響』（有信堂，2007 年）
"Note on the Current Situation of International Regulations on Piracy and Some
　Challenges"『法政論集』第 255 号（2014 年）

学術選書
178
国際法

❋❋❋

船舶汚染規制の国際法

2018（平成 30）年 7 月 30 日　第 1 版第 1 刷発行

　　　著　者　　富岡　仁
　　　発行者　　今井　貴・稲葉文子
　　　発行所　　株式会社 信山社
　　　〒113-0033　東京都文京区本郷 6-2-9-102
　　　Tel 03-3818-1019　Fax 03-3818-0344
　　　info@shinzansha.co.jp
　　　出版契約 2018-6778-5-01010　Printed in Japan

Ⓒ富岡仁，2018　印刷・製本／亜細亜印刷・牧製本
ISBN978-4-7972-6778-5 C3332　分類326.501-a001 国際法
P288　¥7400E-012-040-005

JCOPY〈(社)出版者著作権管理機構　委託出版物〉
本書の無断複写は著作権法上での例外を除き禁じられています。複写される場合は，
そのつど事前に，(社)出版者著作権管理機構（電話 03-3513-6969，FAX03-3513-6979，
e-mail:info@jcopy.or.jp）の許諾を得てください。

環境法研究

大塚直 責任編集

◆創刊第 1 号

特集：福島第 1 原発事故と環境法
- 1 原子力安全を巡る専門知と法思考〔交告尚史〕
- 2 原子力規制の特殊性と問題〔首藤重幸〕
- 3 原子力利用リスクの順応的管理と法的制御〔下山憲治〕
- 4 高レベル放射性廃棄物処分場に関する規制〔下村英嗣〕
- 5 福島第 1 原発事故が環境法に与えた影響〔大塚直〕

【判例研究】
- 6 水俣病認定訴訟最高裁判決の検討〔畠山武道〕

◆第 2 号

特集：中国環境法
- 1 中国環境法の現状と課題 — 改正「環境保護法」が示すもの〔片岡直樹〕
- 2 中国の PM2.5 問題と大気汚染対策〔染野憲治〕
- 3 中国気候変動政策の評価のありかたについて〔金振〕
- 4 中国の静脈産業と循環経済政策〔染野憲治〕
- 5 中国環境影響評価制度の進展と課題〔北川秀樹〕
- 6 自然資源保護法政策と権利流動化〔奥田進一〕
- 7 中国の公害環境訴訟〔櫻井次郎〕
- 8 環境法の行政的執行〔桑原勇進〕

◆第 3 号

特集　リスク論と原子力発電
- 1 原子力「安全」規制の展開とリスク論〔下山憲治〕
- 2 基本権保護義務・予防原則・原子炉の安全〔桑原勇進〕
- 3 高浜原発再稼働差止仮処分決定及び川内原発再稼働仮処分決定の意義と課題〔大塚直〕

＊　＊　＊

- 4 エリカ号事件：生態学的損害の承認〔マチルド・ブトネ〔大塚直＝佐伯誠 訳〕〕
- 5 規範移入の形態 — イギリス判例法における比例原則と予防原則の需要の比較
　〔ヴェルル・ヘイバード〔大塚直＝小島恵＝二見絵里子 訳〕〕

◆第 4 号

特集　アスベスト
- 1 石綿健康被害救済法の現状と課題〔高城亮〕
- 2 加害者不明型共同不法行為における因果関係の証明と寄与度責任
　— じん肺・薬害・大気汚染訴訟と建設アスベスト訴訟〔瀬川信久〕
- 3 アスベスト国賠訴訟と規制権限不行使の違法判断に関する一考察〔下山憲治〕
- 4 アスベスト国賠訴訟の到達点と課題 — 泉南アスベスト国賠訴訟を中心にして〔村松昭夫〕
- 5 〔コメント〕アスベスト国賠訴訟における行政法上の論点〔北村和生〕
- 6 アメリカのアスベスト関連法の状況〔柳憲一郎〕

＊　＊　＊

- 7 鳥獣の保護及び狩猟の適正化に関する法律の改正（鳥獣保護管理法）について〔江口博行〕
- 8 EU 廃電気電子機器（WEEE）指令 2012 年改正と最近の改正案について〔大塚直／松本津奈子〕

信山社

◆第5号
特集：原発規制と原発訴訟
◆1 原子力規制の変革と課題〔下山憲治〕
◆2 原発規制と環境行政訴訟〔橋本博之〕
◆3 原発規制と環境民事訴訟〔淡路剛久〕
◆4 原子力規制制度改革は民事差止訴訟に影響を与えるのか―高木論文を受けて〔福田健治〕
◆5 原発の稼働による危険に対する民事差止訴訟について―高浜3・4号機原発再稼働禁止仮処分申立事件決定（大津地決28・3・9）及び川内原発稼働等禁止仮処分申立却下決定に対する即時抗告事件決定（福岡高裁宮崎支決平成28・4・6）を中心として〔大塚　直〕
【特別寄稿】
◆6 原子力法の諸問題―行政訴訟の役割を中心に〔高橋　滋〕
◆7 持続可能な社会と環境アセスメントの役割―NEPAをめぐる最近の議論によせて〔畠山武道〕

◆第6号
特集：環境影響評価
◆1 電力に対する温暖化対策と環境影響評価―近時の電力システム改革が環境法・環境政策に与える影響への対処〔大塚　直〕
◆2 持続可能性アセスメントの理論と実際〔柳憲一郎〕
《判例研究》
◆3 臨海副都心有明北地区埋立公金支出差止請求訴訟第1審判決（東京地判平成15・11・28 LEX/DB28090658）〔赤渕芳宏〕
◆4 環境影響評価制度再設計の視点―岡本太郎美術館住民訴訟からの示唆
（横浜地判平成13・6・27判自254号68頁，川崎市生田緑地岡本太郎美術館建設費公費違法支出差止請求訴訟第1審判決）〔勢一智子〕
◆5 辺野古環境影響評価手続やり直し義務確認等請求訴訟判決
（那覇地判平成25・2・20訟月60巻1号1頁，福岡高那覇支判平成26・5・27裁判所HP）〔島村　健〕
◆6 泡瀬干潟住民訴訟控訴審判決（福岡高那覇支判平成21・10・15判時2066号3頁）〔奥　真美〕
◆7 小田急高架化訴訟第1審判決（東京地判平成13・10・3判時1764号3頁）〔黒川哲志〕
◆8 圏央道あきる野IC事業認定・収用裁決取消訴訟第1審判決（東京地判平成16・4・22判時1856号32頁）〔黒川哲志〕
◆9 電気事業者による再生可能エネルギー電気の調達に関する特別措置法（FIT法）の2016年改正の評価と再エネ法政策の今後の課題〔高村ゆかり〕
◆10【研究ノート】フランスにおける生態学的損害の回復―生物多様性，自然及び景観の回復についての2016年8月8日法の検討〔大塚　直／佐伯　誠〕
◆11【翻訳】OECD「拡大生産者責任・効率的な廃棄物管理のためのガイダンス現代化」〔大塚　直／松本津奈子〕

◆第7号
特集：順応型リスク制御の新展開
◆1 リスク言説と順応型の環境法・政策〔下山憲治〕
◆2 順応型リスク制御と比例性―ドイツ遺伝子技術法の閉鎖系規律手続を題材として〔横内　恵〕
◆3 変更許可制度による環境・健康リスクへの対処をめぐる問題について〔川合敏樹〕
◆4 順応型リスク制御と計画手法―航空機騒音リスクへの対処を素材として〔山本紗知〕
◆5 AI・ロボット社会の進展に伴うリスクに対する環境法政策の応用可能性〔横田明美〕
【特別寄稿】
◆6 放射性物質に関する環境基準の課題〔奥主喜美〕

信山社

法律学の森シリーズ
変化の激しい時代に向けた独創的体系書

- 最新刊　芹田健太郎　国際人権法

戒能通厚	イギリス憲法〔第2版〕
新　正幸	憲法訴訟論〔第2版〕
大村敦志	フランス民法
潮見佳男	新債権総論Ⅰ　民法改正対応
潮見佳男	新債権総論Ⅱ　民法改正対応
小野秀誠	債権総論
潮見佳男	契約各論Ⅰ
潮見佳男	契約各論Ⅱ（続刊）
潮見佳男	不法行為法Ⅰ〔第2版〕
潮見佳男	不法行為法Ⅱ〔第2版〕
藤原正則	不当利得法
青竹正一	新会社法〔第4版〕
泉田栄一	会社法論
小宮文人	イギリス労働法
高　翔龍	韓国法〔第3版〕
豊永晋輔	原子力損害賠償法

信山社

普遍的国際社会への法の挑戦　芹田健太郎先生古稀記念

　　坂元茂樹・薬師寺公夫 編

ブリッジブック国際人権法（第2版）

　　芹田健太郎・薬師寺公夫・坂元茂樹 著

人権条約の解釈と適用　坂元茂樹 著

【講座 国際人権法 1】国際人権法と憲法

【講座 国際人権法 2】国際人権規範の形成と展開

　　芹田健太郎・棟居快行・薬師寺公夫・坂元茂樹 編集代表

【講座 国際人権法 3】国際人権法の国内的実施

【講座 国際人権法 4】国際人権法の国際的実施

　　芹田健太郎・戸波江二・棟居快行・薬師寺公夫・坂元茂樹 編集代表

コンパクト学習条約集（第2版）　芹田健太郎 編集代表

21世紀国際私法の課題　山内惟介 著

国際私法の深化と発展　山内惟介 著

―― 信山社 ――

不戦条約　上・下　【国際法先例資料集　1・2】
　　柳原正治　編

プラクティス国際法講義（第3版）
　　柳原正治・森川幸一・兼原敦子　編

演習プラクティス国際法
　　柳原正治・森川幸一・兼原敦子　編

変転する国際社会と国際法の機能　内田久司先生追悼
　　柳原正治　編

変革期の国際法委員会　山田中正大使傘寿記念
　　村瀬信也・鶴岡公二　編

国際法の実践　小松一郎大使追悼
　　柳井俊二・村瀬信也　編

国際法学の諸相──到達点と展望　村瀬信也先生古稀記念
　　江藤淳一　編

国際法と戦争違法化　祖川武夫論文集
　　祖川武夫　著／小田滋・石本泰雄　編集委員代表

ブリッジブック国際法（第3版）　植木俊哉　編

国際法研究　岩沢雄司・中谷和弘　責任編集

国際私法年報　国際私法学会　編

国際人権　国際人権法学会　編

ヨーロッパ地域人権法の憲法秩序化　小畑郁　著

憲法学の可能性　棟居快行　著

現代フランス憲法理論　山元一　著

ヨーロッパ人権裁判所の判例
　　戸波江二・北村泰三・建石真公子・小畑郁・江島晶子　編

信山社